普通高等院校信息类CDIO项目驱动型规划教材

丛书主编：刘平

# 计算机网络技术

## ——组网、维护与配置

## （项目教学版）

主　编：刘申菊 石丽

副主编：田丹 徐香坤 杨玥 靳新

清华大学出版社

北京

## 内容简介

本书是国内真正的CDIO项目驱动规划教材，在学习和借鉴CDIO国际工程教育理念与方法的基础上，通过多年的项目教学实践，建立了“理论知识和实践环节相结合、教学内容与实际工作相结合、学生角色与员工角色相结合”的项目教学内容体系。其特点在于以项目为驱动、以任务为中心、以培养职业岗位能力为目标。

本书以高校网络实验室局域网组建为项目场景，围绕该场景设计了6个子项目。书中以整个实验室局域网组建的过程为线索，从网线制作到利用交换机组建局域网，再到交换机的基本配置、无线局域网的组建，最后到部署网络服务器和子网互联，从易到难、从局部到整体逐步展开，将需要掌握的理论知识融合在项目任务的分析和实施过程中，让读者在学习理论知识的同时可以掌握实施局域网组建的技能。



**图书在版编目(CIP)数据**

计算机网络技术：组网、维护与配置(项目教学版)/石丽，刘申菊主编. —北京：清华大学出版社，2013(2021.1重印)
(普通高等院校信息类CDIO项目驱动型规划教材)
ISBN 978-7-302-33606-8

Ⅰ. ①计…　Ⅱ. ①石…　②刘…　Ⅲ. ①计算机网络－高等学校－教材　Ⅳ. ①TP393.4

中国版本图书馆CIP数据核字(2013)第203887号

**责任编辑**：贾　斌　薛　阳
**封面设计**：常雪影
**责任校对**：李建庄
**责任印制**：沈　露
**出版发行**：清华大学出版社
　　**网　　址**：http://www.tup.com.cn，http://www.wqbook.com
　　**地　　址**：北京清华大学学研大厦A座　　**邮　　编**：100084
　　**社 总 机**：010-62770175　　**邮　　购**：010-83470235
　　**投稿与读者服务**：010-62776969，c-service@tup.tsinghua.edu.cn
　　**质量反馈**：010-62772015，zhiliang@tup.tsinghua.edu.cn
　　**课件下载**：http://www.tup.com.cn，010-83470236
**印 装 者**：北京鑫海金澳胶印有限公司
**经　　销**：全国新华书店
**开　　本**：185mm×260mm　　**印　　张**：16.5　　**字　　数**：404千字
**版　　次**：2013年10月第1版　　**印　　次**：2021年1月第9次印刷
**印　　数**：9301～10300
**定　　价**：28.00元

---

产品编号：048955-01

# 丛书序

在课堂教学越来越难以吸引学生注意力的高校课堂，越来越多的教师开始引入项目教学，用以激发学生的学习兴趣和内在潜力。然而，真正适应项目教学的实用教材却非常匮乏，许多冠以项目教学或任务驱动型的教材，仅仅是在原教材的体系基础上，在每章或部分章的后面增加一个项目或任务而已。

为此，我们贯彻“应用为本、学以致用”的办学理念，在学习和借鉴 CDIO 国际工程教育理念与方法的基础上，通过多年的项目教学实践，建立了“教学内容与实际工作相结合、校内培养与企业培养相结合、学生角色与员工角色相结合”的项目教学内容体系，同时开发了这套普通高等院校信息类 CDIO 项目驱动型规划教材。其最大特点在于用项目驱动教学，用任务引领学习。每本教材均由一个完整的课程项目发端，再分为若干个子项目，将相关知识点有机融合到各个子项目里。

教师由传统的授课角色转为项目发包人兼项目导师的角色，通过发包实际任务激发学生的学习热情，挖掘学生的内在潜力；通过指导学生亲自完成实际任务来掌握相关知识要点，掌握工程项目实施理念和方法。

这种以项目为核心的教学方式打破了教室和实验室的界限，实现了理论教学与实践教学的高度融合，学生的工程实践能力得到显著加强。通过做项目，培养了学生的创新精神与团队合作意识，使学生通过做项目学会了做事，也学会了合作，使学生毕业时真正成为“懂专业、技能强、能合作、善做事”的可以直接上岗的技术应用型人才。

虽然，CDIO 项目教学引入我国已经有一段时间了，但仍处于探索推广阶段，需要广大的教育工作者共同努力，勇于探索，积极交流。为此，我们热切欢迎广大读者提出宝贵的意见和建议，同时也欢迎有志于项目教学探索与推广的老师参与到系列教材的编写开发中来。交流邮箱：liuping661005@126.com

刘平　教授

普通高等院校信息类 CDIO 项目驱动型规划教材丛书主编

沈阳工学院信息与控制学院院长

2012 年 10 月于李石开发区

# 前　言

计算机网络技术是一门理论和实践高度综合的课程。学生只有在不断地加强实践训练的基础上才能深刻理解计算机网络的基本理论，因此为了提升课程的教学效果，强化学生的动手能力，可以对计算机网络技术这门课程采用项目教学的教学方法。传统的计算机网络教材多以理论为主，采用项目教学的计算机网络教材凤毛麟角，因此结合计算机网络课程项目教学的授课经验编写合适的项目教学版教材是十分必要的。

本教材内容依据思科 CCNA 认证和计算机网络课程的要求编制，采用了“项目驱动教学、任务引领学习”的编写方式。本教材以高校网络实验室局域网组建为项目场景，围绕该场景设计了 6 个子项目，包括网线制作和两机互连通信、利用交换机组建局域网、交换机的基本配置、组建无线局域网、部署网络服务器和子网互联，将需要掌握的理论知识融合在项目的分析和实施过程中，让读者在学习理论知识的同时可以具备实施局域网组建的能力。

本书可作为网络相关专业计算机网络技术课程的教材，也可作为其他计算机类相关专业的计算机网络技术课程的教材，还可作为学习和掌握组网技术的参考书。为了适应不同专业和不同需求的读者，各子项目之间有所关联又相对独立，其中子项目 1、子项目 2 为基础子项目，子项目 3～子项目 6 为扩展子项目，基础子项目必须实施，扩展子项目可以根据实际情况有选择地实施。

讲授本课时，建议在网络实验室上课，授课学时建议在 60～72 学时，为了达到更好的授课效果，可配合实训或课程设计。

本书由刘申菊、石丽任主编，田丹、徐香坤、杨玥、靳新任副主编。具体编写工作分工如下：石丽负责全书的统筹规划以及项目导入的编写；子项目 1、子项目 5、子项目 6 和附录由刘申菊编写；子项目 4 由田丹编写；子项目 3 由杨玥编写；子项目 2 由徐香坤和靳新共同编写。李冰雪、王慕鑫、高巍等同学参与了部分资料的整理工作。

在本书的编写过程中得到了有关领导和同志的支持以及许多学生的参与，还得到了董大钧教授的指导，在此一并表示感谢。

由于编者水平有限，加之时间较紧，书中难免有一些问题和疏漏，望读者指正。

# 目 录

# 项目导入

## 1　总体项目

### 1.1　场景选择

为了使总体项目的实施更加贴近实际，针对各高校的普遍情况，课程总体项目选择了学校的网络实验室作为实施场景，通过整个总体项目的实施，可以完成网络实验室的局域网组建和设备调试工作。

### 1.2　角色设计

在本门课程中授课教师作为总体项目的项目负责人，负责相关预备知识的讲授、项目的任务分配、项目的总结和成绩评定。

学生以分组形式完成各个子项目任务，每个组为一个施工组，设置一个组长，由组长接受项目负责人分配的任务，为组员分配具体任务，组织任务实施并记录组员在每个任务实施过程中的表现情况。

### 1.3　总体项目要求

项目负责人承接了学校网络实验室局域网组建和设备调试的工作，带领各施工组完成具体工作任务，要求如下：

网络实验室共分两大区域，即学生区和服务器区，其中学生区共分为5个信息岛，每个信息岛上有6台计算机，服务器区包括两台教师使用的笔记本电脑、三台服务器和一台无线路由器。具体结构如图1所示。

每个信息岛中的主机通过网线和二层交换机的端口相连，形成一个星型拓扑结构的局域网。每个信息岛中选择一台主机作为资料共享主机，用于组长向组员发布任务或是收集资料。

要求每个信息岛和服务器区都处于不同的子网，各个子网之间通过三层交换机实现互通。

配置二层交换机对各台计算机进行端口绑定，该端口只允许该计算机使用，并对二层交

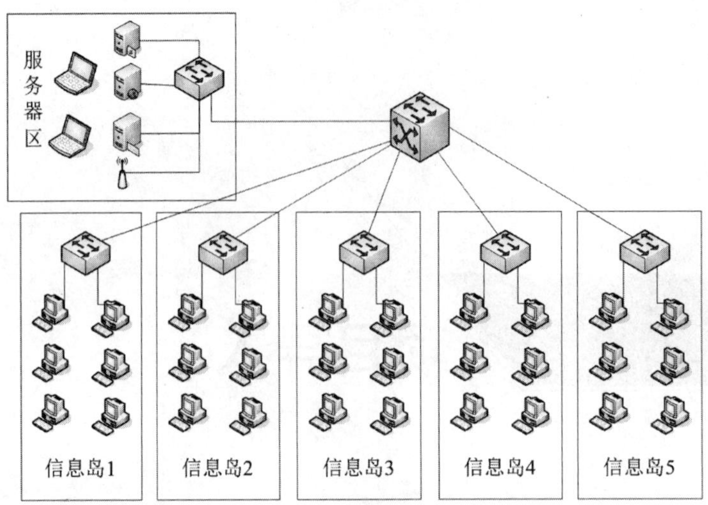


图 1　网络实验室网络拓扑结构图

换机进行基本配置和安全配置。

服务器区共有三台服务器，分别为 DNS 服务器、Web 及 FTP 服务器、邮件服务器，其中 Web 服务器用来发布学校或学生制作的网站，FTP 服务器用于项目负责人向各队队长发布任务、共享资料等，邮件服务器负责提供邮件的收发服务，DNS 服务器负责为以上服务器提供域名解析服务。

由于授课教师通常自带笔记本电脑到实验室，因此为了使用方便，在服务区连接的一台无线路由器为教师提供无线连接，同时为了保证安全，应该将教师的笔记本电脑和无线路由器进行 MAC 地址绑定。

## 1.4　学生分组

总体项目的设计适合 30 人的班型，建议将学生分为 5 组，每组 6 人，通过自荐或是选拔的方式在每组中选择一个组长。如果班级人数不一致可以根据实际情况自行进行相应的调整。

## 1.5　实施项目所需设备

实施本项目所需硬件设备包括：

(1) 计算机 30 台：安装 Windows XP 或是更高版本的客户端操作系统，本书中相关内容以 Windows XP 为例。

(2) 二层交换机 6 台：要求可管理且至少提供 6 个以上的快速以太网端口，本书中相关内容以思科系列交换机中的 2960 为例。

(3) 三层交换机 1 台：要求至少提供 6 个以上的快速以太网端口，本书中相关内容以思科系列交换机中的 3560 为例。

(4) 服务器 3 台：安装 Windows Server 2003 或其他版本的服务器版操作系统，本书中相关内容以 Windows Server 2003 为例。可以使用高配置的计算机作为服务器。

(5) 无线路由器一台：本书中使用的无线路电器型号为 TP-LINKWR340G+。

(6) 其他耗材和工具：双绞线、水晶头、网线钳、测线仪等。

本书中项目任务的设计和实施均以上述设备为基础，如果拥有的设备数量和类型不一致可以根据实际情况进行相应的调整。如果没有相应的硬件条件，部分子项目也可以通过模拟软件实现，其中子项目 3 和子项目 6 可以通过思科模拟器 Cisco Packet Tracer 实现，子项目 5 可以通过虚拟机软件 Virtual PC 实现，这两种软件的安装和使用方法请参考附录 A 和附录 B。

## 2 项目分解

为了实现总体项目的任务要求，可以将其分解为 6 个子项目进行分步实施，具体如下：

(1) 子项目 1 网线制作和两机互连通信。

(2) 子项目 2 利用交换机组建局域网。

(3) 子项目 3 交换机的基本配置。

(4) 子项目 4 组建无线局域网。

(5) 子项目 5 部署网络服务器。

(6) 子项目 6 子网互联。

## 3 实施流程

各施工组的组长收到任务要求后应组织本组组员进行讨论，各子项目的实施流程如下：

(1) 在项目负责人的带领下学习相关的预备知识，奠定理论基础。

(2) 各组组长和组员讨论子项目实施的具体任务指标和分工，并将分工情况提交给项目负责人。

(3) 各组根据子项目的任务指标对任务进行具体实施，组长记录各组员的表现情况。

(4) 组长根据任务指标对本组的实施成果进行验收，组长给各组员的表现评分。

(5) 项目负责人验收各组的子项目完成情况，给出各组子项目的总体评分。

(6) 各组组长组织组员讨论总结本组在子项目的实施过程中遇到的问题和经验教训，完成子项目实施报告。

## 4 考核方式

整个项目考核可以分成两大部分：

### 1. 项目学习过程考核(建议比例：20%)

包括考勤 5%、作业 5%、问题回答 5%、笔记成绩 5%。这部分成绩一般在授课过程中由任课教师根据个人表现给出。

### 2. 技术知识考核(建议比例：80%)

子项目 1 建议占 5%，子项目 2 建议占 10%，子项目 3 建议占 10%，子项目 4 建议占

5%,子项目5建议占10%,子项目6建议占10%,期末上机考核建议占30%。

每个子项目的成绩包括该施工组对子项目任务的实施成绩和子项目报告成绩。每组的子项目任务实施成绩由项目负责人给出,组长提供在本子项目中组员负责的工作清单和表现情况,项目负责人综合给出个人成绩。

以上考核方式为编者在教学过程中采用,读者可以根据具体授课情况予以调整。

# 子项目1　网线制作和两机互连通信

## 1.1　子项目的提出

网线是网络数据传输的媒介，因此制作网线成为组建任何网络的基础工作，为了完成学校网络实验室局域网组建和维护这个项目任务，必须学会制作不同种类的网线并能根据实际环境的需要有选择地使用；两机互连通信是最基础最简单的网络连接，利用它不仅可以帮助学生掌握交叉网线的使用方法、主机IP地址的设置方法，还可以在两台主机之间练习使用常见的网络测试命令来测试网络状态，这些练习将为学生在以后的学习工作中奠定良好的基础。

## 1.2　子项目任务

### 1.2.1　任务要求

项目负责人对学校网络实验室进行具体考查后完成了实验室局域网的设计工作，根据设计目标，现向各个施工组下达第一个子项目的任务，即网线制作和两机互连通信。各施工组要根据实际网络实验室局域网的需求选择合适的传输介质，根据实际要求制作指定数量和类型的网线；通过网线连接两台主机，利用常用的网络测试命令测试两台主机之间的连通性。

### 1.2.2　任务分解和指标

项目负责人对子项目任务进行分解，提出具体的任务指标如下：

(1) 每个施工组利用双绞线制作8条直连网线和1条交叉网线，要求利用测线仪测试网线的连通性和线序，网线质量要求符合工程标准。

(2) 每个施工组利用交叉网线连接两台主机，启动主机，为主机设置 IP 地址，观察网卡接口指示灯的变化。

(3) 利用 ping 命令测试主机的 TCP/IP 是否正常、测试网卡是否正常工作以及两台主机之间的连通性。

(4) 利用 ARP 命令查看 ARP 地址表、添加静态的 ARP 地址表项以及删除静态的 ARP 地址表项。

## 1.3 实施项目的预备知识

本部分主要讲授实施子项目 1 的预备知识，包括计算机网络的基本概念、网络体系结构、传输介质、IP 地址等内容。

◆ **预备知识的重点内容：**

◇ 计算机网络的定义和分类；

◇ 利用双绞线制作网线的过程；

◇ TCP/IP 参考模型的层次结构和各层协议；

◇ IP 地址的组成和分类；

◇ 网络测试工具之 ping 命令。

◆ **关键术语：**

数据交换技术，网络体系结构，协议，OSI，TCP/IP，IP 地址，ping 命令

◆ **内容结构：**

本部分预备知识可以概括为 4 大部分，具体的内容结构如下：

- ◇ 计算机网络基础知识
  - 计算机网络的定义
  - 计算机网络的组成
    - 网络软件
    - 网络硬件
  - 计算机网络的功能
  - 计算机网络的分类
    - 按网络拓扑结构划分
    - 按网络作用范围划分
    - 按采用的传输技术划分
    - 按采用的交换技术划分
- ◇ 网络体系结构
  - 网络体系结构的相关概念
  - ISO/OSI 开放系统互连参考模型
    - 层次结构
    - 各层功能
- ◇ 传输介质
  - 双绞线
    - 双绞线的特征
    - 双绞线的分类
    - 利用双绞线制作网线
  - 光纤
    - 光纤的结构和原理
    - 光纤的分类

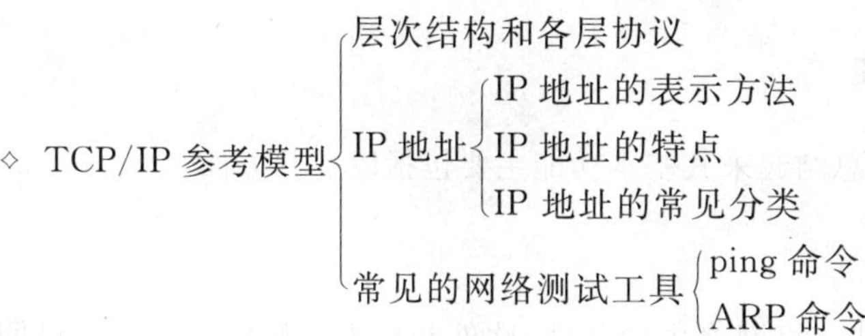


### 1.3.1　计算机网络的定义

在计算机网络出现之前，每台计算机都是独立工作的，要想在各个计算机之间交换信息，人们仍需通过纸张、电话、软盘或磁带将信息传达给对方，然后由对方输入到另一台计算机中，计算机网络的出现使人们能够借助通信线路进行计算机间信息的交换。

计算机网络的定义随着计算机网络技术的发展在不断地变化。目前计算机网络的定义是：将分布在不同地理位置的多台具有独立自主功能的计算机系统，通过通信设备和通信线路连接起来，在计算机网络软件的支持下实现资源共享和数据通信的系统。

### 1.3.2　计算机网络的组成

不管什么样的网络，它的组成基本是一样的。计算机网络一般由网络硬件和网络软件组成。

#### 1. 网络硬件

计算机网络系统的物质基础是网络硬件，包括网络服务器、网络工作站、传输介质和网络互连设备等。要构成一个计算机网络系统，首先要将计算机及其附属硬件设备与网络中的其他计算机系统用传输介质连接起来。不同的计算机网络系统，在硬件方面是有很大差别的。随着计算机技术和网络技术的发展，网络硬件也日渐多样化，功能更加强大、更加复杂。

#### 2. 网络软件

网络功能是由网络软件来实现的。在网络系统中，网络上的每个用户都可以共享系统中的各种资源，为此系统必须对用户进行控制。系统需要通过软件工具对网络资源进行全面的管理、调度和分配，并且采取一系列的安全保密措施，以防止用户对数据和信息不合理的访问，防止数据和信息被破坏与丢失，造成系统混乱。通常网络软件包括以下几方面。

(1) 网络协议软件：通过协议程序实现网络中通信计算机间的协调。

(2) 网络通信软件：实现网络工作站之间的通信。

(3) 网络操作系统：实现系统资源共享、管理用户对不同资源的访问，是最主要的网络软件。

(4) 网络管理软件：用来对网络资源进行管理和对网络进行维护的软件。

(5) 网络应用软件：为网络用户提供服务并为网络用户解决实际问题的软件。

### 1.3.3 计算机网络的功能

计算机网络的功能有很多，总结起来其基本功能主要包括以下几方面。

#### 1. 资源共享

所谓计算机网络资源是指计算机网络中的硬件、软件和数据；共享是指计算机网络中的用户都能部分地或全部地使用这些资源。

#### 2. 数据通信

数据通信是计算机网络最基本的功能。它用来快速传送计算机与终端、计算机与计算机之间的各种信息，包括文字信件、新闻消息、咨询信息、图片资料、报纸版面等。利用这一特点，可实现将分散在各个地区的单位或部门用计算机网络联系起来，进行统一的调配、控制和管理。

#### 3. 分布处理

当某台计算机负担过重时，或该计算机正在处理某项工作时，网络可以将新任务转交给空闲的计算机来完成，这样处理能均衡各计算机的负载，提高处理问题的实时性；对大型综合性问题，可以将问题各部分交给不同的计算机分头处理，充分利用网络资源，扩大计算机的处理能力，即增强实用性。对解决复杂问题来讲，多台计算机联合使用并构成高性能的计算机体系，这种协同工作、并行处理要比单独购置高性能的大型计算机便宜得多。

### 1.3.4 计算机网络的分类

从不同角度、按照不同的属性，计算机网络有多种分类方法。

#### 1. 按计算机网络的拓扑结构划分

对不受形状或大小变化影响的几何图形的研究称为拓扑学。

由于计算机网络结构复杂，为了能简单明了并准确地认识其中的规律，把计算机网络中的设备抽象为“点”，把网络中的传输介质抽象为“线”，形成了由点和线组成的几何图形，从而抽象出了计算机网络的具体结构，称为计算机网络的拓扑结构。

确定计算机网络的拓扑结构是建设计算机网络的第一步，是实现各种计算机网络协议的基础，它对计算机网络的性能、系统的可靠性与通信费用都有着重大影响。

按照计算机网络的拓扑结构可以将计算机网络分为：总线型、环状、星状、树状和网状结构 5 大类。

1）总线型计算机网络

采用单根传输线作为传输介质，所有的站点都通过相应的硬件接口直接连到传输介质即总线上。任何一个站点发送的信号都可以沿着介质传输到其他所有站点上，但只有地址相符的站点才能真正接收。

总线型计算机网络布线容易、结构简单，但总线的物理长度和容纳的站点数有限，因而多被用于组建早期的局域网。总线中任一处发生故障都将导致网络瘫痪，且故障诊断困难。

2）环状计算机网络

在环状网络中，所有工作站通过传输介质连成一个闭合的环，环上传输的任何数据包都需穿过所有站点。

环状计算机网络结构简单，最大延迟确定，实时性较好，但容易出现由于某个站点出错而终止全网运行的情况，即可靠性较差，同时环状计算机网络扩充困难。

3）星状计算机网络

这种网络中的每个站点都有一条单独的链路与中心结点相连，各站点之间的通信必须通过中心结点间接实现。

这种结构的优点是便于集中控制、易于维护和扩展，而且某终端用户设备因为故障而停机时也不会影响其他终端用户间的通信。但这种结构的中心系统必须具有极高的可靠性，否则中心系统一旦损坏，整个系统便趋于瘫痪。

4）树状计算机网络

树状网络是星状网络的变形。计算机网络中各结点按层次进行连接，绝大多数结点先连接到次级中央结点上再连到中央结点上，结点所处的层次越高，其可靠性要求越高。这种网络容易扩展和进行故障隔离，但结构比较复杂，而且对根结点的依赖性太大。

5）网状计算机网络

一般又分为有规则型和无规则型，这种结构的最大特点是可靠性高，因为结点间存在着冗余链路，当某个链路出了故障时，还可以选择其他链路进行传输。

### 2. 按计算机网络作用范围划分

1）局域网

局域网(Local Area Network，LAN)是指范围在几百米到十几千米内的计算机相互连接所构成的计算机网络。

局域网的拓扑结构主要有总线型、星状，也可以部分采用环状和网状结构。

2）城域网

城域网(Metropolitan Area Network，MAN)可以覆盖一个城市。城域网既可以支持数据和话音传输，也可以与有线电视相连。城域网一般比较简单。

城域网一般采用环状结构。

实际上，使用广域网技术构建与城域网覆盖范围大小相当的网络，更加便捷实用。

3）广域网

广域网(Wide Area Network，WAN)通常跨越更大的范围，如一个国家。在大多数广域网中，通信子网一般都包括两部分：传输信道和转接设备。

广域网一般采用网状结构。

除了使用卫星的广域网外，几乎所有的广域网都采用存储转发方式。

### 3. 按计算机网络传输技术划分

1）广播式传输计算机网络

在这种计算机网络中，数据在共用介质中传输，所有接入该介质的站点都能接收到该数

据，无线网和总线型计算机网络就属于这种类型。这种计算机网络的好处是节省传输介质，但是出现故障后，不容易排除。

2）点对点传输计算机网络

在这种计算机网络中，数据以点到点的方式在计算机或通信设备中传输，星状网和环状网采用这种传输方式。这种计算机网络的优点是易于诊断计算机网络故障。

#### 4. 按交换技术划分

按照计算机网络通信所采用的交换技术，可以将计算机网络分成以下几类：

① 电路交换计算机网络

② 报文交换计算机网络

③ 分组交换计算机网络

④ 混合交换计算机网络

### 1.3.5 数据交换技术

在现代通信系统中，数据经由通信子网从源结点到目的结点传输时，需要经过若干个中间结点的转接，数据在通信子网中各站点间传输的过程称为数据交换。所谓数据交换技术就是动态分配传输线路资源的技术。常用的数据交换技术主要有两种类型：电路交换和存储转发交换。

#### 1. 电路交换

电路交换是通过网络中的结点在两个站点之间建立专用的通信线路进行数据传输的交换方式。

电路交换源于电话系统。电路交换过程分 3 个阶段：①建立连接。当用户拨号时，电话交换机（Telephone Switch）从一条输入线上接到呼叫请求，根据被叫者的电话号码寻找一条合适的输出线，然后通过开关（继电器）将两者连通。在呼叫者与接收者的电话之间建立起一条实际的物理线路。②传输数据。通话开始，两端的电话占用该专用线路通话。③拆除连接。直到通话结束拆除该物理线路，过程如图 1.1 所示。

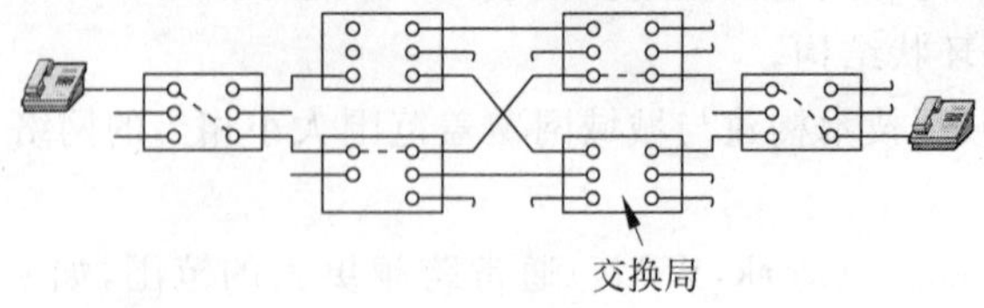


图 1.1 电路交换示意图

电路交换技术有两大优点：一是传输延迟小，通信实时性强，适于交互通信；二是一旦线路建立，独享物理线路，不会发生冲突，其可靠性和实时响应能力都得到保证。

电路交换的缺点首先是建立物理线路所需的时间较长，呼叫信号必须经过若干个交换机，各交换机都要根据目的电话号码接通至下一交换机的线路，并最终接通被叫方，这个过程常常需要数秒甚至更长的时间；其次，中间结点不具有存储功能，不具有数据差错控制能力。物理线路的带宽是预先分配好的，即使通信双方都没有数据要交换，线路也不能为其他用户所使用，从而造成带宽的浪费。

这种交换技术不适用于计算机通信，因为计算机数据具有突发性的特点，真正传输数据的时间不到10%。

### 2. 存储转发交换方式

1）存储转发的基本概念

存储转发（Store and Forward Exchanging）是计算机网络领域使用得最为广泛的技术之一。存储转发交换方式发送的数据与目的地址、源地址、控制信息按照一定格式组成一个数据单元（报文或分组）进入通信子网；通信子网中的结点负责完成数据单元的接收、存储、差错校验、路由取出报文或分组的目的地址，通过查找交换机中的地址表确定数据输出的端口（路由）将数据转发出去。

存储转发方式的优点主要有以下几点：

（1）由于通信子网中的结点可以存储报文（或分组），因此多个报文（或分组）可以共享通信信道，线路利用率高。

（2）报文（或分组）在通过通信子网中的各结点时，均要进行差错检查与纠错处理，可以减少传输错误，提高线路传输的可靠性。

（3）通信子网中的结点具有路由功能，可以动态选择报文（或分组）通过通信子网的最佳路径，同时可以平滑通信量，提高系统效率。

（4）各结点可以对不同通信速率的线路进行速率转换，也可以对不同的数据代码格式进行变换。

正是由于存储转发交换方式有以上明显的优点，因此，它在计算机网络中得到了广泛的应用。

2）存储转发交换的分类

存储转发交换方式可以分为两类：报文交换（Message Exchanging）与分组交换（Packet Exchanging）。

（1）报文交换

报文交换不事先建立物理线路，当发送方有数据要发送时，不管发送数据的长度是多少，在发送的数据上加上目的地址、源地址与控制信息，组成一个报文。它将要发送的数据当作一个整体交给中间交换设备，中间交换设备先将报文存储起来，然后选择一条合适的空闲输出线将数据转发给下一个交换设备，一级一级中转直至将数据发送到目的结点，这种交换方式就是报文交换。

报文交换的特点包括：

- 相邻结点仅在传输报文时建立结点间的连接，称为"无连接"的交换；
- 整个报文作为一个整体一起发送；
- 没有建立和拆除连接所需的等待时间；
- 线路利用率比电路交换高；
- 传输可靠性较高；
- 报文大小不一，造成存储管理复杂，且对存储容量要求较高；

- 大报文造成存储转发的延时过长,报文交换不适合交互式数据通信;
- 出错后整个报文全部重发。

(2) 分组交换

分组交换的方法是在发送站将一个长报文分成多个报文分组(简称为分组)发送出去,接收站再将多个接收到的报文分组按顺序重新组织成一个长报文。报文与分组结构的区别如图 1.2 所示。

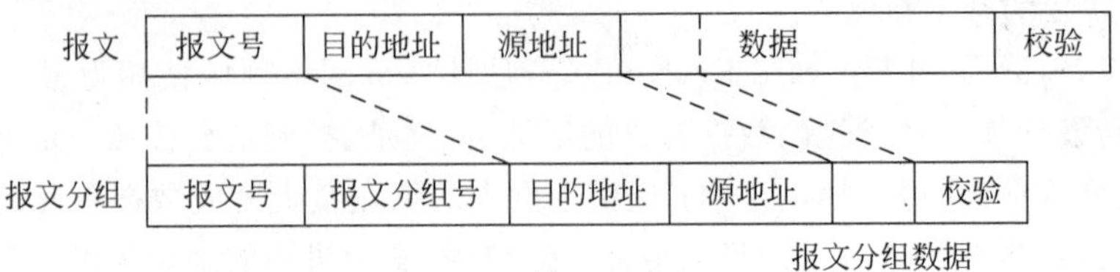


图 1.2 报文与报文分组结构

分组交换的特点:由于分组长度较短,对转发结点的存储空间要求较低,可以用内存来缓冲分组,因此速度快,转发时延小,提高了传输效率,在传输出错时,检错容易并且重发花费的时间较少,因而它适用于交互式通信。然而,分组和重组报文增加了两端站点的负担。

在实际应用中,分组交换又可分为两类:数据报方式(Datagram,DG)和虚电路方式(Virtual Circuit,VC)。

### 1.3.6 网络体系结构

#### 1. 网络的层次结构

计算机网络的初期,各厂家的网络间是无法互相通信的。要想在不同厂商的两台计算机间进行通信,需要解决许多复杂的技术问题,如连接结构相异的计算机,使用不同的通信介质,使用不同的网络操作系统,如何支持不同的应用等。这就像不同国家的两个人进行通信一样,要解决写信使用的语言,信封书写格式,两国邮政通邮的协议、邮局与运输等一系列问题。解决复杂的问题最常采用的方法是将复杂问题分解成多个容易解决的小问题,逐一解决。如图 1.3 所示,将邮政系统分为三层,逐层解决双方通信的问题。

在解决网络通信这样的复杂问题时,为了减少网络通信设计的复杂性,人们也按功能将计算机网络系统划分为多个层。每一层实现一些特定的功能。这种层次结构的设计称为网络层次结构模型。

划分层次的原则是:

(1) 网中各结点都有相同的层次。

(2) 不同结点的同等层具有相同的功能。

(3) 同一结点间的相邻层之间通过接口进行通信。

(4) 每一层使用下一层提供的服务,并向其上一层提供服务。

(5) 不同结点的同等层按照协议实现对等层之间的通信。

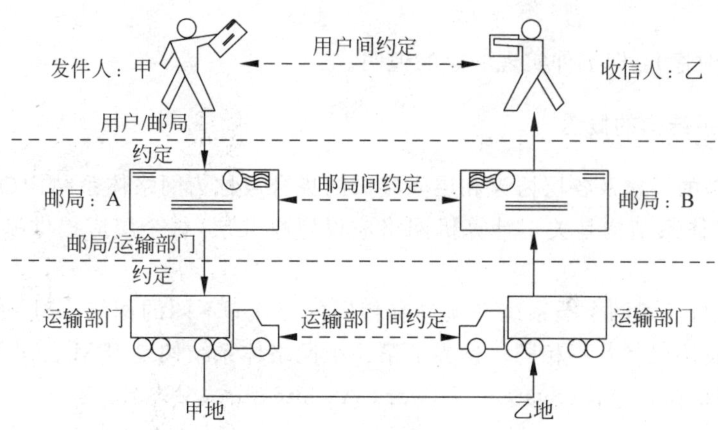


图 1.3　邮政系统的分层解决方案

### 2. 实体与对等实体

在网络的层次结构的每一层中，用于实现该层功能的活动元素被称为实体(Entity)，包括该层上实际存在的所有硬件与软件，如终端、电子邮件系统、应用程序和进程等。不同机器上位于同一层次、完成相同功能的实体被称为对等(Peer to Peer)实体，如图 1.4 所示。

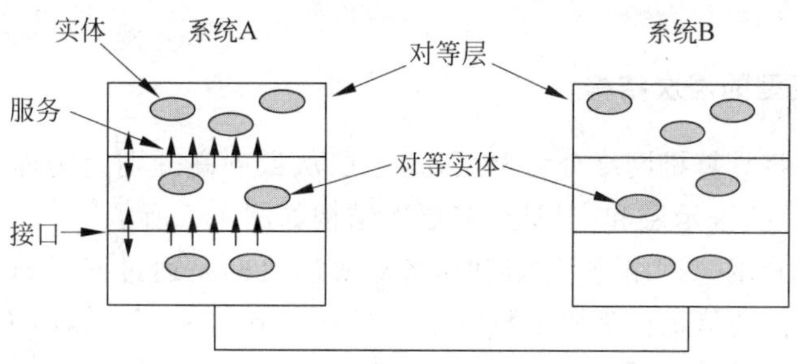


图 1.4　对等层与对等实体

服务访问点(Service Access Point，SAP)是相邻层之间进行通信的逻辑接口。每一层都向其上层提供服务访问点。在连接因特网的普通计算机上，物理层的服务访问点就是网卡接口(RJ-45 接口或 BNC 接口)，应用层提供的服务访问点是用户界面。一个用户可同时使用多个服务访问点，但一个服务访问点在特定时间只能为一个用户使用。上层使用下层提供的服务是通过与下层交换一些命令实现的，这些命令称为"原语"。

同一计算机的相邻层之间通过接口(Interface)进行通信。

### 3. 网络协议

在计算机网络中，两个相互通信的实体上的两个进程间通信，必须按照预先的约定进行。计算机网络中为进行数据交换而建立的规则、标准或约定的集合，称为网络协议(Network Protocol)。一个网络协议至少包括三个要素。

(1) 语法：数据与控制信息的结构或格式。

(2) 语义：规定控制信息的含义，即需要发出何种控制信息，完成何种动作以及做出何

种应答。

(3) 同步(时序)：即事件实现顺序的说明。

#### 4. 网络体系结构的概念

计算机网络的层次及各层协议和层间接口的集合被称为网络体系结构(Architecture)。具体地说，网络体系结构是关于计算机网络应设置哪几层，每个层应提供哪些功能的精确定义。

同一网络中，任意两个端系统必须具有相同的层次；不同的网络，分层的数量、各层的名称和功能以及协议都各不相同。世界上第一个网络体系结构是IBM公司于1974年提出的，称为系统网络体系结构(System Network Architecture，SNA)。

#### 5. ISO/OSI 开放系统互连参考模型

为了使不同的计算机网络系统间能互相通信，各网络系统必须遵守共同的通信协议和标准，国际标准化组织(International Organization for standardization，ISO)于1983年提出了开放系统互连参考模型OSI/RM(Open System Interconnection/Reference Model)。OSI参考模型是一个描述网络层次结构的模型。任何两个系统只要都遵循OSI参考模型，相互连接，就能进行通信。现在，OSI标准已经被许多厂商所接受，成为指导网络设备制造的标准。

#### 6. OSI 参考模型的层次结构

OSI参考模型将计算机网络分为七层，这七层从低到高分别为物理层、数据链路层、网络层、传输层、会话层、表示层和应用层，其层次结构如图1.5所示。

两个用户计算机通过网络进行通信时，各对等层之间是通过该层的通信协议来进行通信的；对等层间交换的信息称为协议数据单元(Protocol Data Unit，PDU)。只有两个物理层之间才能真正通过传输介质进行数据通信。

例如主机A发信息给主机B，主机A的源进程与A的应用层通信，数据逐层下传，直至物理层，再经由连接两计算机间的传输介质将数据传到主机B的物理层，然后在主机B中逐层上传，直至B的应用层，最终传给主机B的目的进程。

#### 7. OSI 参考模型各层的主要功能

1) 物理层

物理层在源主机和目的主机之间定义有线的、无线的或光的通信规范，如传输介质的机械、电气、功能及规程等特性；建立、管理和释放物理介质的连接，实现比特流的透明传输。

2) 数据链路层

数据链路层在通信的实体间建立数据链路连接，传递以帧为单位的数据。采用差错控制和流量控制使不可靠的通信线路成为传输可靠的数据链路，实现无差错传输。

数据链路层将网络层传下来的IP数据报封装成帧(Frame)，并添加定制报头，报头中包含目的主机和源主机的物理地址。

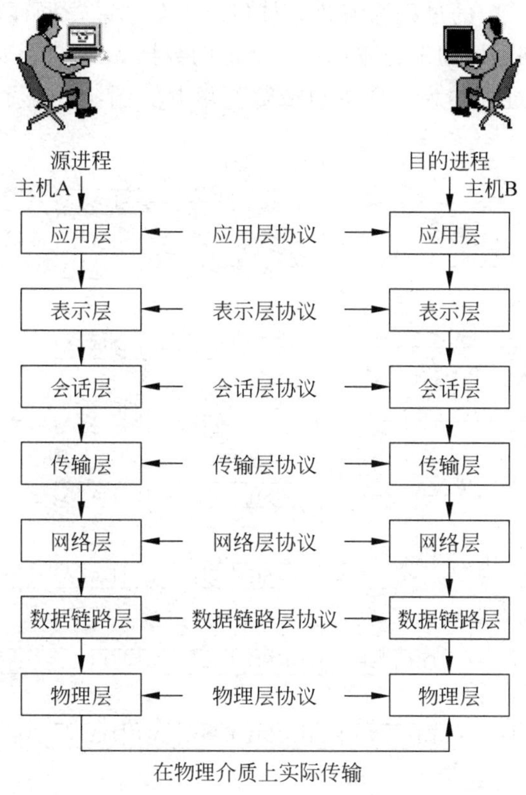


图 1.5　OSI 参考模型两台主机的层次结构及数据流

3）网络层

网络层的主要功能是通过路由选择算法为分组通过通信子网选择适当的路径。网络层还实现流量控制、拥塞控制和网络连接。

4）传输层

向用户提供可靠的端到端通信。透明地传送报文。向高层屏蔽了下层通信的细节。

5）会话层

在两台机器间建立会话控制，管理两个通信主机之间的数据交换。

6）表示层

这一层的主要功能是为异种机通信提供一种公共语言。把应用层提交的数据变换为能够共同理解的形式，提供数据格式、控制信息格式的转换和加密等的统一表示。提供数据压缩和恢复、加密和解密等服务。

7）应用层

应用层是 OSI 系统的最高层，直接为应用进程提供服务，其作用是在实现系统应用进程相互通信的同时，作为应用进程的代理，完成一系列数据交换所需的服务。

### 8. 数据的封装与解封装

数据在网络的各层间传送时，各层都要将上一层提供的协议数据单元（PDU）变为自己 PDU 的一部分，在上一层的协议数据单元的头部（和尾部）加入特定的协议头（和协议尾），

这种增加数据头部（和尾部）的过程称为数据打包或数据封装。同样，在数据到达接收方的对等层后，接收方将识别和处理发送方对等层增加的数据头部（和尾部），接收方将增加的数据头部（和尾部）去除的过程称为数据拆包或数据解封。图 1.6 显示了数据的封装与解封过程。

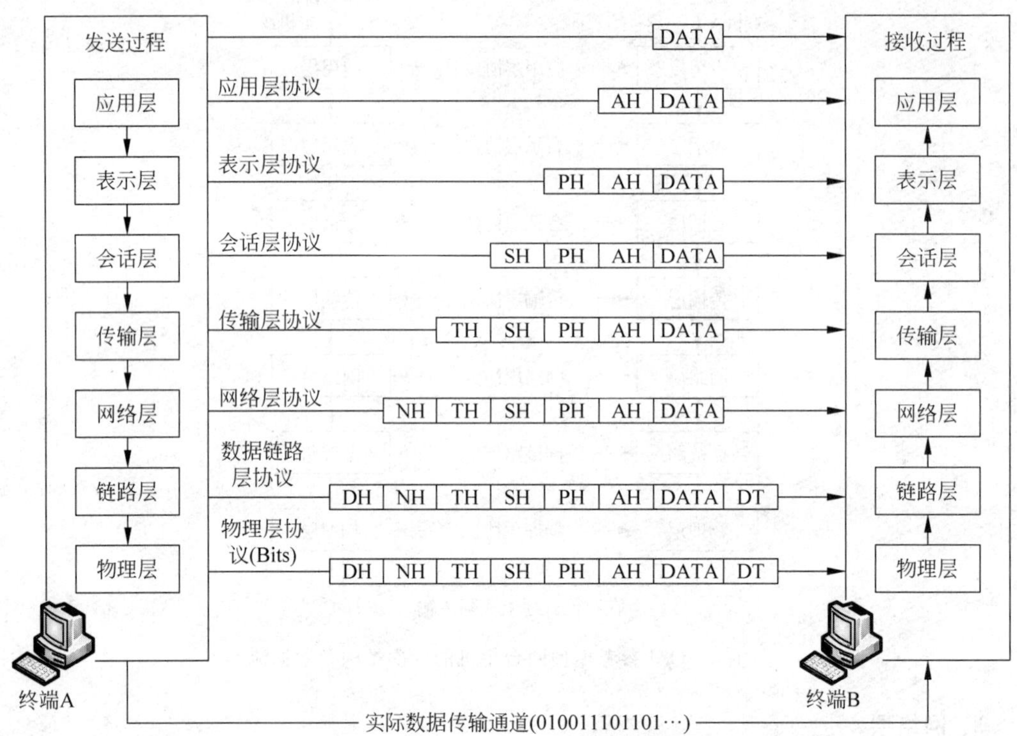


图 1.6　网络中数据的封装与解封装

协议数据单元（PDU）是指对等层之间传递的数据单位。

传输层的协议数据单元称为数据段（Segment）或报文（Message）；网络层的协议数据单元称为数据包（Packet），又称为分组或 IP 数据报；数据链路层的协议数据单元称为帧（Frame）。

帧传送到物理层后，以比特流的方式通过传输介质传输出去。

### 1.3.7　传输介质

信息传输中离不开传输介质，传输介质通常分为有线介质（或有界介质）和无线介质（或无界介质）。

#### 1. 双绞线

1）双绞线的特征

双绞线 TP（Twisted Pair）是目前使用最广，价格便宜的一种传输介质。它由两条相互绝缘的铜导线扭绞在一起组成，以减少对邻近线对的电气干扰，并减轻外界电磁波对它的干扰，每英寸的线缆缠绕圈数越多屏蔽效果越好。双绞线分为屏蔽双绞线（Shielded Twisted

Pair,STP)(如图 1.7 所示),和非屏蔽双绞线(Unshielded Twisted Pair,UTP)(如图 1.8 所示)。屏蔽双绞线在所有线对外部用金属网屏蔽以减少干扰。双绞线两端应使用 RJ-45 接头(如图 1.9 所示)。

图 1.7　屏蔽双绞线

图 1.8　无屏蔽双绞线

图 1.9　双绞线与水晶头

双绞线既可以传输模拟信号,又能传输数字信号。用双绞线传输数字信号时,由于干扰的影响,其数据传输率与电缆的长度有关,距离短时,数据传输率可以高一些。一段双绞线网线最长为 100m。

双绞线电缆的最大缺点是对电磁干扰比较敏感,因此双绞线电缆不能支持非常高速的数据传输。

2) 双绞线的分类

双绞线分类如下:

(1) 3 类线:用于最高为 10Mb/s 的数据传输,常用于 10Base-T 以太网。

(2) 4 类线:用于 16Mb/s 的令牌环网和大型 10Base-T 以太网。

(3) 5 类线:用于 100Mb/s 的快速以太网。

(4) 超 5 类线:用于 1000Mb/s 以太网,4 对双绞线能实现全双工通信。

(5) 6 类线:用于 1000Mb/s 以太网。

双绞线一般用于星状网络的布线,双绞线内有 4 对线,通过两端压接的 RJ-45 接头(俗称水晶头)将各种网络设备连接起来。双绞线与 RJ-45 接头的标准接法保证了线缆接头布局的对称性,使线缆之间的干扰相互抵消。

EIA/TIA(Electronic Industries Association/Telecommunications Industries Association,电子工业联盟/电信工业联盟)综合布线标准中双绞线接头线序有两种排法:T568A 标准和 T568B 标准。

**T568A 线序:**

| 1 | 2 | 3 | 4 | 5 | 6 | 7 | 8 |
|---|---|---|---|---|---|---|---|
| 绿白 | 绿 | 橙白 | 蓝 | 蓝白 | 橙 | 棕白 | 棕 |

**T568B 线序:**

| 1 | 2 | 3 | 4 | 5 | 6 | 7 | 8 |
|---|---|---|---|---|---|---|---|
| 橙白 | 橙 | 绿白 | 蓝 | 蓝白 | 绿 | 棕白 | 棕 |

根据双绞线两端接头中线序排法的异同,双绞线网线分为以下几种。

(1) 直通线:直通(Straight-Through)线两端接头的线序相同,一般工程标准要求两端都遵循 T568B 标准。一般用来连接两个不同性质的接口,如 PC 到交换机或集线器、路由器到交换机或集线器,线序连接如图 1.10(a)所示。

(2) 交叉线：交叉(Cross Over)线两端接头的线序不同，一端按 T568A 标准，一端按 T568B 标准。一般用来连接两个性质相同的端口，如交换机到交换机、集线器到集线器、PC 到 PC。线序连接如图 1.10(b)所示。

| 线对 | 色彩码 |
|---|---|
| 1 | 白蓝，蓝 |
| 2 | 白橙，橙 |
| 3 | 白绿，绿 |
| 4 | 白棕，棕 |

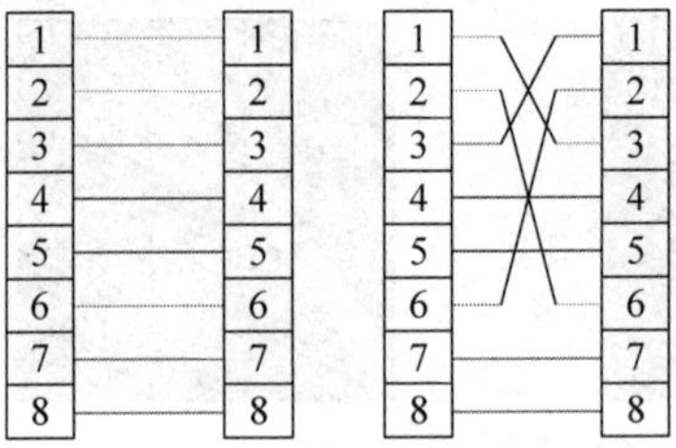

(a) 直通线　　(b) 交叉线

图 1.10　双绞线网线线序

现在，交换机和路由器大多支持线序自适应功能。通过这个功能可以自动检测连接到接口上的网线类型，能够自动进行调节。一般交换机设备上会有一个 MDI/MDIX 按钮，有的路由器也有此按钮，我们可以通过按该按钮在 MDI 和 MDIX 工作模式之间进行切换，从而实现同样两个设备可以使用不同线序的网线来连接。在实际连接时，如果网络有问题或者端口不激活可以进行 MDI/MDIX 模式切换。

(3) 反转线：是用来连接电脑和网络设备 Console 口之间的一种电缆，反转线一头是 RJ-45 水晶头，接网络设备的 Console 口，另一头是 RS-232C 9 针母头，接电脑 9 针串口公头。

3) 双绞线制作网线

(1) 工具准备

利用双绞线制作网线需要的材料和工具包括双绞线(5 类 UTP)、RJ-45 接头(水晶头)、网线钳、测线仪。

(2) 制作直通网线

第 1 步：利用斜口钳剪下所需要的双绞线长度，至少 0.6m。然后再利用双绞线剥线器将双绞线的外皮除去 2～3cm。

第 2 步：小心地剥开每一对线，排序。左起：白橙、橙、白绿、蓝、白蓝、绿、白棕、棕。

第 3 步：将裸露出的双绞线用剪刀或斜口钳剪下只剩约 14mm 的长度。最后再将双绞线的每一根线依序放入 RJ-45 接头的引脚内，第一只引脚内应该放白橙的线，其余依次类推。

第 4 步：确定双绞线的每根线已经正确放置之后，就可以用 RJ-45 压线钳压接 RJ-45 接头。

第 5 步：重复第 2 步～第 4 步，再制作另一端的 RJ-45 接头，此时这个接头的线序则是左起：白橙、橙、白绿、蓝、白蓝、绿、白棕、棕。

第 6 步：将制作完成的网线的两个接头分别插入测线仪的两个接口中，打开测线仪开关，观察两组灯，如果两组灯分别从 1 灯亮至 8 灯，说明直通网线制作成功；如果有一个灯没亮，说明这条线没有连接成功；如果灯亮的顺序颠倒，说明线序排列错误。

(3) 制作交叉网线

第 1 步：利用斜口钳剪下所需要的双绞线长度，至少 0.6m。然后再利用双绞线剥线器将双绞线的外皮除去 2～3cm。

第 2 步：小心地剥开每一对线，排序。左起：白橙、橙、白绿、蓝、白蓝、绿、白棕、棕。

第 3 步：将裸露出的双绞线用剪刀或斜口钳剪下只剩约 14mm 的长度。最后再将双绞线的每一根线依序放入 RJ-45 接头的引脚内。

第 4 步：确定双绞线的每根线已经正确放置之后，就可以用 RJ-45 压线钳压接 RJ-45 接头。

第 5 步：重复第 2 步～第 4 步，再制作另一端的 RJ-45 接头，此时这个接头的线序则是左起：白绿、绿、白橙、蓝、白蓝、橙、白棕、棕。

第 6 步：将制作完成的网线的两个接头分别插入测线仪的两个接口中，打开测线仪开关，观察两组灯，此时两组灯不再是按顺序依次亮起，而是一组灯的 1 灯亮时，另一组灯的 3 灯亮，一组灯的 2 灯亮时，另一组灯的 6 灯亮，其余的 4，5，7，8 灯是两组灯共同亮起。

### 2. 同轴电缆

在同轴电缆(Coaxial Cable)中，外导体是一个由金属丝编织而成的圆形空管，内导体是圆形的金属芯线，内芯线和外导体一般都采用铜质材料。内外导体之间填充着绝缘介质，内外导体是共轴的，故称为同轴电缆，结构如图 1.11 所示。

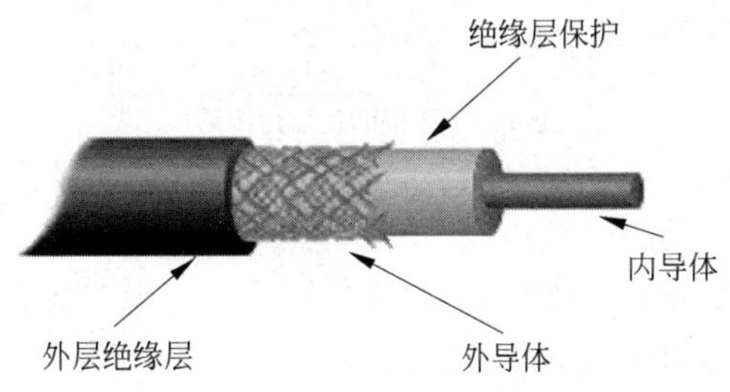


图 1.11　同轴电缆构成示意图

同轴电缆按直径大小分为两种，一种是粗同轴电缆，另一种是细同轴电缆。

同轴电缆具有寿命长、频带宽、质量稳定、外界干扰小、可靠性高、维护便利、技术成熟等优点，而且其费用又介于双绞线与光纤之间。

### 3. 光纤

当光线从一种光密介质射向光疏介质时，光线会发生折射，如光线从玻璃射向空气，当入射角大于某一临界值时，光线将全部反射回玻璃，而不会漏入空气，几乎无损耗地传播，如图 1.12 所示。

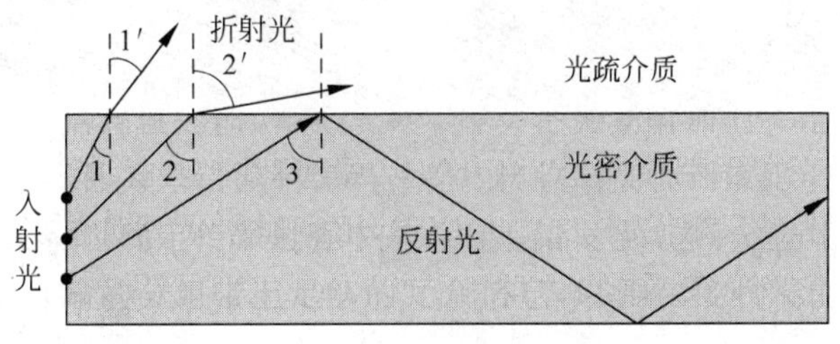


图 1.12　光线在玻璃介质中的反射和全反射

将熔化的玻璃或二氧化硅抽成超细玻璃丝或纤维形成光纤。光纤结构是圆柱形，包含有纤芯和封套，如图 1.13 所示。

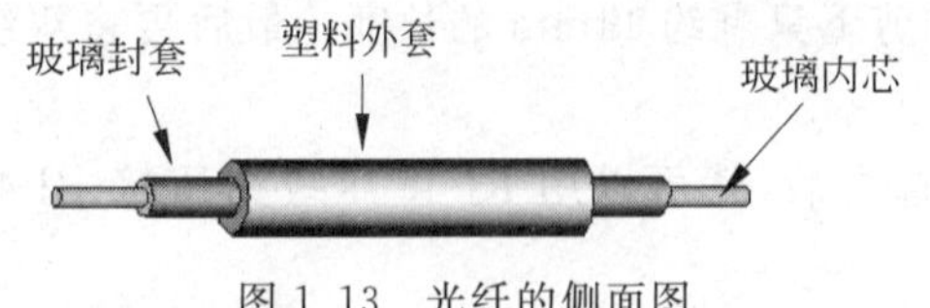


图 1.13　光纤的侧面图

光纤按传输模式划分，分为多模光纤和单模光纤。

如果纤芯的直径较粗，则光纤中可能有许多束沿不同角度同时传播的光波，将具有这种特性的光纤称为多模光纤(Multi Mode Fiber)。这种光纤的传输性能差、频带窄、传输速率较小、距离较短。

如果将光纤纤芯直径减小到光波波长大小的时候，则光纤如同一个波导，光在光纤中的传播没有反射，而沿直线传播，这样的光纤称为单模光纤(Single Mode Fiber)。

光纤数据传输系统由三个部分组成：光纤传输介质、光源和检测器。光源在加上数字信号时会发出光脉冲，用光的出现表示“1”，不出现表示“0”；检测器是光电二极管，遇光时，它会产生一个电脉冲，从而通过光纤单向地传递数据，如图 1.14 所示。

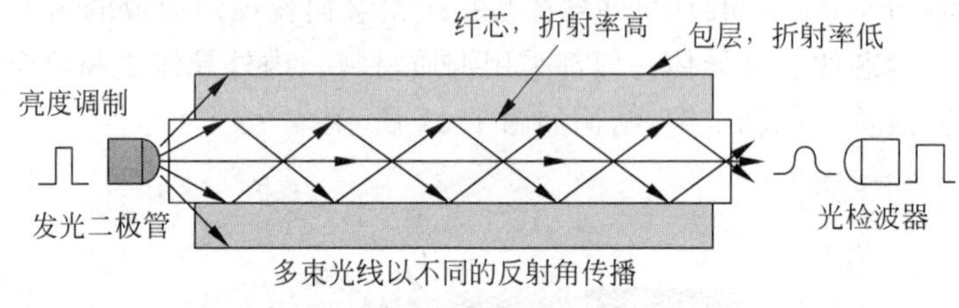


图 1.14　光纤数据传输系统

单模光纤采用固体激光器作光源，多模光纤则采用发光二极管作光源。

光纤通信的优点包括频带宽、传输容量大、重量轻、尺寸小、不受电信号的低频特性限制、不受电磁干扰和静电干扰、无串音干扰、保密性强、原料丰富及生产成本低等。因而，由多条光纤构成的光缆已成为当前主要的传输介质。

光纤连接器是光纤通信系统中的光无源器件，大多数光纤连接器是由三个部分组成的：两个光纤接头和一个耦合器。光纤耦合器(Coupler)又称分歧器(Splitter)，可将光信号从一条光纤分至多条光纤中。

光纤连接器也有单模、多模之分，且有 FC(螺口)、SC(方口)、ST(卡口)等形状之分，常用的光纤连接器如图 1.15 所示。

图 1.15　常用光纤连接器

光纤传输系统可以使用的带宽范围极大，目前受光/电以及电/光信号转换速度的限制，实际使用的带宽为 10Gbps，今后可能实现完全的光交叉和光互连，即构成全光网络。

## 1.3.8　TCP/IP 参考模型

### 1. TCP/IP 参考模型概述

TCP/IP 协议簇是 ARPANET 试验的产物。1981 年推出的 IP(Internet Protocol,因特网协议)和早在 1974 年问世的 TCP (Transport Control Protocol,传输控制协议),合称 TCP/IP 协议。这两个协议定义了一种在计算机网络间传送数据包的方法。至今,TCP/IP 已经成为计算机网络中使用最广泛的体系结构之一,成为网络界的实际工业标准协议。

TCP/IP 协议簇被设计成四层模型,分别是:应用层、传输层、网际层(又称互联层)和网络接口层(又称主机-网络层)。TCP/IP 层次模型与 OSI/RM 层次模型的对应关系如图 1.16 所示。

### 2. TCP/IP 的网络接口层

TCP/IP 的网络接口层由数据链路层和物理层合并而成。这层定义了与不同的网络进行连接的接口,网络接口层负责把数据包发送到网络传输介质上传输,以及从网络传输介质上接收数据并解封,取出数据包交给上一层网际层。

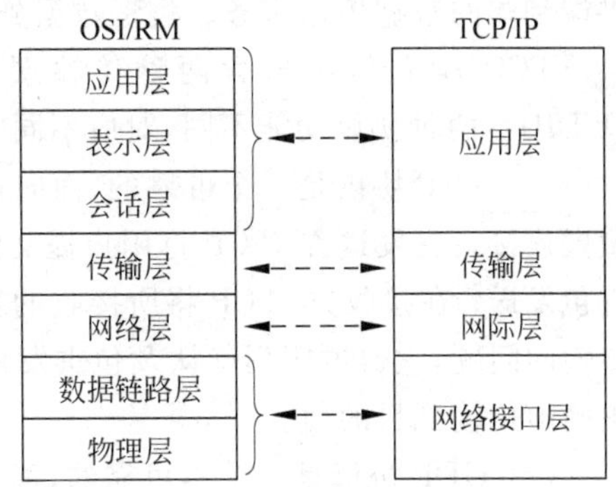


图 1.16　TCP/IP 模型与 OSI/RM 模型对应关系

### 3. TCP/IP 的网际层

网际层(Internet Layer)的主要功能是负责将数据封装成包,并从源主机发送到目的主机,解决如何进行数据包的路由选择、阻塞控制、网络互连等问题。

网际层的核心协议是 IP 协议,另外还有一些辅助协议,包括 ARP、RARP、ICMP 以及 IGMP 协议等。

1) IP 协议

负责给因特网上的每一台电脑规定一个地址,以便数据包在网络间寻址,它提供无连接的服务。任何数据在传送之前,不需要先建立一条穿过网络到达目的地的通路,每个数据包都可以经不同的通路转发至同一个目的地。IP 协议既不保证传输的可靠性,也不保证数据包按正确的顺序到达目的地,甚至不能保证数据包能够到达目的地,它仅提供了“尽力而为”的服务,通过这种方式保证了数据包的传输效率。

IP 协议可以进行数据包的分割和封装,封装时在数据包前加上源主机的 IP 地址和目的主机的 IP 地址及其他信息。其特点是:只提供传输,不负责纠错。

2) 地址解析协议(Address Resolution Protocol,ARP)

负责将 IP 地址解析为主机的物理地址,以便按该地址发送和接收数据。

3) 逆向地址解析协议(Reverse Address Resolution Protocol,RARP)

负责将物理地址解析成 IP 地址,这个协议主要是针对无盘工作站等获取 IP 地址而设

计的。

4) Internet 控制报文协议(Internet Control Message Protocol,ICMP)

用于在主机和路由器之间传递控制消息,指出网络通不通、主机是否可达、路由是否可用等网络本身的消息及数据包传送错误的消息。

5) 互联网组管理协议(Internet Group Management Protocol,IGMP)

在网络中传输数据的方式绝大多数是单播,即一个主机发送而另一个主机接收,但有时也会一个主机发送、多个主机接收,如视频会议、为用户群进行软件升级、共享白板式多媒体应用等,这些情况就是多播。

ICMP 负责对 IP 多播组进行管理,包括多播组成员的加入和删除等。

#### 4. TCP/IP 的传输层

传输层相当于 OSI 体系结构中的传输层,负责在源主机和目的主机的应用进程之间提供端到端的数据传输服务。负责数据分段、数据确认、丢失和重传等。

TCP/IP 结构中包含两种传输层协议:传输控制协议(TCP)和用户数据报协议(UDP)。两种协议功能不同,对应不同的应用。

(1) TCP 协议是一个可靠的、面向连接的端对端的传输层协议,由 TCP 提供的连接叫做虚连接。在发送方,TCP 将用户提交的字节流分割成若干个数据段并传递给网际层进行打包发送;在接收方,TCP 将所接收的数据包重新装配并交付给接收用户,TCP 负责发现传输的问题,它通过序列确认及包重发机制解决 IP 协议传输时的错误。直到所有数据安全正确地传输到目的地。

(2) UDP 协议是一个不可靠的、面向无连接的传输层协议。使用 UDP 协议发送报文之后,无法得知其是否安全完整到达。UDP 协议将可靠性问题交给应用程序解决。UDP 协议应用于那些对可靠性要求不高,但要求网络的延迟较小的场合,如语音和视频数据的传送。

为了识别传输层之上的各个不同的网络应用进程,传输层引入了端口的概念。要进行网络通信的进程向系统提出申请,系统返回一个唯一的端口号,将进程与端口号联系在一起,称为绑定。传输层使用其报文头中的端口号,把收到的数据送到不同的应用进程。

端口是一种软件结构,包括一些数据结构和 I/O 缓冲区,端口号的范围从 0 到 65 535。一些端口常会被黑客、木马病毒所利用。

#### 5. TCP/IP 的应用层

TCP/IP 的应用层综合了 OSI 应用层、表示层以及会话层的功能。

应用层为用户的应用程序提供了访问网络服务的能力并定义了不同主机上的应用程序之间交换用户数据的一系列协议。由于不同的网络应用对网络服务的需求各不相同,因此应用层协议非常丰富,并且不断有新的协议加入,以下是 TCP/IP 协议簇中常用的一些应用层协议。

(1) 超文本传输协议(HTTP):用于获取万维网(WWW)上的网页信息。

(2) 文件传输协议(FTP):用于点对点的文件传输。

(3) 简单邮件传输协议(SMTP)：用于发送邮件以及在邮件服务器之间转发邮件。

(4) 邮局协议(POP)：用于从邮件服务器上获取邮件。

(5) 终端仿真(或虚拟终端)协议(TELNET)：用于远程登录到网络主机。

(6) 域名系统(DNS)：用于将主机域名解析成对应的 IP 地址。

(7) 简单网络管理协议(SNMP)：用于从网络设备(路由器、网桥、集线器等)中收集网络管理信息。TCP/IP 可以为各式各样的应用提供服务，同时也可以连接到各种网络上，TCP/IP 协议簇如图 1.17 所示。

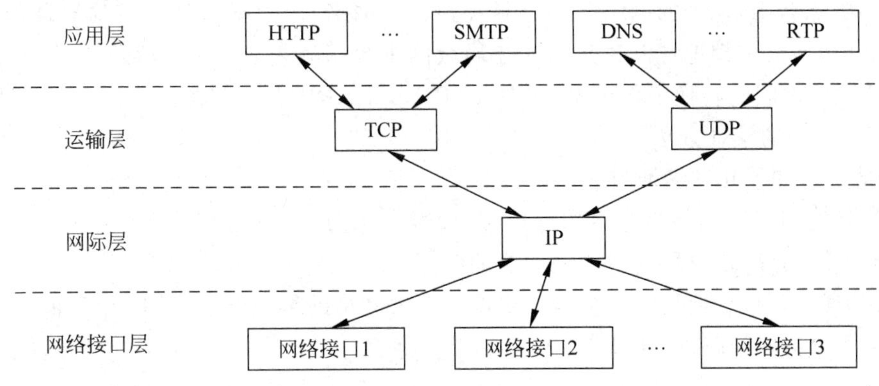


图 1.17　TCP/IP 协议簇

### 1.3.9　IP 地址

#### 1. IP 地址概述

1) IP 地址及其表示方法

为了在因特网上的主机之间进行通信，要给每个连接在因特网上的主机(或路由器)分配一个在世界范围内唯一的标识符，目前，采用 4 个字节共 32 位二进制数来标识每台主机，这 32 位二进制数称为该主机的 IP 地址。IP 地址由因特网名字与号码指派公司 ICANN (Internet Corporation for Assigned Names and Numbers)进行分配。

2) IP 地址的记法

为了提高可读性，在书写 IP 地址时，将每 8 位(1 字节)二进制数转换为十进制数，在这些数字之间加上一个点来分隔，这种记法叫做点分十进制记法。

例如下面的一个 32 位的二进制地址：

| | |
|---|---|
| 10000000000101010000001100010001 | 连续二进制代码 |
| 10000000 00010101 00000011 00010001 | 每 8 位加一空格提高可读性 |
| 128　　21　　3　　17 | 每 8 位转换成十进制数 |
| 128.21.3.17 | 采用点分十进制数便于记忆 |

3) 网络地址和主机地址

IP 地址＝网络号＋主机号。

(1) 网络号(Netid)字段(又称为网络地址或网络标识)，它是主机(或路由器)所在网络的标志。

(2) 主机号(Hostid)字段(又称为主机地址或主机标识)，它标志网络中的该主机(或路由器)。

在 Internet 上，数据包寻址时，先按 IP 地址中的网络号 Netid 寻找到目的网络，网络号是 IP 地址的“因特网部分”，找到网络后，再按主机号 Hostid 找到目的主机，主机号是 IP 地址的“本地部分”。

4) IP 地址与物理地址

IP 地址是一种用来在网际层/网络层标识主机的逻辑地址，是在 Internet 上使用的地址。依靠数据包 IP 地址的网络号部分寻找到目的网络，当数据包到达目的局域网时，必须把 IP 地址转换成物理地址。这是因为在局域网中数据帧是靠 MAC 地址传送的。IP 地址和 MAC 地址之间的转换工作由网际层的 ARP 和 RARP 协议完成。

5) IP 地址的编址方法

IP 地址有如下几种编址方法：

(1) 分类 IP 地址，是最基本的编址法，1981 年通过。

(2) 子网划分，是对最基本的编址法的改进。

(3) 构成超网，是把一些小网络汇聚成一个大网络的编址方法，1991 年后推广。

(4) 无分类域间路由 CIDR，1993 年后推广。

### 2. IP 地址特点

(1) IP 地址是一种分层次的地址结构，每一个 IP 地址都由网络号和主机号两部分组成。当某个单位申请到一个 IP 地址时，实际上只是从因特网名字与号码指派公司 ICANN 获得了一个网络号 Netid。主机号由单位自行分配。这样方便了 IP 地址的管理。

(2) IP 地址的结构使我们可以在 Internet 上很方便地进行寻址：先按数据包中 IP 地址的网络号 Netid 寻找网络，再按主机号 Hostid 找到主机。所以，IP 地址并不只是一个计算机的号，而是指出了连接到某个网络上的某个计算机。

(3) IP 地址不能反映任何有关主机地理位置的信息。

(4) 在选用 IP 地址时，总的原则是：网络中每个设备的 IP 地址必须是唯一的，即在不同的设备上不允许出现相同的 IP 地址。从理论上讲，在保证每个设备的 IP 地址唯一的前提下，三类地址中的任何一类都可以使用。

在 IP 地址中，所有分配到网络号的网络(不管是覆盖范围很小的局域网，还是覆盖范围很大的广域网)都是平等的。

### 3. 分类的 IP 地址

1) IP 地址的分类

所谓“分类”是将 IP 地址划分为 5 类：A 类～E 类。图 1.18 中给出了各种分类 IP 地址的类别标识、网络号字段和主机号字段及其占用的长度，其中，A 类、B 类和 C 类地址都是最常用的。

(1) A 类地址：该类地址的网络号为 1 个字节长，在网络号字段的最前面 1 比特作为类别标识，其值为 0。该类地址的主机号占 3 个字节长。

(2) B 类地址：该类地址的网络号为 2 字节长，在网络号字段的最前面 2 比特作为类别

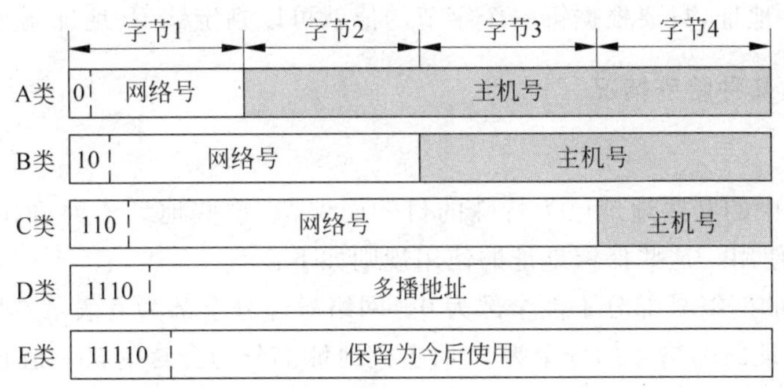


图 1.18　各类 IP 地址的网络号和主机号

标识,其值为 10。该类地址的主机号占 2 个字节长。

(3) C 类地址:该类地址的网络号为 3 字节长,在网络号字段的最前面 3 比特作为类别标识,其值为 110。该类地址的主机号占 1 个字节长。

(4) D 类地址用于多播(即一对多通信)使用。

(5) E 类地址保留为以后使用。

类别号是包含在网络号字段 Netid 中的。

2) 常用的三种类别的 IP 地址使用范围

IP 地址使用时要注意:网络号部分不能全为 0 或全为 1,主机号部分也不能全为 0 或全为 1。

对于 A 类地址,网络号字段用第一个字节表示,其最高位为 0,网络号不可为 0,且网络号 127(01111111)保留作为测试用,故网络号字段的取值范围为 00000001~01111110,用十进制表示就是 1~126。其主机号字段 Hostid 的取值范围为 00000000 00000000 00000001~11111111 11111111 11111110,用点分十进制表示就是 0.0.1~255.255.254。

对于 B 类地址,网络号字段用前两个字节表示,取值范围为 10000000 00000000~10111111 11111111,即 128.0~191.255,其主机号字段 Hostid 的取值范围为 00000000 00000001~11111111 11111110,用点分十进制表示就是 0.1~255.254。

对于 C 类地址,网络号字段用前三个字节表示,取值范围从 11000000 00000000 00000000~11011111 11111111 11111111,用点分十进制表示就是 192.0.0~223.255.255,其主机号 Hostid 的取值范围为 00000001~11111110,用点分十进制表示就是 1~254。

3 种常用地址的网络号范围如表 1.1 所示。

**表 1.1　常用类别的 IP 地址范围**

| 网络类别 | 最大网络数 | 第一个可用的网络号 | 最后一个可用的网络号 | 每个网络中最大的主机数 | IP 地址范围 |
|---|---|---|---|---|---|
| A | 126($2^7-2$) | 1 | 126 | 16,777,214 | 1.0.0.1~126.255.255.254 |
| B | 16,384($2^{14}$) | 128.0 | 191.255 | 65,534 | 128.0.0.1~191.255.255.254 |
| C | 2,097,152($2^{21}$) | 192.0.0 | 223.255.255 | 254 | 192.0.0.1~223.255.255.254 |

对于一个 IP 地址,只要根据第一个字节的值就可以判定该 IP 地址属于哪一类了。

#### 4. IP 地址的几种特殊情况

1) 保留地址

IP 地址空间中的某些地址已为特殊的目的而保留,这些地址不允许作为主机地址,它们只能被系统所使用。这些保留地址的使用规则如下:

(1) IP 地址的网络号部分不能全部为 0。网络号部分全部为 0 表示本网络。

(2) 当 IP 地址的网络号部分全为 0,而主机地址部分为合法的某一值时,则表示本网络上的某个主机。

(3) 当 IP 地址中的主机号中的所有位都为 0 时,它指示为一个网络。

(4) 如果 IP 地址中的主机号部分各位都为 1,并且该 IP 地址有一个正确的网络号时,为面向 Internet 上的那个远程 LAN 定向发送广播数据包(向该 LAN 中的所有主机的广播)。也称为直接广播。

(5) TCP/IP 协议规定 32 位全为"1"的 IP 地址(255.255.255.255)叫做有限广播地址,也称为本地广播地址,用于面向本地网络所有主机的广播,在主机不知道本机所处的网络时,只能采用有限广播方式。

(6) 当网络部分为 127 时,所有形如 127.x.x.x 的地址都不能作为网络地址,而保留作为回路测试用。

2) 公有地址和私有地址

公有地址(Public Address)是由 Internet 地址授权委员会(Internet Assigned Numbers Authority,IANA)负责分配的,使用这些公有地址可以直接访问 Internet。

私有地址(Private Address)属于非注册地址,专门为各组织机构分配给单位内部网使用,这些地址如下。

(1) A 类:10.0.0.0～10.255.255.255

(2) B 类:172.16.0.0～172.31.255.255

(3) C 类:192.168.0.0～192.168.255.255

用户可以在本单位内部网中使用这些 IP 地址。如果这些内部网用户需要与因特网相连,必须将这些 IP 地址转换为可以在因特网中使用的公有地址。

#### 5. 掩码的概念和作用

如何知道一个数据包的目的 IP 地址中的网络号(网络 ID)和主机号(主机 ID)呢?这是通过掩码来实现的。

掩码也使用 32 位二进制数表示,掩码由连续的 1 和连续的 0 组成,掩码的 1 对应 IP 地址中的网络号,掩码的 0 对应 IP 地址中的主机号,传统情况下 0 和 1 不能混用。掩码也使用点分十进制表示法。

对于分类 IP 地址,因为网络号字段都是用完整的字节来表示的,所以掩码也使用各位全为"1"的完整字节来表示。这种掩码称为默认掩码。

对于 A 类地址,因为网络号字段用头 1 个字节表示,默认掩码为 255.0.0.0;

对于 B 类地址,因为网络号字段用头 2 个字节表示,默认掩码为 255.255.0.0;

对于C类地址，因为网络号字段用头3个字节表示，默认掩码为255.255.255.0。

掩码实际上是一个过滤码，将掩码和IP地址"按位求与"(AND)就可以过滤出IP地址中网络号部分。"按位求与"就是将IP地址中的每一位和相应的掩码位进行"与"(&)运算，运算规则如下：

```
1&1 = 1   1&0 = 0   0&0 = 0
```

运算时，掩码"1""与"IP地址相应位，计算结果就是IP地址的那一位。掩码"0""与"IP地址相应位，计算结果就是"0"。

例如，一台计算机的IP地址为172.33.17.1，由第一个字节值172可知其为B类地址，前2个字节表示网络号，所以默认的掩码应为255.255.0.0。

图1.19是表示对地址"172.33.17.1"和掩码"255.255.0.0"进行按位与运算的一个实例。将IP地址和掩码分别转换成二进制数，上下排列按位对齐。取出掩码1各位所对应的IP地址部分，掩码0所对应的各位填0，即得网络号；将掩码取反，再与IP地址"与"运算可得到主机号部分。

| 求网络号： | | |
|---|---|---|
| IP地址： | 10101100 00100001 00010001 00000001 | |
| 掩码： | 11111111 11111111 00000000 00000000 | 按位"与"计算 |
| 网络ID： | 10101100 00100001 00000000 00000000 | 172.33.0.0 |
| 求主机号： | | |
| IP地址： | 10101100 00100001 00010001 00000001 | |
| 掩码反码： | 00000000 00000000 11111111 11111111 | |
| 主机ID： | 00000000 00000000 00010001 00000001 | 0.0.17.1 |

图1.19　掩码与IP地址"与"运算

经过"按位与"运算后被过滤出来的172.33.0.0，就是IP地址为172.33.17.1的主机的网络地址，0.0.17.1是其主机号。

实际上我们做练习时，通常不需要将IP地址换算成二进制数计算。对于默认掩码来说，将与掩码值为255所对应的那些字节IP的值直接写下来，后面字节值填"0"即为网络号；将掩码中0所对应的字节的IP值写下来，前面填相应个字节的"0"即为主机号。

### 1.3.10　常见的网络测试工具

#### 1. ping命令

1) 概念

ping (Packet Internet Grope)，因特网包探索器，是DOS命令，用于测试网络连接质量的程序。

常规用法为：ping 目标主机名或IP地址

2) 工作原理

ping发送一个ICMP回声请求消息给目的地并报告是否收到所希望的ICMP回声应答。利用网络上机器IP地址的唯一性，给目标IP地址发送一个数据包，再要求对方返回一个同样大小的数据包来确定两台网络机器是否连接相通，时延是多少。

3）连通情况：

采用 ping 命令测试网络连通状态如图 1.20 所示。

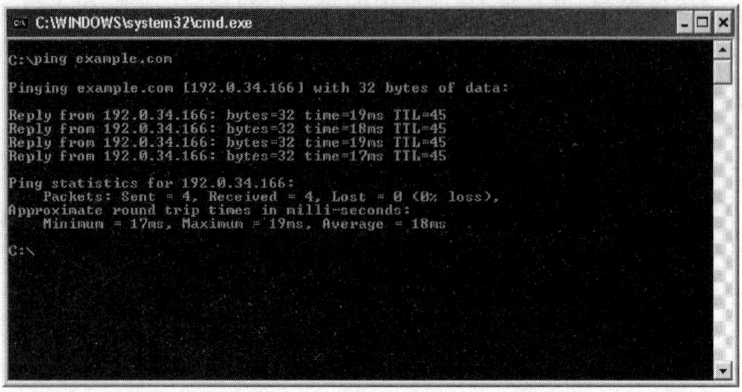

```
C:\WINDOWS\system32\cmd.exe

C:\>ping example.com

Pinging example.com [192.0.34.166] with 32 bytes of data:

Reply from 192.0.34.166: bytes=32 time=19ms TTL=45
Reply from 192.0.34.166: bytes=32 time=18ms TTL=45
Reply from 192.0.34.166: bytes=32 time=19ms TTL=45
Reply from 192.0.34.166: bytes=32 time=17ms TTL=45

Ping statistics for 192.0.34.166:
    Packets: Sent = 4, Received = 4, Lost = 0 (0% loss),
Approximate round trip times in milli-seconds:
    Minimum = 17ms, Maximum = 19ms, Average = 18ms

C:\>
```

图 1.20　网络连通状态

4）不通的情况

在检查网络连通的过程中可能出现一些错误，这些错误总地来说分为两种最常见的情况。

(1) Request Timed Out

可能原因包括：除对方可能装有防火墙或已关机以外，还有就是本机的 IP 地址不正确或网关设置错误。

(2) Destination Host Unreachable

可能原因包括：一般是路由存在问题。如目的主机和源主机不在同一网段，但却无有效路由，或是在中转路由器中无法找到目的主机所在网络的路由。

5）常见参数

```
ping [-t] [-a] [-n count] [-l length] [-f][ -i TTL][ -v TOS][ -r COUNT][ -w TIMEOUT]
destination-list
```

(1) -t ：一直 ping 指定的计算机，直到从键盘按下 Ctrl+C 组合键中断。

(2) -a ：将地址解析为计算机 NetBios 名。

(3) -n count：发送 count 指定的 ECHO 数据包数，通过这个命令可以自己定义发送的个数，对衡量网络速度很有帮助。能够测试发送数据包的平均返回时间。默认值为 4。

(4) -l size：发送指定数据量的 ECHO 数据包。默认为 32B；最大值是 65 527B。

(5) -f：指定在发送回应请求消息时，将 IP 报头中的不分片标志设置成 1，这样通过的路由器将不会对其进行分片。一般用于测试路径上设备的 MTU(Maximum Transmission Unit，最大传输单元)值。

(6) -i TTL：指定发送的回应请求消息的 IP 报头中的生存时间字段的值，指在对方系统中停留的时间。一般 Windows XP 主机默认为 128，Windows 7 主机默认为 64，最大值为 255。

(7) -v TOS：指定发送的回应请求的 IP 报头中服务类型字段的值。默认为 0，可以指定 0～255 之间的十进制数值。

(8) -r COUNT：指定由 IP 报头中的“记录路由”选项记录回应请求消息以及相应的应答消息所采用的路径。计数必须介于 1 到 9 之间。

(9) -s COUNT：指定由 IP 报头中的 Internet 时间戳选项记录每一跳的回应消息到达的时间。计数必须介于 1 到 4 之间。

(10) -w TIMEOUT：指定对应的回应应答消息的等待时间，以 ms 为单位。如果在超时前没有收到应答信息，则显示 request timed out 的错误信息。默认值是 4000(4s)。

(11) destination-list：指定要 ping 的远程计算机。

6）使用 ping 命令检查网络连通性的步骤

(1) ping 127.0.0.1，ping 回送地址是为了检查本地的 TCP/IP 协议有没有设置好；

(2) ping 本机 IP 地址，这样是为了检查本机的 IP 地址是否设置有误；

(3) ping 本网网关或本网 IP 地址，这样是为了检查硬件设备是否有问题，也可以检查本机与本地网络连接是否正常(在非局域网中这一步骤可以忽略)；

(4) ping 远程 IP 地址，这主要是检查本网或本机与外部的连接是否正常；

(5) ping 远程域名：可以检查网络中的 DNS 服务器是否正常工作。

#### 2. ARP 命令

1）概念

ARP 命令用于显示和修改 ARP 缓存中的条目，该缓存含有一个或是多个用于存储 IP 地址和 MAC 地址对应关系的表。

2）常见参数

```
arp [ -a [IP 地址][ -N 接口 IP 地址]] [ -g [IP 地址][ -N 接口 IP 地址]] [ -d IP 地址 [接口 IP 地址]] [ -s IP 地址 MAC 地址 [接口 IP 地址]]
```

(1) [-a [IP 地址][-N 接口 IP 地址]：查看 ARP 表项。

(2) [-g [IP 地址][-N 接口 IP 地址]]：查看 ARP 表项。

(3) [-d IP 地址 [接口 IP 地址]]：手动删除 ARP 表项。

(4) [-s IP 地址 MAC 地址 [接口 IP 地址]]：手动添加 ARP 表项。

## 1.4　子项目实施

### 1.4.1　利用双绞线制作网线

#### 1. 任务指标

每个施工组利用双绞线制作 8 条直连网线和 1 条交叉网线，要求利用测线仪测试网线的连通性和线序，网线质量要求符合工程标准。

#### 2. 实施过程

1）制作直通网线

第 1 步：利用斜口钳剪下所需要的双绞线长度，至少 0.6m。然后再利用双绞线剥线器

将双绞线的外皮除去2～3cm。

第2步：小心地剥开每一对线，排序。左起：白橙、橙、白绿、蓝、白蓝、绿、白棕、棕。

第3步：将裸露出的双绞线用剪刀或斜口钳剪下只剩约13mm的长度。最后再将双绞线的每一根线依序放入RJ-45接头的引脚内，第一只引脚内应该放白橙的线，其余依次类推。

第4步：确定双绞线的每根线已经正确放置之后，就可以用RJ-45压线钳压接RJ-45接头。

第5步：重复第2步～第4步，再制作另一端的RJ-45接头，此时这个接头的线序则是左起：白橙、橙、白绿、蓝、白蓝、绿、白棕、棕。

第6步：将制作完成的网线的两个接头分别插入测线仪的两个接口中，打开测线仪开关，观察两组灯，如果两组灯分别从1灯亮至8灯，说明直通网线制作成功；如果有一个灯没亮，说明该条线没有连接成功；如果灯亮的顺序颠倒，说明线序排列错误。

2）制作交叉网线

第1步：利用斜口钳剪下所需要的双绞线长度，至少0.6m。然后再利用双绞线剥线器将双绞线的外皮除去2～3cm。

第2步：小心地剥开每一对线，排序。左起：白橙、橙、白绿、蓝、白蓝、绿、白棕、棕。

第3步：将裸露出的双绞线用剪刀或斜口钳剪下只剩约13mm的长度。最后再将双绞线的每一根线依序放入RJ-45接头的引脚内。

第4步：确定双绞线的每根线已经正确放置之后，就可以用RJ-45压线钳压接RJ-45接头。

第5步：重复第2步～第4步，再制作另一端的RJ-45接头，此时这个接头的线序则是左起：白绿、绿、白橙、蓝、白蓝、橙、白棕、棕。

第6步：将制作完成的网线的两个接头分别插入测线仪的两个接口中，打开测线仪开关，观察两组灯，此时两组灯不再是按顺序依次亮起，而是一组灯的1灯亮时，另一组灯的3灯亮，一组灯的2灯亮时，另一组灯的6灯亮，其余的4,5,7,8灯是两组灯共同亮起。

### 1.4.2 硬件连接和设置IP地址

#### 1. 任务指标

每个施工组利用交叉网线连接两台主机，启动主机，为主机设置IP地址，观察网卡接口指示灯的变化。

#### 2. 实施过程

1）连接计算机

将两台主机A和B放在合适的位置，使两台主机能够通过交叉线连接起来，连接图如图1.21所示。

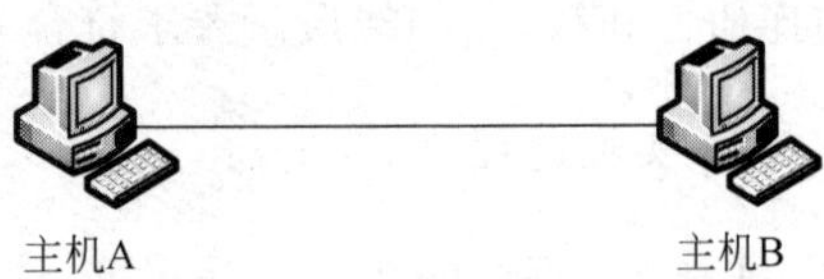


图1.21 硬件连接图

2）设置主机的IP地址

不同操作系统的主机设置IP地址的方式基本

相同,现在以 Windows XP 为例介绍设置 IP 地址的过程。

第 1 步:启动 Windows XP;双击"我的电脑"→"控制面板"→"网络连接"。

第 2 步:右键单击"本地连接"→"属性"→"常规",找到并单击"Internet 协议(TCP/IP)"。

第 3 步:单击"属性"→"常规",选择"使用下面的 IP 地址",然后填入 IP 和子网掩码。

主机 A　IP=192.168.组号.10　　　主机 B IP=192.168.组号.20

子网掩码为:255.255.255.0　　　网关 IP 为:可不填

第 4 步:单击"确定"使 IP 地址生效。

注:由于本项目一般采用施工组的方式进行,每组学生都有一个唯一的组号,IP 地址中的组号指的就是这个唯一的编号,如施工组 1 组同学设置主机 A 的 IP 地址应该是 192.168.1.10。以下操作均以施工组 1 组为例进行介绍。

### 1.4.3 ping 命令测试

#### 1. 任务指标

利用 ping 命令测试主机的 TCP/IP 是否正常、测试网卡是否正常工作以及两台主机之间的连通性。

#### 2. 实施过程

在访问网络中的计算机之前,首先要确认这两台计算机在网络上是否已经连通。可以在主机 A 上通过 ping 命令来检测到达主机 B 的连通性。

在开始菜单选中"运行",输入 cmd,进入命令提示符界面。依次执行如下操作。

1) ping 127.0.0.1

127.0.0.1 是一个用于内部测试用的 IP 回送地址,检查用户计算机的 TCP/IP 协议是否正常工作。ping 命令的原理是:给目标 IP 地址发送测试包,对方要返回一个回应包,根据返回的数据包我们可以确定目标主机的状态,如图 1.22 所示。

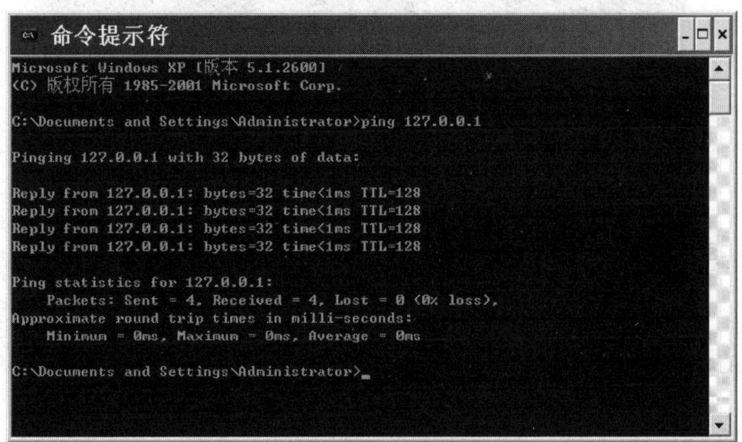


图 1.22　ping 命令的返回信息

图中返回的信息为：本地主机已收到回送信息，包长 32B，响应时间小于 1ms，存在时间 TTL(Time to Live)为 128。TTL 是由发送主机设置的，以防止数据包在 IP 互联网络上永不终止地循环。

返回的统计信息为：向 127.0.0.1 发送了 4 个数据包，收到了 4 个数据包，无丢失。该返回信息表明主机 A 的 TCP/IP 协议正常工作。

2) ping 本机 IP

例如，主机 A 的 IP 地址为 192.168.1.10，则执行命令 ping 192.168.1.10。如果网卡没有问题，则应有如图 1.23 所示的显示。

```
C:\Documents and Settings\Administrator>ping 192.168.1.10

Pinging 192.168.1.10 with 32 bytes of data:

Reply from 192.168.1.10: bytes=32 time<1ms TTL=128
Reply from 192.168.1.10: bytes=32 time<1ms TTL=128
Reply from 192.168.1.10: bytes=32 time<1ms TTL=128
Reply from 192.168.1.10: bytes=32 time<1ms TTL=128

Ping statistics for 192.168.1.10:
    Packets: Sent = 4, Received = 4, Lost = 0 (0% loss),
Approximate round trip times in milli-seconds:
    Minimum = 0ms, Maximum = 0ms, Average = 0ms
```

图 1.23　ping 本机 IP 的结果

如果执行 ping 命令后，显示的内容为：Request timed out，则表明网卡安装或配置有问题，网络无法连通。

3) ping 对方 IP

主机 B 的 IP 地址是 192.168.1.20，在主机 A 上执行命令 ping 192.168.1.20 来检测两台电脑是否已经连通。若连通，则会如图 1.24 所示；若没连通，则要检查网卡、网线是否良好，有没有插好。

```
C:\Documents and Settings\Administrator>ping 192.168.1.20

Pinging 192.168.1.20 with 32 bytes of data:

Reply from 192.168.1.20: bytes=32 time=1ms TTL=64
Reply from 192.168.1.20: bytes=32 time<1ms TTL=64
Reply from 192.168.1.20: bytes=32 time<1ms TTL=64
Reply from 192.168.1.20: bytes=32 time<1ms TTL=64

Ping statistics for 192.168.1.20:
    Packets: Sent = 4, Received = 4, Lost = 0 (0% loss),
Approximate round trip times in milli-seconds:
    Minimum = 0ms, Maximum = 1ms, Average = 0ms
```

图 1.24　ping 对方 IP 的结果

### 1.4.4　ARP 命令测试

#### 1. 任务指标

利用 ARP 命令查看 ARP 地址表、添加静态的 ARP 地址表项以及删除静态的 ARP 地址表项。

### 2. 实施过程

1) 查看本机的 ARP 表项

在主机 A 上运行 ARP 命令查看当前的 ARP 表项,结果如图 1.25 所示,不同主机查看的 ARP 表项有所不同。

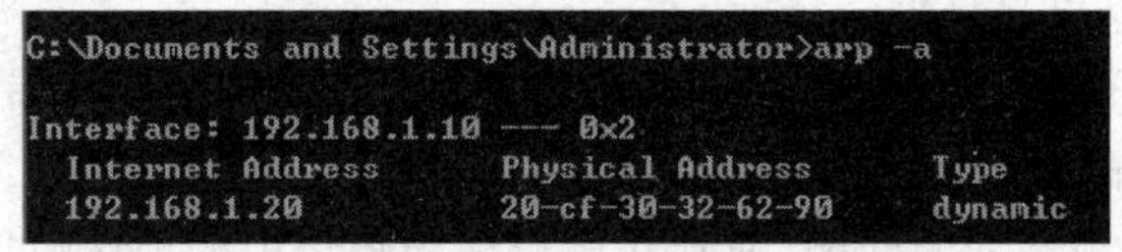

```
C:\Documents and Settings\Administrator>arp -a

Interface: 192.168.1.10 --- 0x2
  Internet Address      Physical Address      Type
  192.168.1.20          20-cf-30-32-62-90     dynamic
```

图 1.25　查看主机 A 的 ARP 表项

2) 手动添加 ARP 表项

在主机 A 上运行 ARP 命令手动添加一条 ARP 表项,该表项的 IP 地址为 192.168.2.1, MAC 地址为 12-34-3a-00-72-be,具体命令为 arp -s 192.168.2.1 12-34-3a-00-72-be,然后用 arp -a 查看,结果如图 1.26 所示。

```
C:\Documents and Settings\Administrator>arp -s 192.168.2.1 12-34-3a-00-72-be

C:\Documents and Settings\Administrator>arp -a

Interface: 192.168.1.10 --- 0x2
  Internet Address      Physical Address      Type
  1.1.1.1               11-11-11-11-11-11     static
  192.168.2.1           12-34-3a-00-72-be     static
```

图 1.26　手动添加 ARP 表项

3) 手动删除 ARP 表项

在主机 A 上运行 ARP 命令将刚才手动添加的 ARP 表项删除掉,具体命令为 arp -d 192.168.2.1,然后用 arp -a 查看,结果如图 1.27 所示。

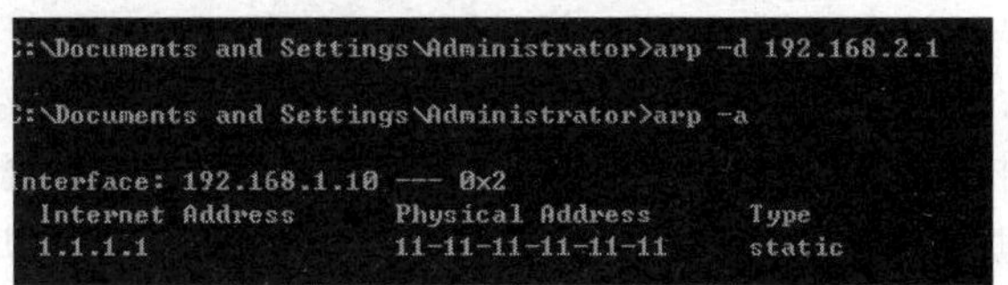

```
C:\Documents and Settings\Administrator>arp -d 192.168.2.1

C:\Documents and Settings\Administrator>arp -a

Interface: 192.168.1.10 --- 0x2
  Internet Address      Physical Address      Type
  1.1.1.1               11-11-11-11-11-11     static
```

图 1.27　手动删除 ARP 表项

## 1.5　扩展知识

### 1.5.1　计算机网络技术的发展过程

#### 1. 单计算机联机系统

20 世纪 50 年代中后期,多个终端(Terminal)通过通信线路连接到一台中心计算机上,形成了第一代计算机网络。

终端是计算机的外部设备,没有 CPU 和内存,仅有输入、输出(显示器和键盘)功能,联

机终端共享主机(Host)的软、硬件资源。

第一代计算机网络的典型应用是：20 世纪 60 年代初，美国航空公司建起了由一台计算机连接美国各地 2000 多个终端的航空售票系统。

这种计算机网络的缺点是：

(1) 主机既要进行数据处理又要负责通信控制，主机负荷重。一旦主机发生了故障，则有可能全网瘫痪，所以可靠性低。

(2) 每个终端都独占一条通信线路，线路利用率极低，尤其是终端距离主机较远时更是如此，通信线路费用昂贵。

为了克服线路利用率低的问题，通常在用户终端较集中的地区设置一台集中器(又称终端控制器)，多台终端通过低速线路先汇集到集中器上，然后再用较高速专线，或由公用电信网提供的高速线路，将集中器连到主机上。

#### 2. 计算机——计算机联机系统

20 世纪 60 年代后期，多个主机通过通信线路互连起来的第二代计算机网络兴起。计算机网络结构从“主机-终端”模式转变为“主机-主机”网络模式，多台计算机用通信线路连接起来。

这种计算机网络的典型代表是美国国防部高级研究计划局委托美国四所高校协助开发的 ARPANET 计算机网络，该计算机网络采用了分组交换技术。ARPANET 是世界上最早投入运行的计算机网络，是计算机网络发展的里程碑，它最后发展成目前的 Internet。

为了减轻主机的负担，将主机之间的通信任务从主机中分离出来，由通信控制处理机(Communication Control Processor，CCP)完成。这样，计算机网络分成通信子网和资源子网两层结构。

(1) 通信子网：由通信控制处理机(CCP)、通信线路和通信协议构成，负责数据传输。

(2) 资源子网：由与通信子网互连的主机集合组成资源子网，负责运行程序、提供资源共享等。

通信控制处理机在网络中被称为网络结点，网络结点一方面作为与资源子网的主机、终端的连接接口，将主机和终端连入网内；另一方面网络结点又作为通信子网中的数据包存储转发结点，完成数据包的接收、校验、存储转发等功能，实现将源主机数据包发送到目的主机的作用。

#### 3. 计算机网络体系结构的形成

在最初阶段的计算机网络中，只有同一厂家的计算机可以组成网络，为了使不同厂家的不同结构的计算机间能互相通信，必须具有统一的计算机网络体系结构并遵循相同的国际标准协议。为此，国际标准化组织 ISO 于 1984 年颁布了开放式系统互连参考模型——OSI/RM，并为参考模型的各个层次制定了一系列的协议标准。各计算机设备生产厂商遵循此标准生产的网络设备可以互相通信。OSI 参考模型对网络的发展起了极大的推动作用。

在 ARPANET 的实验性阶段，研究人员就开始了对 TCP/IP 协议的研究。在 1983 年年初，ARPANET 的所有主机开始使用 TCP/IP 协议，并且赢得了大量的用户和投资。

IBM、DEC 等大公司也纷纷支持 TCP/IP 协议，网络操作系统与大型数据库产品都支持 TCP/IP 协议。由于连接 Internet 必须使用 TCP/IP 协议，所以 TCP/IP 协议成了事实上的业界标准。网络互连技术从此得到了迅速发展。

#### 4. 高速计算机网络技术的发展

从 20 世纪 80 年代末开始，出现了光纤及高速计算机网络技术、多媒体、智能计算机网络，多个局域网互连起来，整个计算机网络就像一个对用户透明的大型计算机系统，这就是第四代计算机网络。

世界各地的计算机网、数据通信网以及公用电话网，通过路由器和各种通信线路连接起来，利用 TCP/IP 协议实现了不同类型的计算机网络之间相互通信，形成了 Internet（因特网）。Internet 是世界知识宝库，它的出现改变了人们的工作、生活、学习、娱乐、购物等方面的方式和习惯，Internet 拉近了人们的距离，让世界变小，人们戏称生活在"地球村"中，生活内容更丰富了。正因为如此，联合国教科文组织提出：在当今社会，不会使用因特网的人是新文盲。

### 1.5.2　计算机网络技术的发展趋势

面向 21 世纪，计算机网络发展的总体目标是要在各个国家、进而在全世界建立完善的信息基础设施（即俗称的信息高速公路）。

支持全球范围内建立完善的信息基础设施的最重要的技术是计算机、通信和多媒体这三种技术的融合。

#### 1. 3G 通信的发展

移动通信网和互联网原来是两个独立的网络，但是随着 3G 业务的出现，它们在相互融合，很多互联网业务正在不断拓展到移动通信网上来，移动互联网功能日益增强。

3G（3rd Generation）即第三代数字通信。1995 年问世的第一代数字手机只能进行语音通话；而 1996 年到 1997 年出现的第二代数字手机增加了接收数据的功能，如接收电子邮件或网页；第三代数字手机与前两代的主要区别不仅是在传输声音和数据时速度上的提升，而且能够处理图像、音乐和视频流等多种媒体形式，提供包括网页浏览、电话会议和电子商务等多种信息服务。

通信网、广播电视网、计算机网间的融合是当今信息时代的特点。第一，通信业正在与广播媒体融合。第二，通信业也在与家电和其他电子技术融合，比如手机导航、信息监控等。第三，通信业与文体和娱乐产业的融合，比如手机音乐、视频点播等。固定网和移动网融合已经初见成效。国家有关部门正积极营造良好条件，通过制定政策措施和统一的标准来规范三网融合的新业务的发展，为 3G 时代的视频化发展道路指明方向。

#### 2. 云计算和虚拟机技术

1）"云"时代

早在 20 世纪 90 年代，人们就感慨：现在计算机技术发展太快，操作系统和各种应用软件越来越大，人们买的计算机用不了几年就感到速度慢了，存储容量小了，以前买的计算机

落伍了。为此，Sun 等公司提出"网络就是计算机"的概念，提出今后可以使用网络进行信息的存储和计算，计算机只要具有终端的功能就可以了。

当时的想法在 Internet 广泛应用的今天已逐渐成为现实。"云计算"时代已经到来。"云"就是计算机群，每个群包括了几万台甚至上百万台计算机。"云"中的计算机可以随时更新，保证"云"长生不老，"云"会替我们做存储和计算的工作。许多大计算机公司，如 Google、微软、雅虎、亚马逊（Amazon）等都拥有或正在建设这样的"云"。

云计算（Cloud Computing）是分布式处理（Distributed Computing）、并行处理（Parallel Computing）和网格计算（Grid Computing）的发展，或者说是这些计算机科学概念的商业实现。

云计算突破了物理资源的概念。新的应用系统，不是指定安装在哪一物理设备上，而是装在"云"里面，"云"可以承载所有计算能力。与传统方式的区别在于，用户并不需要知道"云"在哪里，由哪些具体的服务器构成。实际上，"云"利用了现有服务器的空闲资源。与传统方式相比，"云"的所有资源都是动态的。我们只需要一台能上网的计算机，就可以在任何地点使用计算机、手机等，快速地计算和找到需要的资料，再也不用担心资料丢失和计算机配置低、速度慢的问题了。

2）云计算的几大形式

（1）软件即服务 SaaS

SaaS（Software as a Service）是 21 世纪初兴起的新的软件应用模式。这种类型的云计算通过浏览器把程序传给成千上万的用户。在用户看来，这样会省去在服务器和软件授权上的开支；从供应商角度来看，这样只需要维持一个程序就够了，能够减少成本。SaaS 在人力资源管理程序和 ERP（Enterprise Resource Planning，企业资源计划系统）中比较常用。

（2）实用计算（Utility Computing）

这种云计算为 IT 行业创造了虚拟的数据中心，使其能够把内存、I/O 设备、存储和计算能力集中起来，成为一个虚拟的资源池来为整个网络提供服务。

（3）平台服务化 PaaS

PaaS（Platform as a service）形式的云计算把开发环境作为一种服务来提供。用户可以使用中间商的设备来开发自己的程序并通过互联网和其服务器传到用户手中。

3）虚拟化将成为云计算的支撑基础

虚拟化是一种将操作系统及其应用从硬件平台资源中分离出来的软件解决方案。在虚拟化的领域，实际上存在两种方向。一种是把一个物理系统分割成多个子系统，把它变成多个虚拟的子系统；还有一种就是把多个物理的子系统组合成一个更庞大的、能力更强的虚拟系统。

（1）虚拟化支撑云计算

虚拟化正在重组 IT 产业，同时它也正在支撑起云计算，没有虚拟化的云计算，不可能实现按需计算的目标。据预测，到 2012 年，虚拟化将成为改变 IT 架构和运营的最重要的力量。数据中心虚拟化仍会成为第一市场，其中应用虚拟化、存储虚拟化、I/O 虚拟化以及最终用户的虚拟化，又称为端点虚拟化，都将成为竞争的焦点。

（2）从单机虚拟化到多机虚拟化，构建通用资源池

最初的虚拟化技术是将一台物理机虚拟成多台虚拟机器，从而满足不同的应用环境，尽

可能多地分配可用资源。通过VMware创新的VMotion技术,虚拟化技术演进到了将多台物理机虚拟成一个虚拟化资源池的时代,从而将众多机器的"强大"资源统一起来,解决多机资源调配等管理难题。

计算机刚诞生的时候,主要计算模式是主机与终端机的模式,大量的计算资源在主机里,终端机只是去访问而已。随着单个计算机性能的提升与成本的降低,计算模式演进为服务器与PC互动的阶段,只有海量的运算放在服务器端的数据中心,一般的运算PC本地就足以完成。

随着互联网的发展,运算资源开始从PC端逐渐又整合回了大型的数据中心端——回归到主机、终端的形式,使得"云端"逐渐清晰起来。

当今IT业界主要面临着高预算用于维护的问题——接近70%的资源用于维持现状,造成可怕的成本消耗。VMware希望提供给用户"IT即服务"(无论内部还是外部),将所有应用整合在"内部云"或是"外部云"中,将复杂的系统架构和管理变成服务的形式——从而降低成本,提高用户的效益,提供控制和选择权。

(3) 虚拟化构建云环境

VMware的云计算规划有三个阶段,首先是Cloud-OS——云计算操作系统,也就是目前VMware推出的vSphere系统,它将成为构建云计算环境的虚拟化基础系统;而接下来的是通过"云联邦"选择,实现内部云与外部云之间的结合,即vCloud;第三阶段是终端虚拟化,这一部分的目标是以服务的形式将桌面提供给用户使用。

通过云操作系统,VMware可以把企业的内部环境变成"可靠、安全"的内部云;用户也可以构建自己的"外部云"。用户可以通过"云联邦",将外部云与内部云有选择地在一个标准框架下整合起来,从而在用户环境里有选择地产生"私有云"部分,真正地在考虑到安全和可靠性的同时,将云计算架构引入到企业环境中来。

vSphere拥有三个主要部分:vCompute、vStorage、vNetwork。其中vCompute可以增强虚拟机的实时迁移并提高兼容性;vStorage提供了存储管理和复制的工具,并提供了虚拟化存储方面的支持;vNetwork是对虚拟机的网络进行管理的工具。

### 3. 物联网

物联网的概念是在1999年提出的,物联网的英文名称是The Internet of things,物联网的定义是:通过射频识别(Radio Frequency IDentification,RFID)、红外感应器、全球定位系统、激光扫描器等信息传感设备,按约定的协议,把任何物品与互联网连接起来,进行信息交换和通信,以实现智能化识别、定位、跟踪、监控和管理的一种网络,从而建造一个智能地球。

物联网用途广泛,遍及智能交通、环境保护、政府工作、公共安全、平安家居、智能消防、工业监测、老人护理、个人健康等多个领域。可以通过网络了解家里是否安全、老人是否健康等信息。当司机出现操作失误时汽车会自动报警;汽车能感知前方道路情况,避免交通事故的发生。公文包会提醒主人忘带了什么东西;衣服会"告诉"洗衣机对颜色和水温的要求等。在这个网络中,物品彼此间能够进行信息"交流",而无需人的干预。

例如,保安传感安全防护设备由数万个微小的传感器组成,散布嵌入在墙头墙角墙面和周围道路上。多种传感手段组成一个协同系统,传感器能根据声音、图像、震动频率等信息

分析判断爬上墙的究竟是人还是猫狗等动物，可防止人员的翻越、偷渡、恐怖袭击等攻击性入侵。

物联网是把传感器嵌入和装备到铁路、公路、桥梁、隧道、大坝、建筑、电网、供水系统、油气管道、家用电器等各种物体中，电子传感器产生的数字信号可随时随地通过无线网络传送至能力超强的中心计算机群，进行信息处理。对网络内的人员、机器、设备和基础设施实施实时的管理和控制。"云计算"技术的运用，使数以亿计的各类物品的实时动态管理变得可能。从而，人类可以更加精细和动态地管理生产和生活，达到"智慧"状态，提高资源利用率和生产力水平，改善人与自然环境的关系。

在"物联网"这个全新产业中，我国的技术研发水平处于世界前列，具有重大的影响力。在无线智能传感器网络通信技术、微型传感器、传感器终端机、移动基站等方面取得了重大进展。在世界传感网领域，中国与德国、美国、韩国一起，成为国际标准制定的主导国之一。

预计物联网是继计算机、互联网与移动通信网之后的又一次信息产业浪潮。在中国，物联网技术已从实验室阶段走向实际应用，国家电网、机场保安等领域已出现物联网的身影，有些家电产品已安装传感器，物联网在中国正逐渐发展。

### 1.5.3 数据通信基本概念

从古到今人们都在研究和解决远距离快速通信的问题，传递信息的能力成为衡量人类社会进步的尺度之一。通信技术的发展使社会产生了深远的变革，为人类社会带来了巨大的效益。

#### 1. 数据与信号

数据(Data)：是对客观事实进行描述和记载的按一定规则排列组合的物理符号，在计算机科学中，数据是指用于输入电子计算机进行处理，具有一定意义的数字、字母、符号和模拟量等的统称。

信息(Information)：是数据集合的含义或解释。如从学生健康指标中可分析出学生健康状况。

信号(Signal)：数据的物理量编码(通常为电磁编码)，数据在传播中的电信号表示形式。信号中包含了所要传递的消息(信息)。信号一般以时间为自变量，以表示消息(或数据)的某个参量(振幅、频率或相位)为因变量。信号按其因变量的取值是否连续可分为模拟信号和数字信号。

模拟信号是指时间上连续，幅值也连续的信号，如图 1.28(a)所示。电视图像信号、语音信号、温度压力传感器的输出信号以及许多遥感遥测信号都是模拟信号。

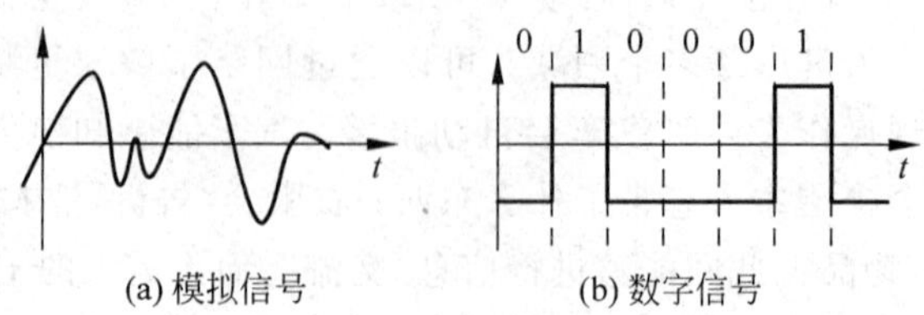


图 1.28 模拟信号和数字信号

数字信号指时间上是离散的，幅度的取值被限制在有限个数值之内的离散信号。用电脉冲表示的二进制码就是一种数字信号，如图1.28(b)所示。二进制码受噪声干扰小，易用数字电路进行处理，所以得到了广泛的应用。计算机数据、数字电话和数字电视信号等都是数字信号。

模拟信号与数字信号有着明显的差别，但两者之间在一定条件下是可以相互转化的。模拟信号可以通过采样、量化和编码等步骤变成数字信号，而数字信号也可以通过解码、平滑等步骤恢复为模拟信号。

由计算机或终端产生的数字信号，其频谱都是从0开始，这种未经调制的信号所占用的频率范围从0起可高达数百千赫，甚至若干兆赫。这个频带叫基本频带，简称基带(Base Band)。这种数字信号就称基带信号。

### 2. 数据通信系统基本结构

数据通信(或称数字通信)是在两个终端之间传递数据信息的一种通信方式。

通信的任务是将表示消息的信号从发送方(信源)传递到接收方(信宿)。通信系统由数据终端设备和数据传输系统组成，如图1.29所示。

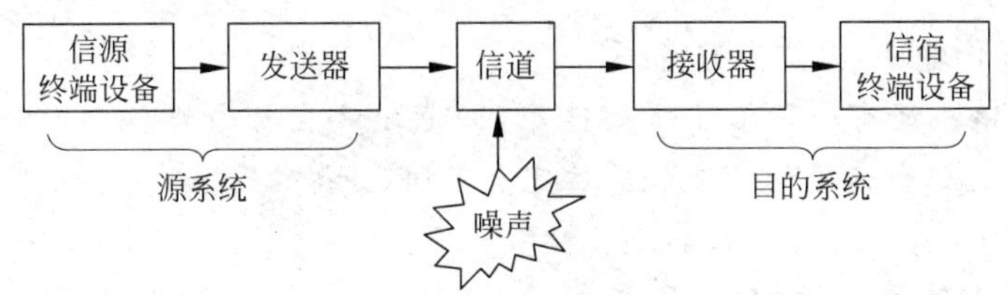


图1.29　数据通信模型框图

在该系统中，由信源终端设备将输入的消息转换成数据信号，为了使该信号适合在信道中传输，发送器(又称信号变换器)根据不同传输介质的传输特性，对数据信号进行某种变换，变成适合于在信道上传输的信号，然后送入信道传输。在接收端，接收器把从信道上接收的信号转换成能被计算机接收的信号，再送给信宿终端设备处理。

在数据通信系统中，我们将终端、计算机和其他生成或接收数据的设备称为数据终端设备(Data Terminal Equipment，DTE)，它是数据的出发点和目的地。

接在DTE和传输线路之间的提供信号变换的设备统称为数据通信设备(Data Communication Equipment，DCE)。如调制解调器、光纤通信网中的光电转换器。

信道是传输信号的媒质(通道)，可以是有线的传输介质，也可以是无线的传输介质。

任何信道都不完美，都可能对正在传输的信号产生干扰，这种干扰称为“噪声”。

### 3. 数据通信的主要技术指标

为了衡量数据通信质量的优劣，常常采用一些物理量如数据传输率、信道容量和误码率等来评价数据通信的质量。衡量信道质量的两个主要参数是信道容量和信道误码率。

1) 码元和比特

(1) 码元：在数字通信中，把时间间隔相同的符号称为码元(信号编码单元)，用码元来表示数字。图1.30～图1.32分别表示2值、4值和8值码元。

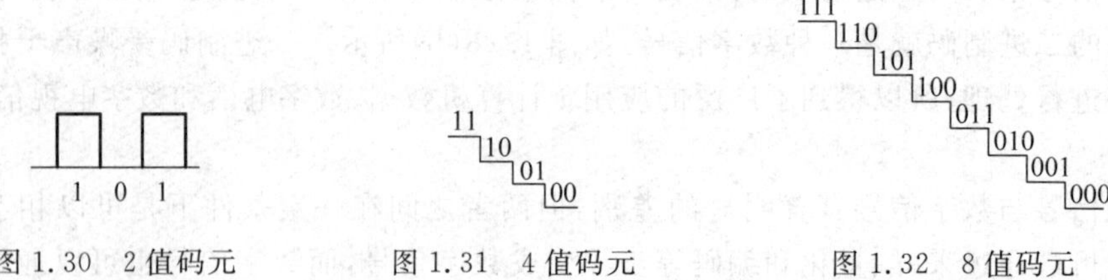


图 1.30　2 值码元　　图 1.31　4 值码元　　图 1.32　8 值码元

(2) 比特：二进制数的位。一个码元可以表示 1 个、2 个、3 个或多个二进制位。

2) 信号传输率与数据传输率

(1) 信号传输率：$B$(波特率)即单位时间内所传送的波形数，单位为波特(Baud)。

(2) 数据传输率：$S$(比特率)即单位时间内所传送的二进制信息的位数，单位为位/秒，记作 bps 或 b/s。

(3) 数据传输率与信号传输率间的关系：

$$S = B \times \log_2 N \tag{1.1}$$

式中，$N$——一个码元所取的离散值个数。当 $N=2$ 时，$S=B$，表示数据传输率与信号传输率的值相等。

$B$——信号传输率，单位为波特。

**注意**：在网络中还有一种信号传播速率，即电磁波在传输媒体上的传播速率(单位为 m/s 或 km/s)。这三种速率的意义和单位完全不同。

3) 带宽

带宽原指物理信道频带宽度，即信道允许传送信号的最高频率和最低频率之差，如图 1.33 所示。带宽通常以每秒传送周期或赫兹来表示。单位：Hz。

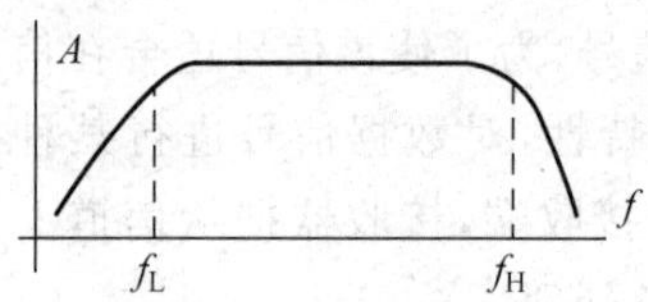


图 1.33　物理信道频率特性

在计算机网络中，所谓带宽(Bandwidth)可以理解为访问网络的速度，即数据传输率，单位为 bps，kbps，Mbps，Gbps 或 Tbps，这里 k，M，G，T 间的关系为后一个是前一个的 $10^3$ 倍。

**注意**：在通信领域 kbps 为 $10^3$ bps。而在计算机中表示存储容量时，KB 表示 $2^{10}$(1024)字节。

影响带宽的因素有传输介质、传输技术类型和传输设备等。如跨网传输时受两个网间的传输线路的带宽限制，使用调制解调器拨号上网时受调制解调器的最高速率，以及所访问站点的最大吞吐量限制等。

4) 信道容量

信道容量是信道传输数据能力的极限，即一个信道的最大数据传输率。反映了信道所能传输的最大信息量。信道容量与信道的频带宽度有关。任何信道在传输信号时都会对信号产生衰减，因此，任何信道在传输信号时都存在数据传输率的限制。

(1) 无噪声信道容量与信道带宽 $H$ 的关系

奈奎斯特公式——无噪声信道传输能力公式为

$$C = 2H \times \log_2 N(\text{b/s}) \tag{1.2}$$

式中，$C$——信道容量；

$H$——信道的带宽，即信道传输上、下限频率的差值，单位为赫兹(Hz)；

$N$——一个码元所取的离散值个数。

**【例 1-1】** 普通电话线路带宽约 3kHz，若码元的离散值个数 $N=16$，则最大数据传输率为

$$C = 2 \times 3\text{k} \times \log_2 16 = 24(\text{kbps})$$

(2) 实际的信道容量

香农公式——有噪声信道容量公式：

$$C = H \times \log_2(1 + S/N)\ (\text{bps}) \tag{1.3}$$

式中，$S$——信号功率；

$N$——噪声功率；

$S/N$——信噪比，通常把信噪比表示成 $10 \cdot \lg(S/N)$ 分贝(dB)。

**【例 1-2】** 已知信道噪声为 30dB，带宽为 3kHz，求信道的最大数据传输率。

因为 $10 \cdot \lg(S/N)=30$，所以 $S/N=10^{30/10}=1000$，信道的最大数据传输率为

$$C = 3\text{k} \times \log_2(1 + 1000) \approx 30\ (\text{kbps})$$

### 1.5.4 数据编码技术

#### 1. 数据通信类型

在数据通信过程中，根据信道允许传输信号类型的不同，通信可分为模拟通信和数字通信。

1) 模拟通信

在信道上传输模拟信号的通信方式称为模拟通信，普通的电话、广播、电视等都属于模拟通信。

2) 数字通信

数字通信是指通信所用的信号形式是数字信号，用数字信号作为载体来传输信息，或者用数字信号对载波进行调制后，传输已调制的载波信号的通信方式。

数字通信系统的主要特点：

(1) 抗干扰能力强，可实现高质量的远距离通信

模拟通信系统中的噪声是有积累的，对远距离通信的质量造成很大的影响；而在数字通信系统中，噪声干扰经过中继器时被消除，然后再放大恢复出与原始信号相同的数字信号。此外，数字通信系统还可以采用许多具有检错或纠错能力的编码技术，进一步提高了系统的抗干扰能力。因此数字通信系统可以实现高质量的远距离通信。

(2) 能实现高保密通信

数字通信系统在数据传输过程中，可以对数字信号进行加密处理，使数字通信具有高度的保密性。数字通信的最大缺点是占用的频带宽。可以说数字通信的许多优点是以牺牲信道带宽为代价的。

在信息传输时，往往要对信号源的信号进行变换，使其变为适合于信道的传输形式，这种变换称为编码。编码方式有：模拟→模拟、模拟→数字、数字→模拟、数字→数字几种。

### 2. 数据的模拟信号编码

电台要将音频信号变成高频信号才能发射出去，计算机的数字信号要变成模拟信号才能通过模拟线路传送到对方。

1）调制与解调

发送方进行的信号波形变换使用调制（Modulation）技术，调制是指用一个信号（调制波）去控制一个载波的某个参量的过程。调制设备称为调制器（Modulator）。

接收方要用解调（Demodulation）技术将收到的已调信号再还原成原始信号。解调设备称为解调器（Demodulator），调制与解调的过程如图 1.34 所示。

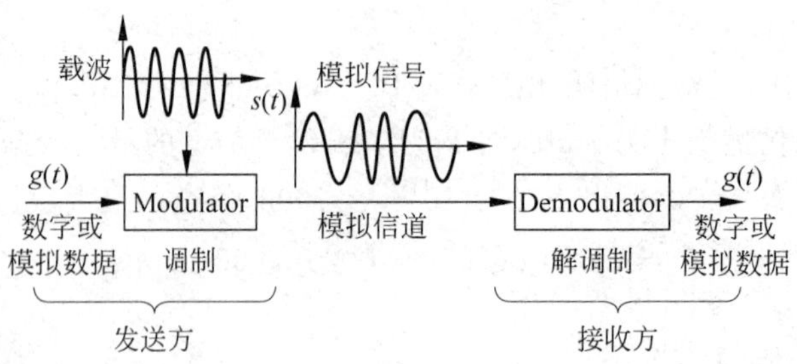


图 1.34　调制与解调

若数据通信的发送端和接收端以双工方式进行通信，就需要同时具备调制和解调功能的设备，这种设备称为调制解调器（Modem）。

2）对数字信号的调制

传统的电话通信信道是为传输语音的模拟信号设计的。数字信号含有大量的低频信号，甚至还含有直流分量，所以它不能通过电话线路传输。为此，必须将数字信号通过调制变换成模拟信号，才能利用电话线路传输。

调制技术一般采用正弦波作为载波，这种数字信号调制又称为载波键控。“键控”是借用了电报传输中的术语。

载波信号各参数间关系：

$$U(t) = A(t)\sin(\omega t + \varphi) \tag{1.4}$$

用数字信号对载波波形的三个参数 $A$、$\omega$ 或 $\varphi$ 进行控制，使其随数字信号的变化而变化。根据调制参数的不同，调制方式可分为幅移键控、频移键控和相移键控三类。

（1）幅移键控 ASK（Amplitude Shift Keying）用载波信号的振幅的不同表示数字信号“0”和“1”。

特点：实现容易、技术简单、抗干扰能力差。波形如图 1.35 所示。

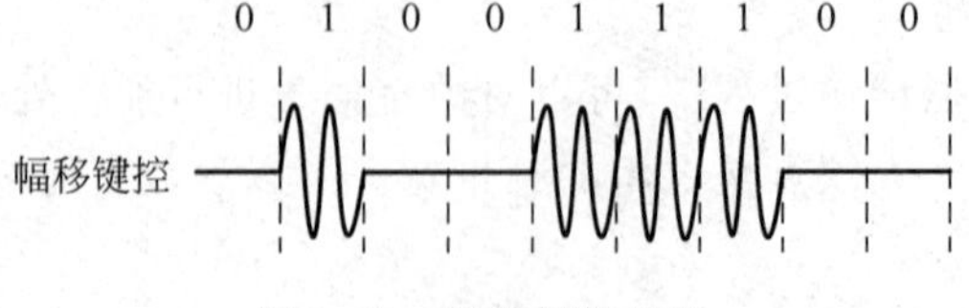


图 1.35　幅移键控波形

(2) 频移键控 FSK(Frequency Shift Keying)通过改变载波信号角频率的方法表示数字信号“0”和“1”。

特点：实现容易、技术简单、抗干扰能力强，目前使用较多。波形如图 1.36 所示。

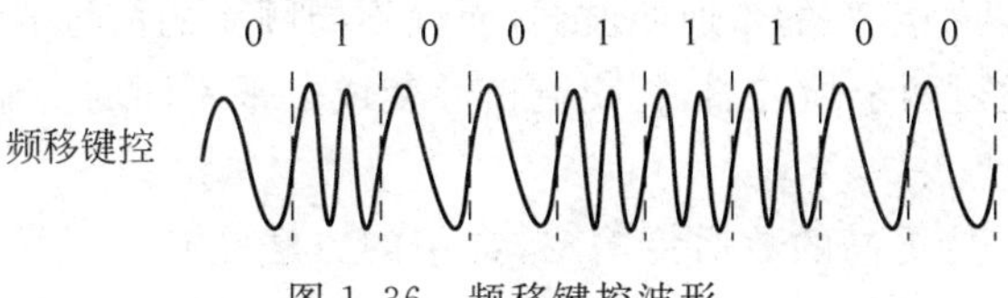


图 1.36　频移键控波形

(3) 相移键控 PSK(Phase Shift Keying)用载波信号的不同相位值表示数字信号“0”和“1”。

① 绝对相移键控

利用不同的相位值表示信号“0”和“1”。信号波形如图 1.37(a)和图 1.37(b)所示。

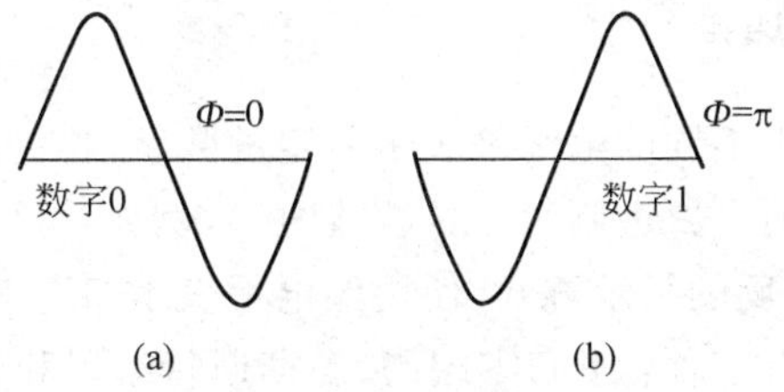


图 1.37　二相相移键控波形

② 相对相移键控

利用相位的变化表示“0”和“1”。信号波形如图 1.38 所示。

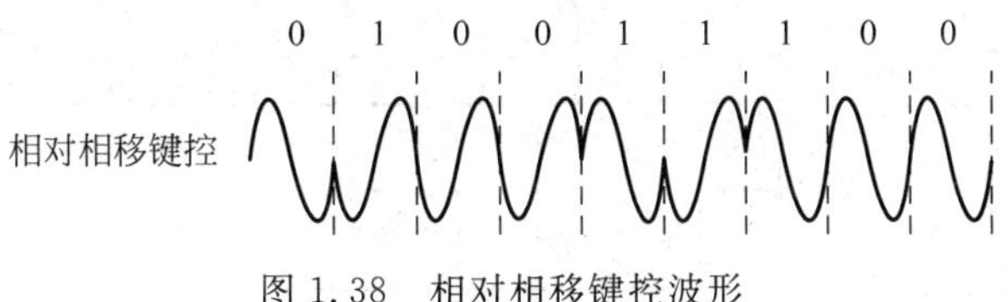


图 1.38　相对相移键控波形

3) 调制解调器原理

不同的调制解调器有各自不同的调制方式，支持不同的数据传输率。下面仅以频移键控调制、解调为例介绍其原理，如图 1.39 所示。

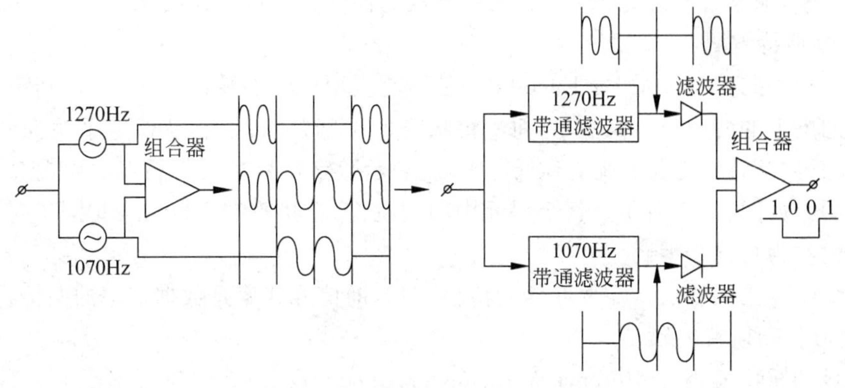


图 1.39　频移键控调制、解调原理图

调制器用输入的数字信号控制两个不同频率的正弦波振荡器的输出，如输入为1时，1270Hz振荡器工作，输出1270Hz信号，输入为0时，1070Hz振荡器工作，输出1070Hz信号。再经过组合器将两种频率的波形合成输出。

解调器中有对应两种频率的带通滤波器，允许不同频率的信号通过，从而将两种频率的正弦波信号分开，再通过两个检波器，将交流信号变成电平不同的直流信号，表示相应的“0”和“1”。

为了让Modem支持更高的数据传输率，常用的方法是让每波特的载波信号携带多位二进制数，这种方法可以通过同时改变载波的多个参量实现，例如同时改变载波的振幅和相位。

现在用的Modem具有协商传输速率的功能，如果通信线路在某个速率条件下连续出错次数超过一个设定值，则通信双方的Modem会降低速度，以便正常传输数据。

### 3. 数字信号的数字化编码

用预先规定的方法利用不同的电平来表示一定的数字，称为数字编码。在数据通信中，用两个不同的电平来表示两个二进制数字（“0”或“1”），例如，可以使用低电平表示“0”，使用高电平表示“1”。或使用相反的表示方式，使用低电平表示“1”，使用高电平表示“0”。

常用的数字编码方式有三种：不归零编码、曼彻斯特编码和差分曼彻斯特编码。

1）不归零编码

不归零编码（NRZ，Non-Return to Zero）规定用高、低电平表示“1”和“0”，如图1.40所示。由于在一个码元的传送时间内，电压保持不变，不回到零状态，故称为不归零编码。

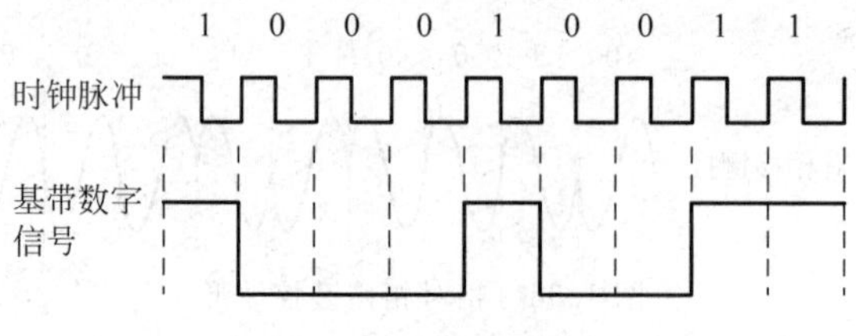


图1.40 NRZ编码

它的缺点是：当出现连续的“0”或“1”时，难以分辨每位的起停点，不具备自同步机制。且会产生直流分量的积累，使信号失真。因此，过去大多数数据传输系统都不采用这种编码方式。近年来，随着技术的完善，NRZ编码已成为高速网络的主流技术。

2）曼彻斯特编码

曼彻斯特编码（Manchester Encoding）是目前应用广泛的编码方法之一，其特点是每一位均用不同电平的两个半位来表示，每一位信号的中间都有跳变，从低电平跳变到高电平，表示数字信号“0”；从高电平跳变到低电平，就表示数字信号“1”（不同书中代表0和1的跳变有所不同），如图1.41所示。每个码元中间的跳变，在接收端可以作为位同步时钟，因此，这种编码也称为自同步编码。

曼彻斯特编码的缺点是需要双倍的传输带宽，即信号速率是数据速率的两倍。

3）差分曼彻斯特编码

差分曼彻斯特编码（Difference Manchester Encoding）是曼彻斯特编码的一种改进，其与曼彻斯特编码的不同之处在于："0"或"1"的取值判断是用位的起始处有无跳变来表示的，若一位信号的前半位和前一位信号的后半位相同则表示"1"，不同则表示"0"，即有跳变为"0"，无跳变为"1"。这种编码也是一种自同步编码，如图 1.42 所示。

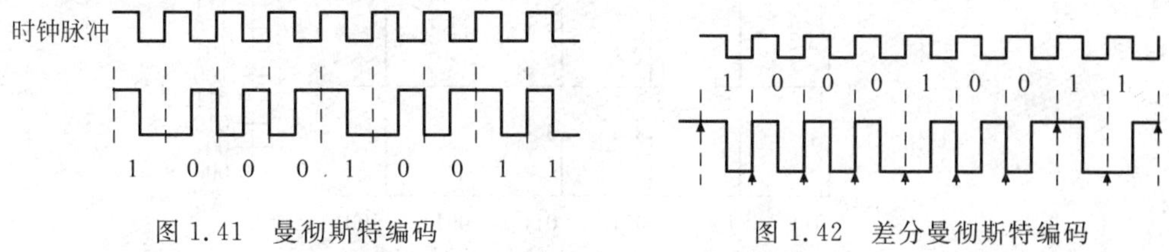


图 1.41　曼彻斯特编码　　　　图 1.42　差分曼彻斯特编码

以上三种数字数据的编码方法的对比如图 1.43 所示。

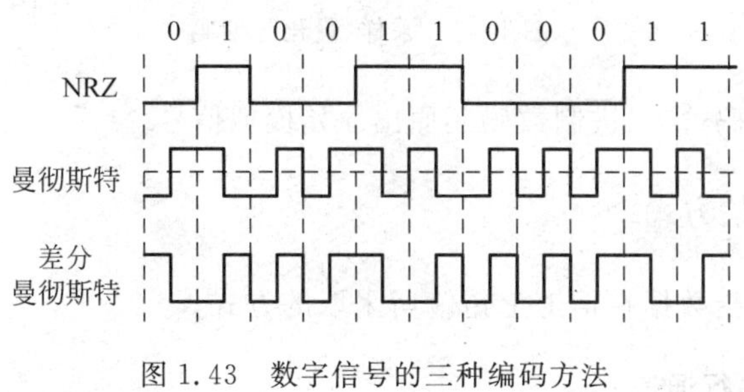


图 1.43　数字信号的三种编码方法

### 4. 模拟信号的数字化编码

对于高质量的模拟信号传输，可以将模拟信号数字化，然后以数字信号形式在数字线路上传输。将模拟信号转换成数字信号需要经过三个步骤：采样、量化、编码。

编码后的信号称为 PCM(Pulse Coded Modulation，脉冲编码调制)信号。

1）采样

每隔一定的时间对连续模拟信号进行测量(称为采样)，就会得到时间上"离散"的信号。采样时，采样频率要遵循采样定理：如果模拟信号的最高频率为 $F_{max}$，若以大于 $2F_{max}$ 的采样频率对其采样，以后就能从采样得到的离散信号序列完整地恢复出原始信号。

**注意**：采样频率 $F$ 只要满足 $F\geqslant 2F_{max}$ 即可，不必太大，否则会大大增加设备的造价。

2）量化

这是一个分级取整的过程，即把采样所得到的脉冲幅度信号根据幅度规格化为标准量级。图 1.44 所示为 8 个量化级的 PCM 编码示例。采样时依次得到 3.2，3.9，2.8，3.4，1.2，4.2，…。分别将它们量化为：3，4，3，3，1，4，…。量化时分的级数越多误差越小。

3）编码

用一定位数的二进制码来表示采样序列量化的结果。如果有 $n$ 个量化级，那么就可以用 $\log_2 n$ 位二进制码表示。图 1.44 为 8 个量化级，因此数据编码为：011，100，011，011，001，100。

目前，在语音数字化系统中，通常用 8 位二进制数码表示 256 个量级，因为语音信号的最高频率为 3400Hz，根据采样定理，采样频率可取 8000 次/秒，因此该 PCM 的数据传输率为 64kbps。PCM 编码过程由模拟/数字(A/D)信号转换器实现，在接收端经数字/模拟

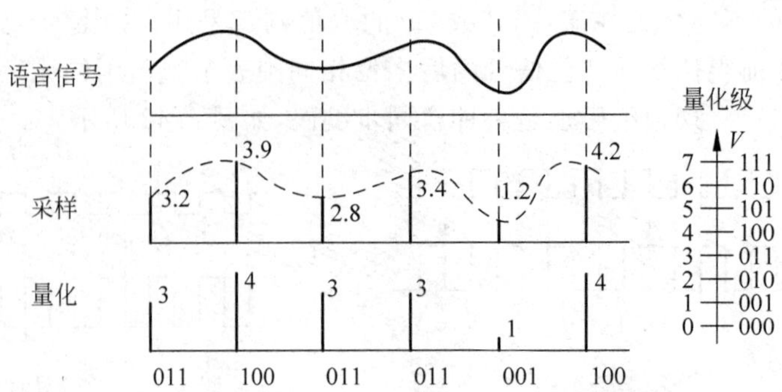


图 1.44　采样、量化与编码

(D/A)信号转换器译码，由二进制数码还原出原始模拟信号。

### 1.5.5　数据通信方式

数据通信方式是指数据在信道上传输所采取的方式。

#### 1. 并行通信和串行通信

数据有两种传输方式：并行通信和串行通信。通常，并行通信用于距离较近的情况，串行通信用于距离较远的情况。

1）并行通信方式

并行通信是指要传输的数据中的多个数据位在两个设备之间的多个信道中同时传输，如图 1.45 所示。

发送设备将这些数据位通过对应的数据线传送给接收设备，还可附加一位数据校验位。接收设备可同时接收到这些数据，不需要做任何变换就可直接使用。并行方式主要用于近距离通信，计算机并行端口与打印机连接就是并行通信的例子。这种通信方式的优点是传输速度快、处理简单。

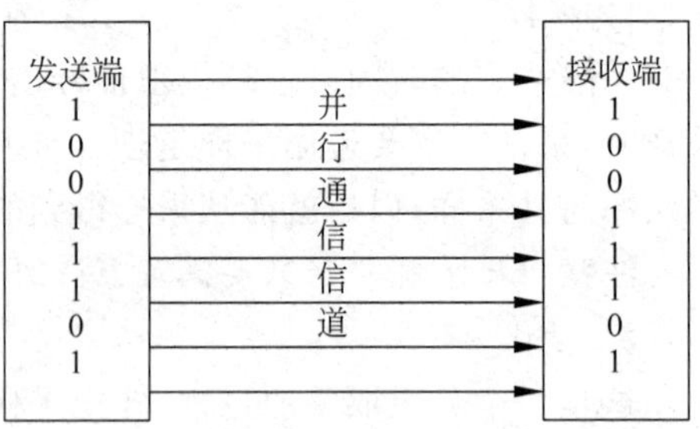


图 1.45　并行数据传输

2）串行通信方式

使用一条数据线按照数字信号各位的次序逐位传送，叫串行通信。如发送方的计算机设备，将并行数据经并/串转换硬件转换成串行方式，再逐位经传输线传送到接收设备中。在接收端将数据从串行方式重新转换成并行方式，以供接收方计算机使用，如图 1.46 所示。串行数据传输的速度要比并行传输慢得多，但传输的距离更远。

在计算机领域和工业控制中，串行通信方式的使用非常广泛，串行通信技术标准有 EIA-232、EIA-422 和 EIA-485。由于 EIA 提出的建议标准都是以"RS"作为前缀，所以在工业通信领域，习惯将上述标准以 RS 作为前缀，如 RS-232、RS-422 和 RS-485。

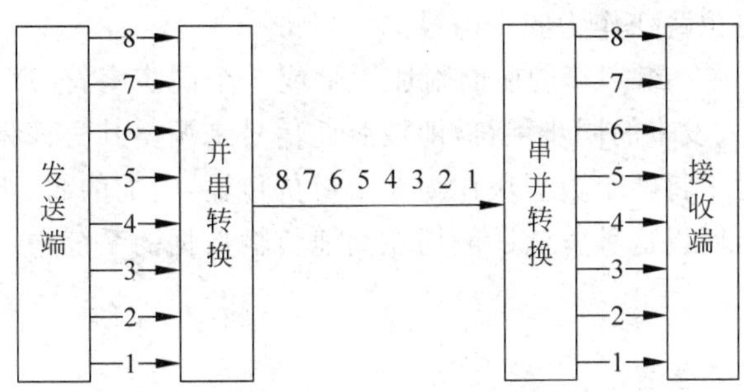


图 1.46　串行数据传输

### 2. 异步传输和同步传输

在数据通信系统中，当发送端与接收端采用串行通信时，需要有高度的协同动作，彼此间传输数据的速率、每个比特的持续时间和间隔都必须相同，这就是同步问题。同步就是要接收方按照发送方发送的每个码元或比特的起止时刻和传输速率来接收数据，否则，收发之间会产生误差，即使是很小的误差，随着时间逐渐累积，也会造成传输的数据出错。

通常使用的同步技术有两种：异步方式和同步方式。

1）异步传输方式

接收方并不知道数据会在什么时候到达，为此，在异步传输方式中，每传送 1 个字符(7 位或 8 位)都要在字符码前加 1 个起始位，以指示字符代码的开始，在字符代码和校验码后面加 1 个或 2 个停止位，表示字符结束。每一个字符的起始时刻都是随机的(这就是异步的含义)，但在同一字符内码元的长度是相等的。

接收端根据“终止位”到“起始位”的跳变(“1”→“0”)识别一个新的字符的开始，从而起到使通信双方同步的作用，如图 1.47 所示。

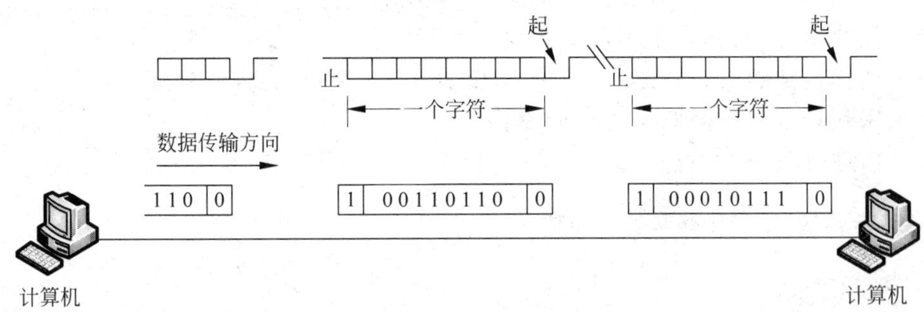


图 1.47　异步传输方式

异步传输方式字符同步实现简单，收发双方的时钟信号不需要精确的同步，但每传输一个字符都需要多使用 2 或 3 位，降低了传输效率，适合 1.2kbps 以下的数据传输。

2）同步传输方式

同步传输是以帧(数据块)为单位发送数据，在发送帧之前先发送一个同步字符 SYN，用于接收方进行同步检测，在传输过程中，必须使用某种方式对传输双方的时钟进行调整，调整的方式有如下两种：

(1) 自同步法，是指同步信息可以从数据本身获得，例如曼彻斯特编码和差分曼彻斯特

编码，其码元中间的电位跳变作为同步信号。

(2) 外同步法，是在一组字符的前面附加 1 个或 2 个同步字符 SYN，表示字符的开始。接收方一旦收到发送方发来的同步字符，即按照此信号来调整其时钟频率。

在同步传送时，由于将整个数据块作为一个单位传输，附加的起、止码元非常少，从而提高了数据传输的效率，所以这种方法一般用在高速传输数据的系统中，比如计算机之间的数据通信。

### 3. 单工通信与双工通信

根据数据在信道上的传输方向，可以将数据通信方式分为单工通信、半双工通信和全双工通信。

1) 单工通信

数据单向传输，数据信号仅可以从一个站点传送到另一个站点，即信号流仅沿单方向流动，发送站和接收站是固定的。无线电、有线广播和电视都属于单工通信的类型。但在数据通信系统中，很少采用单工通信方式。

2) 半双工通信

半双工通信是指信号可以沿两个方向传送，但同一时刻信道中只允许单方向传送数据，两个方向的传输只能交替进行。当改变传输方向时，要通过开关进行切换，半双工通信示意图如图 1.48 所示。半双工信道适合于会话式通信，比如"对讲机"。半双工由于通信中频繁调换信道方向，所以效率低，但可节省传输线路。

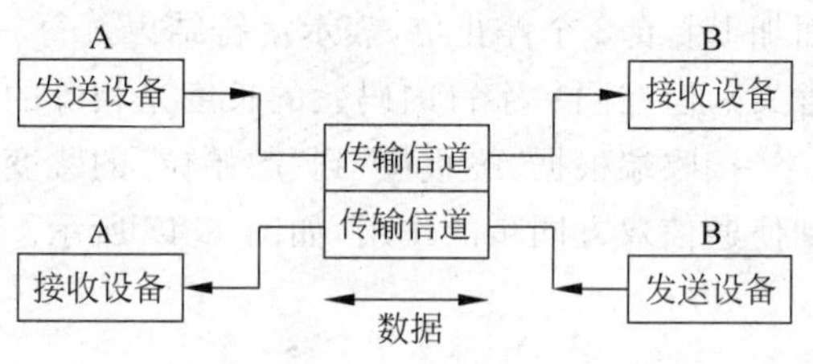


图 1.48　半双工通信

3) 全双工通信

使用全双工通信，数据能同时沿信道的两个方向传输，即通信的一方在发送信息的同时也能接收信息，它相当于把两个相反方向的单工通信信道组合在一起，因此全双工通信一般采用四线制。全双工通信效率高，但它的结构复杂，成本也比较高。

### 4. 基带传输、频带传输和宽带传输

1) 基带传输

在数据通信中，表示二进制数字序列最方便的电信号形式为矩形脉冲，即数据"1"和"0"分别用电平的高和低来表示。矩形脉冲信号的固有频带称为基本频带(简称基带)。基带信号可以直接在数字信道中传送，称为基带传输。由于受线路中分布电容和分布电感的影响，基带信号容易发生畸变，传输的距离受到限制。

2) 频带传输

在远距离传输中，是不能直接传输原始的电脉冲信号的，通常是利用模拟信道传输数据。这需要将数字信号调制成模拟信号后再传输，到达接收端时再把模拟信号解调成原来的数字信号。这种方法称为频带传输。利用频带传输不仅解决了数字信号可利用电话系统传输的问题，而且可以实现多路复用，以提高传输信道的利用率。

3）宽带传输

将信道分成多个相互独立的子信道，可传输多路模拟信号，称为宽带传输。现在常指传输速率大于 1Mbps 的广域网接入技术，例如 ADSL，DDN 等。

### 1.5.6　信道复用技术

为了提高通信线路的利用率，通常采用多路复用（Multiplexing）技术。所谓多路复用，就是当信道的传输能力远大于每个信源的平均传输需求时，将一条物理信道逻辑分隔成多条信道，每条逻辑信道单独传输一路数据信息，且互不干扰，以达到提高物理信道利用率和吞吐量的一种技术。

常用多路复用方式有以下几种：

#### 1. 频分多路复用（Frequency Division Multiplexing，FDM）

在物理信道的可用带宽远远超过单个原始信号所需带宽的情况下，可将该物理信道的总带宽划分成若干个与传输单个信号带宽相同（或略宽）的子频带，并且利用载波调制技术实现原始信号的频谱迁移，将多路原始信号的频谱移到物理信道频谱的不同频段上，每路信号使用一个以它的载波频率为中心的一定带宽的通道。为了防止多路信号间的相互干扰，应使用隔离频带来隔离每个子信道，从而达到共用一个信道的目的。多路复用信号被发送设备发送出去，传输到接收端以后，利用接收滤波器再把各路信号区分开来。例如，若在一对导线上传输 3 路频带为 0.3～3.4kHz 的电话信号，利用频率变换，可将这 3 路电话信号搬到频段的不同位置，形成了一个带宽为 12kHz 的频分多路复用信号，每路电话信号占有不同的频带，具体过程如图 1.49 所示。信道的带宽越大，容纳的电话路数就会越多。目前，在一根同轴电缆上已实现了上千路电话信号的传输。

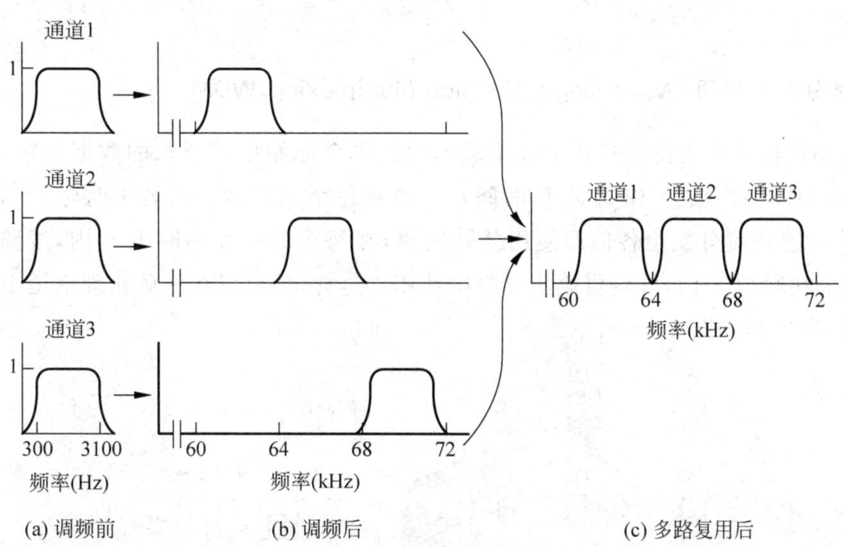


图 1.49　三路电信号工作在频段的不同位置

**2. 波分多路复用**(Time Division Multiplexing,TDM)

所谓波分多路复用是指在一条光纤上传输多种不同波长的光信号。利用波分复用设备将不同信道的信号调制成不同波长的光,并复用到光纤信道上。在接收方,采用波分设备分离不同波长的光。

光通过三棱镜会发生色散,即不同波长的光通过三棱镜后分开,按不同方向射出。利用此性质可以实现波分多路复用。图 1.50 所示即是一种在光纤上获得 WDM 的简单方法。在这种方法中,3 根光纤按光色散的方向连到一个棱镜或衍射光栅上,每根光纤里的光波处于不同的波段,这样 3 束光通过棱镜或衍射光栅合并到一起,可共享一根光纤,到达目的地后,再将 3 束光用光栅分解开来。

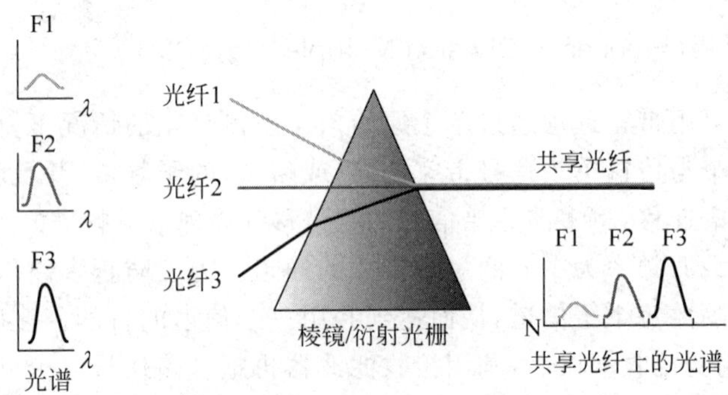


图 1.50 波分多路复用的原理

光纤中一束单色光传输信号的频率约为几个吉赫兹,而使用波分多路复用后,一根光纤的总带宽大约是 25000GHz。因此,可以将很多信道复用到光纤上,但需要解决光的合并与分离问题。

**3. 时分多路复用**(Wave length Division Multiplexing,WDM)

如果物理信道可支持的位传输速率远远超过单个原始信号要求的数据传输率,就可以将信道传输时间划分成工作周期 $T$(时间片),再将每个周期划分成若干时隙:$t_1,t_2,t_3,\cdots,t_n$,将这些时隙轮流分配给各信源使用公共线路,在每个时间片的时隙 $t_i$ 内,线路供第 $i$ 对终端使用;在时隙 $t_j$ 内,线路供第 $j$ 对终端使用。这样,就可以在一条物理信道上传输多个数字信号,其原理如图 1.51 所示。

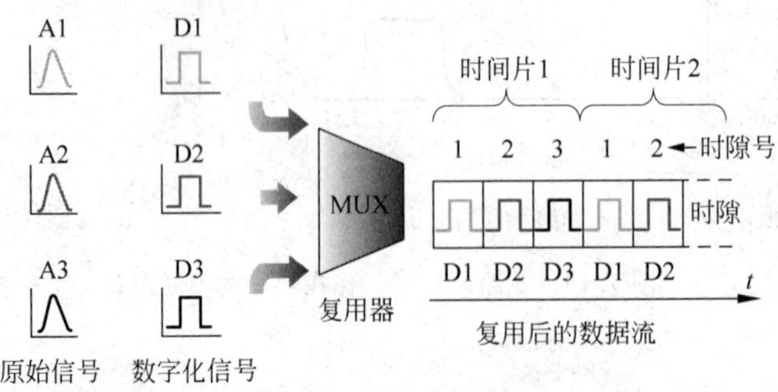


图 1.51 时分多路复用原理

#### 4. 码分多路复用(Code Division Multiplexing,CDM)

码分多路复用(CDM)是靠不同的编码来区分各路原始信号的一种复用方式。每个用户把发送信号用接收方的地址码序列编码(任意两个地址码序列相互正交)。不同用户发送的信号在接收端被叠加,然后接收者用同样的地址码序列解码。由于地址码的正交性,只有与自己地址码相关的信号才能被检出,由此恢复出原始数据。CDM在无线移动通信中应用广泛。

### 1.5.7 差错控制技术

理想的通信系统是不存在的,在数据通信中,将由于噪声干扰造成接收端收到的数据与发送端发送的数据不一致的现象称为传输差错。判断数据经传输后是否有错的手段和方法称为差错检测,确保传输数据正确的方法和手段称为差错控制。

#### 1. 差错的产生

1) 产生差错的原因

数据传输中所产生的差错都是由噪声引起的。由于噪声会造成传输中的数据信号失真,数据通信中的噪声主要包括:

(1) 物理线路的电气特性造成信号幅度、频率、相位的畸形和衰减。

(2) 电气信号在线路上产生反射所造成的回音效应。

(3) 相邻线路之间的串线干扰。

(4) 线路接触不良造成的信号时有时无。

(5) 大气中的闪电、自然界磁场的变化、电源接点间的放电、大功率电器的启停以及电源的波动等外界因素。

2) 误码率

误码率是指二进制数据位传输时出错的概率。它是衡量数据通信系统在正常工作情况下传输可靠性的指标。误码率计算公式为

$$\mathrm{Pe} = \mathrm{Ne}/N \tag{1.5}$$

式中,$N$——传输的数据总位数;

Ne——其中出错的位数。

在计算机网络中,一般要求误码率低于 $10^{-6}$,在数据传输过程中可以通过差错控制方法进行检错和纠错以减小误码率。

#### 2. 常用差错控制编码

差错控制编码是实现对信号传输中差错控制的编码,分为纠错码和检错码两种。

在向信道发送数据信息位之前,要先按照某种关系为其附加上一定的冗余位,构成一个码字后再发送,这个过程称为差错控制编码过程。接收端接收到该码字后,检查信息位和附加的冗余位之间的关系,以确定传输过程中是否有差错发生,这个过程称为检验过程。

纠错码是让每个传输的分组带上足够的冗余信息,以便在接收端能发现并自动纠正传输中的差错。纠错码实现复杂、造价高、费时间,在一般的通信场合不宜采用。

检错码让分组仅包含足以使接收端发现差错的冗余信息，但不能确定错误比特的位置，即自己不能纠正传输差错。需通过重传机制达到纠错的目的，其原理简单、实现容易、编码与解码速度快，是网络中广泛使用的差错控制编码。

目前普遍采用的检错码编码方法如下：

1）奇/偶校验码

奇/偶校验码是一种常用的校验码，分为奇校验和偶校验两种。其中奇校验的校验规则是在原数据上附加一个校验位，若整个数据码中“1”的个数为奇数，这个校验位就是“0”，否则这个校验位就是“1”。同理偶校验的过程和奇校验的过程类似，只是检测数据中“1”的个数为偶数的时候，这个校验位就是“0”，否则这个校验位就是“1”。如“Y”的 ASCII 码为“1011001”，“1”的个数为 4，偶校验位为“0”，如图 1.52 所示。接收方计算接收到的码中 1 的个数来确定传输的正确性。

| 校验方式 | 校验位 | ASCII 代码位 | | | | | | | 字符 |
|---|---|---|---|---|---|---|---|---|---|
| | 8 | 7 | 6 | 5 | 4 | 3 | 2 | 1 | |
| 偶校验 | 0 | 1 | 0 | 1 | 1 | 0 | 0 | 1 | Y |
| 奇校验 | 1 | 1 | 0 | 1 | 1 | 0 | 0 | 1 | Y |

图 1.52　奇偶检验示例

2）水平垂直奇偶校验码

同时采用了水平方向奇/偶校验和垂直方向奇/偶校验，既对每个字符做校验，同时也对整个字符块的各位（包括个字符的校验位）做校验，则检错能力就可以明显提高，这种奇偶校验方式称为水平垂直奇偶校验，也称为纵横奇偶校验。如发送“NETWORK”，先对每个字符进行偶校验，再对所有字符的每一位进行偶检验，具体做法如图 1.53 所示。

| 字符 | N | E | T | W | O | R | K | LRC 字 |
|---|---|---|---|---|---|---|---|---|
| | 字符 1 | 字符 2 | 字符 3 | 字符 4 | 字符 5 | 字符 6 | 字符 7 | 符（偶） |
| 位 1 | 1 | 1 | 1 | 1 | 1 | 1 | 1 | 1 |
| 位 2 | 0 | 0 | 0 | 0 | 0 | 0 | 0 | 0 |
| 位 3 | 0 | 0 | 1 | 1 | 0 | 1 | 0 | 1 |
| 位 4 | 1 | 0 | 0 | 0 | 1 | 0 | 1 | 1 |
| 位 5 | 1 | 1 | 1 | 1 | 1 | 0 | 0 | 1 |
| 位 6 | 1 | 0 | 0 | 1 | 1 | 1 | 1 | 1 |
| 位 7 | 0 | 1 | 0 | 1 | 1 | 0 | 1 | 0 |
| 校验位（偶） | 0 | 1 | 1 | 1 | 1 | 1 | 0 | 1 |

图 1.53　水平垂直奇偶校验

3）循环冗余校验码

循环冗余校验（Cycle Redundancy Check，CRC）码是一种多项式编码。循环冗余校验码的原理如下：

收发双方约定一个 $r$ 阶生成多项式 $G(x)$。发送方将要发送的报文当作多项式 $C(x)$ 的系数，将 $C(x)$ 左移 $r$ 位，用生成多项式 $G(x)$ 的系数除以移位后的 $C(x)$，得到的 $r$ 位余数就是校验码。

发送方把 CRC 校验码加在数据的末尾发送出去。接收方则用 $G(x)$ 的系数去除接收到的数据，若有余数，则传输有错。

生成多项式的最高位和最低位必须是 1。

目前，常见的国际生成多项式 $G(x)$ 标准有以下几种：

$$\text{CRC}-16 \quad G(x) = x^{12} + x^{11} + x^3 + x^2 + x + 1 \tag{1.6}$$

$$\text{CRC}-\text{CCITT} \quad G(x) = x^{16} + x^{15} + x^2 + 1 \tag{1.7}$$

$$\text{CRC}-32 \quad G(x) = x^{16} + x^{12} + x^5 + 1 \tag{1.8}$$

多项式的运算法则是模 2 运算。按照它的运算法则，加法不进位，减法不借位，加法和减法两者都与异或运算相同。

(1) 计算校验和的算法如下：

① 设生成多项式 $G(x)$ 为 $r$ 阶，在数据帧 $C(x)$ 的末尾附加 $r$ 个零，使帧长为 $k+r$ 位。

② 按模 2 除法，用对应于 $G(x)$ 的位串去除对应于 $C(x) \cdot 2^r$ 的位串。

③ 求出 $r$ 位余数多项式 $T(x)$。

④ 将 $T(x)$ 加在数据 $C(x)$ 的末尾，形成发送数据的比特系列。

**【例 1-3】** 要发送的数据帧为 1011001，假设使用的生成多项式为 $x^4+x^3+1$，计算应发送数据帧的比特系列。具体计算过程如图 1.54 所示。

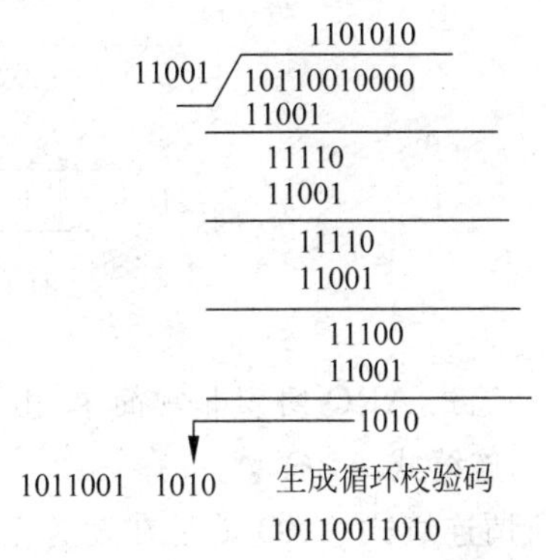

图 1.54　CRC 检验计算过程

计算后，校验码为 1010，应发送数据帧的比特系列为 10110011010。

(2) CRC 的译码与纠错

在接收方，将收到的数据用约定的生成多项式 $G(x)$ 去除，如果余数为 0 则传输无误；如有某一位出错，则余数不为 0，且不同数位出错余数会不同。

循环冗余编码的检错能力很强，并且实现起来容易，是目前应用最广的检错码编码方法之一。

**【例 1-4】** 已知：接收码字为 1101011101，生成多项式为 $G(x)=x^4+x^3+1$，即生成码为 11001($r=4$)。问接收是否正确？若正确，指出冗余码和原信息码。

**解**：用接收的码字除以生成码，过程如下：

```
                 100101     ←Q(X)
G(x)→11001 / 1101011101     ←C(X)*2^4+T(x)
             11001
              11111
              11001
                11001
                11001
                    0  ← S(X)(余数)
```

计算结果余数为 0，所以接收正确。

因 $r=4$，所以冗余码是 1101，从接收码中除去冗余码，原信息码是 110101。

### 3. 差错控制方法

接收方一旦利用检错码检查出差错,通常采用自动请求重发方法来纠错。

自动请求重发(Automatic Repeat Request,ARQ)也称为检错重发,当发送方向接收方发送数据帧时,如果无差错,则接收方回送一个肯定应答 ACK 信息;如果接收方检测出错误,则发送一个否定应答 NAK 信息,请求重发。ARQ 的特点是:只能检测出错码是在哪些帧中,但不能确定出错码的准确位置。

自动请求重发方式通过接收方请求发送方重传出错的数据帧来保证传输的正确,自动请求重发有停-等式(Stop-and-Wait)ARQ 和连续式 ARQ 两种。

1) 停-等式 ARQ

在停-等式 ARQ 中,发送方在发送完一个数据帧后,要等待接收方返回应答信息。当应答为确认信息(ACK)时,发送方才继续发送下一个数据帧;当应答为不确认帧(NAK)时,发送方需要重发这个数据帧,其原理如图 1.55 所示。

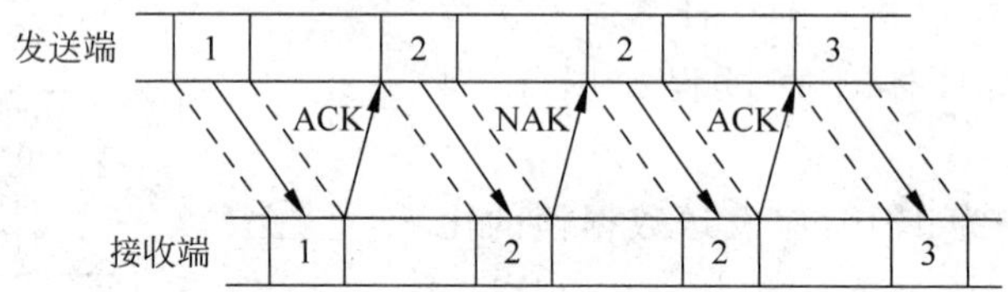


图 1.55 停-等式 ARQ 原理

停-等式 ARQ 协议非常简单,由于是一种半双工的协议,因此系统的通信效率低。

2) 连续式 ARQ

所谓连续式 ARQ 就是在发送完一帧后,不是停下来等待确认,而是连续再发若干包,边发边等待确认信息,如果收到了确认信息,又可以继续发送帧。由于减少了等待的时间,所以提高了利用率。但是连续 ARQ 在收到一个否认信息或超时后,有两种方式重发出错的包:回退 *N* 帧 ARQ 和选择重发方式 ARQ。

(1) 回退 *N* 帧 ARQ

在回退 *N* 帧 ARQ 中,当发送方收到接收方的状态报告指示出错后,发送方将从出错的第 *N* 帧开始,重传已经发出的数据帧。以图 1.56 为例,假设发送方发出了 6 个数据帧,但接收方返回了对其中 2 号数据帧的否认信息;收到该 NAK 信息时,虽然发送方已经发出了数据帧 5;但发送方需要重新发送从 2 号数据帧开始的所有数据帧。

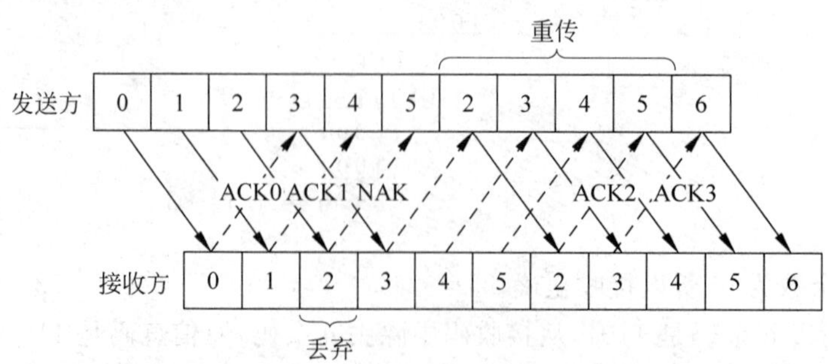


图 1.56 回退 *N* 帧 ARQ

(2) 选择性重传 ARQ

在选择性重传 ARQ 中,当发送方收到接收方的状态报告指示某个帧出错后,发送方只传送发生错误的帧。如图 1.57 所示,发送方只需要重新发送 2 号数据帧即可。

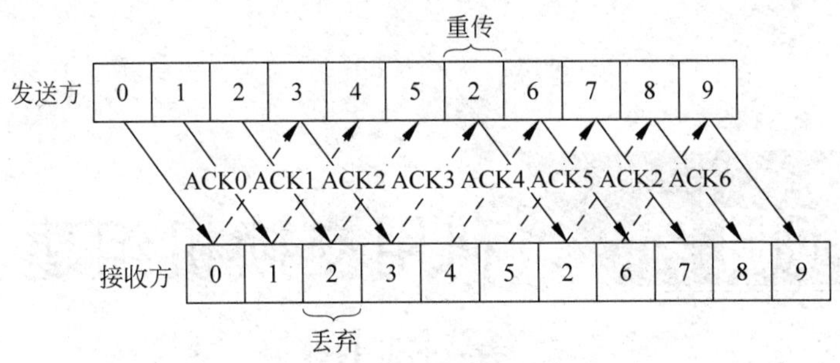


图 1.57 选择性重传 ARQ

## 1.6 后续子项目

在本子项目中各个施工组按照项目要求完成了利用双绞线制作网线,通过网线连接两台主机并利用常见的网络测试命令来测试网络的连通性这些任务,为后续子项目奠定了基础。接下来的子项目 2 是根据网络实验室的规划,利用交换机、传输介质和主机构建以信息岛为单位的局域网。

# 子项目 2　利用交换机组建局域网

## 2.1　子项目的提出

局域网是我们最常接触的网络，学校的整个校园网、办公室的网络、家庭中的网络都属于局域网的范畴，因此掌握局域网的相关知识并能够构建局域网对于学生来说非常重要。总体项目实施的场景——学校的网络实验室也是一个局域网，同时它又由 5 个信息岛和一个服务区这 6 个更小的局域网构成。在完成了网线制作的任务以后，施工组接下来要做的工作就是利用网络设备和网线完成各自信息岛局域网的组建。

## 2.2　子项目任务

### 2.2.1　任务要求

在完成了子项目 1 的任务后，项目负责人根据总体项目的规划向各个施工组下达了第二个子项目的任务，即利用交换机组建局域网。

各个施工组要利用交换机和已经制作完成的网线将自己信息岛中的主机连接起来，形成一个星状结构的局域网。要在每个信息岛中选择一台主机作为资料共享主机，用于组长向组员发布任务或是收集资料使用。资料共享主机上共有 3 个文件夹，分别是任务发布、任务收集、成绩文件夹，要求对三个文件夹中的文件实现网络共享，并针对不同的用户开放不同的权限，组长用户可以读取和修改任务发布和任务收集文件夹、只能读取成绩文件夹，组员用户只能读取任务发布文件夹，可以读取和修改任务收集文件夹，不能访问成绩文件夹，项目负责人用户可以完全控制所有的文件夹。

### 2.2.2　任务分解和指标

项目负责人对子项目任务进行分解，提出具体的任务指标如下：

(1) 每个施工组利用网线完成交换机和 6 台主机的连接。

(2) 每个施工组启动主机，根据项目负责人的要求为各台主机设置 IP 地址，利用 ping 命令测试主机之间的连通性。

(3) 在资料共享主机上创建共享文件夹。

(4) 在资料共享主机上创建教师用户、组长用户和组员用户，并设置相应的口令。

(5) 根据任务要求设置共享文件夹的访问权限并测试。

## 2.3　实施项目的预备知识

本部分主要讲授实施子项目 2 的预备知识，包括局域网的基础知识以及网络操作系统的相关原理。

◆ **预备知识的重点内容：**

◇ 局域网的工作模式；

◇ 以太网技术；

◇ 网卡和以太网交换机；

◇ 网络操作系统的基本服务；

◇ 客户端操作系统的基本操作。

◆ **关键术语：**

局域网；对等式网络模式；以太网技术；IEEE 802.3；MAC 地址；交换机；NOS；用户；组；共享。

◆ **内容结构：**

本部分预备知识可以概括为两大部分，具体的内容结构如下：

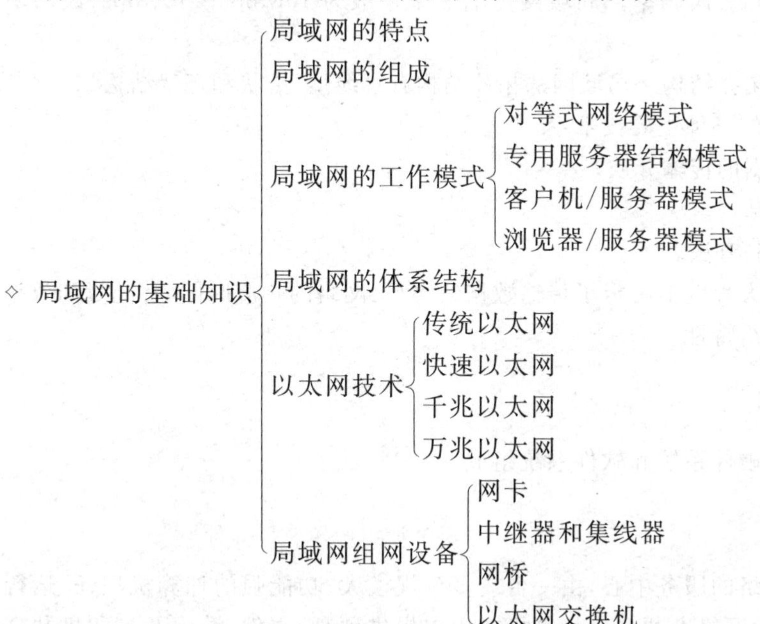

◇ 网络操作系统
- 操作系统的基本功能
- 网络操作系统
  - 网络操作系统提供的基本服务
  - 网络操作系统的特性
  - 网络操作系统的分类
  - 常见的网络操作系统
- 客户端操作系统的基本操作
  - Windows XP 的用户管理
  - Windows XP 组的管理
  - Windows XP 的文件夹共享设置

### 2.3.1 局域网的基础知识

局域网(Local Area Network,LAN)是计算机网络的一种,它既具有一般计算机网络的特点,又具有自己的特征。局域网始于 20 世纪 70 年代,美国施乐公司首先发明了以太网,随后各家公司相继推出自己的网络系统,最初因没有统一的标准,各家网络间无法通信,20 世纪 70 年代末,开始了局域网络标准的研究工作。对局域网的研究是计算机网络发展的重要内容。

#### 1. 局域网的特点

局域网具有以下特点:

(1) 较小的地域覆盖范围。其范围一般在几十米到几十千米。

(2) 局域网一般为一个单位所建,由单位或部门内部进行控制管理和使用。局域网一般采用同轴电缆、双绞线、光纤等传输介质建立单位内部的专用线路。

(3) 高传输速率和低误码率。局域网传输速率一般为 10Mbps~10Gbps,误码率一般在 $10^{-8}$~$10^{-11}$之间。

(4) 具有规则的拓扑结构。局域网的拓扑结构有总线型、星状和环状结构。

决定局域网特性的三种主要技术:

(1) 用来传输数据的传输介质。

(2) 网络的拓扑结构。

(3) 介质访问控制方法。

这三种技术在很大程度上决定了传输数据的类型、网络的响应时间、吞吐量和效率以及网络的应用等各种网络特性。

#### 2. 局域网的组成

局域网由网络的硬件系统和软件系统组成。

1) 局域网硬件

(1) 网络服务器

网络服务器是网络的服务中心,由一台或多台规模大、功能强的计算机担任,运行网络操作系统,可以同时为网络上的多个计算机或用户提供硬盘、文件、数据及打印机共享等多项服务功能,是网络控制的核心。

(2) 网络工作站

网络工作站也称为客户机,客户通过它们使用服务器提供的各种服务和资源。

(3) 网络适配器

又称网络接口卡或网卡。服务器或工作站必须安装网卡才能连接到传输介质上,实现网络通信或者资源共享。

(4) 网络传输介质

网络传输介质可以是各种有线或无线传输介质,例如同轴电缆、光纤和双绞线等。

(5) 网络连接设备

网络连接设备包括收发器、中继器、集线器、网桥、交换机、路由器和网关等,这些连接设备被网络上的多个结点共享,也称为网络共享设备。

2) 局域网软件系统

(1) 网络操作系统

网络操作系统和网络管理软件是网络的核心,实现对网络的控制和管理,向用户提供网络资源和服务。

(2) 协议

协议是计算机之间通信和联系所遵循的共同约定、标准和规则。

(3) 应用软件

为计算机网络用户提供服务及解决实际问题的软件。

### 3. 局域网的工作模式

1) 对等式网络模式

所有计算机地位平等。无专用服务器,每个工作站既可以起客户机作用也可以起服务器作用。

优点:

(1) 组建和维护容易。

(2) 不需要专用的服务器。

(3) 可实现低价格组网。

(4) 使用简单。

缺点:

(1) 共享资源的可用性不稳定。

(2) 文件管理散乱。

(3) 安全性差。

2) 专用服务器结构模式

又称为"工作站/文件服务器"结构,网络中要有一台专用的文件服务器,而且所有的工作站都必须以服务器为中心,工作站和工作站之间无法直接进行通信。

优点:

(1) 数据的保密性很强。

(2) 可以严格地对每一个工作站用户设置访问权限。

(3) 可靠性强。

缺点:

(1) 网络工作效率较低。

(2) 工作站上软硬件资源无法实现共享。

(3) 网络的安装和维护较困难。

3) 客户机/服务器模式

又称主从式(Client/Server,C/S)结构,是继专用服务器结构之后产生和发展起来的。主从式结构解决了专用服务器结构中存在的不足,客户端既可以与服务器端进行通信,同时客户端之间也可以进行直接对话,而不需要服务器的中介和参与。

优点:

(1) 可以有效地利用各工作站端的资源。

(2) 可以减少服务器上的工作量。

(3) 网络的工作效率较高。

缺点:

(1) 对工作站的管理较为困难。

(2) 数据的安全性低于专用服务器结构。

4) 浏览器/服务器模式

即 B/S(Browser/Server)模式,它既可以应用于局域网,又可以应用于广域网。浏览器是一种应用程序,用于浏览网页。

优点:

(1) 客户端不存放数据,不需维护。

(2) 无需额外安装客户端程序。

(3) 风格一致,使用方便。

#### 4. 局域网的体系结构

1980 年 2 月,美国电子电气工程师协会 IEEE(Institute of Electrical and Electronics Engineers)成立了 IEEE 802 委员会。该委员会制定了一系列局域网标准,称为 IEEE 802 标准。

局域网的结构简单,一般不需要中间转接,无须路由选择功能。由于寻址、排序、差错控制、流量控制等功能已经放在数据链路层完成,所以 IEEE 802 标准没有定义网络层及更高的层次。

1) 局域网参考模型

物理层和数据链路层是局域网络协议必须描述的两个层。物理层用来提供物理接口、进行信号的编码和译码、比特流的传输和接收、差错校验。数据链路层则负责数据帧的封装和拆封,传输带有校验功能的数据帧,并对其进行排序、差错和流量控制,同时,采用帧确认技术把不可靠的传输线路转换成可靠的传输链路。

在总线型局域网中,多个站点共享传输介质,在结点传送数据前,需解决信道争用问题,即哪个设备占有传输介质,因此数据链路层要有多种介质访问控制功能,为了使数据链路层能更好地适应多种局域网标准,IEEE 802 委员会将局域网的数据链路层拆成两个子层:逻辑链路控制 (Logical Link Control,LLC)子层和介质访问控制 (Medium Access Control,MAC)子层,如图 2.1 所示。

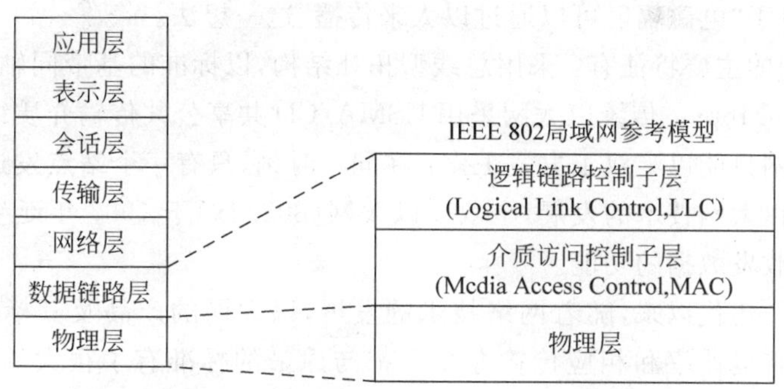


图 2.1　IEEE 802 局域网参考模型

(1) 逻辑链路控制(LLC)子层在局域网中既要完成与高层的接口功能，又要完成与介质访问控制子层的通信。它建立、维持和释放数据链路，实现两个对等实体之间逻辑链路的控制通信。LLC 提供了帧顺序控制、差错控制、流量控制等功能保证数据的可靠传输。LLC 提供两种服务：一种是无连接的服务，另一种是面向连接的服务。

(2) 介质访问控制(MAC)子层的主要功能是控制对传输介质的访问，它定义了多种介质访问控制方法(如 CSMA/CD(Carrier Sense Multiple Access/Collision Detect)，Token Bus，Token Ring 等)。

2) IEEE 802 系列标准

IEEE 802 委员会制定了一系列局域网标准，ISO 也将其作为国际标准，主要包括以下标准。

(1) IEEE 802.1：局域网体系结构、网络互连与网络管理及性能测试。

(2) IEEE 802.2：逻辑链路扩展协议。

(3) IEEE 802.3：以太网的 CSMA/CD，总线访问控制方法与物理层规范。

(4) IEEE 802.4：令牌总线(Token Bus)网访问控制方法与物理层规范。

(5) IEEE 802.5：令牌环(Token Ring)网访问控制方法与物理层规范。

(6) IEEE 802.6：城域网(MAN)访问控制方法与物理层规范。

(7) IEEE 802.7：宽带局域网访问控制方法与物理层规范。

(8) IEEE 802.8：光纤分布式数据接口(Fiber Distributed-Data Interface，FDDI)访问控制方法与物理层规范。

(9) IEEE 802.9：综合语音和数据的访问方法和物理层规范。

(10) IEEE 802.10：网络安全与加密访问方法和物理层规范。

(11) IEEE 802.11：无线局域网访问控制方法与物理层规范。

(12) IEEE 802.12：100VG-AnyLAN 快速局域网访问方法与物理层规范。

IEEE 802 标准主要描述网络体系结构中的最低两层(即物理层和数据链路层)的功能以及与网络层的接口服务。

### 5. 以太网技术

1) 以太网的产生和发展

第一个以太网是由施乐(Xerox)公司于 1973 年建立的，将这项技术命名为 Ethernet(以

太网）的灵感来自于“电磁辐射可以通过以太来传播”这一想法。

当时，以太网的主要特征有：采用总线型拓扑结构，以标准的基带同轴电缆作为传输介质，传输速率是 10Mbps。传统以太网采用 CSMA/CD 共享公共传输介质访问方案。

最初的以太网只能以半双工方式工作：在同一时刻，只有一个站点发送数据，其余站点接收数据。随着以太网技术的发展，全双工以太网（802.3x）于 1997 年诞生，从而实现了每个站点可以同时收发数据的功能。

从 20 世纪 80 年代以来，随着网络技术的发展，以太网的产品及其标准不断更新和扩展，在网络拓扑、传输速率和相应传输介质上都与原来的标准有了很大的变化，具体包括：传统以太网、快速以太网、千兆以太网和万兆以太网。

2）以太网的物理层标准

以太网的物理层以 X base Y 为命名标准，其中 X 通常用来表示以太网的传输速率，如 10 表示当前以太网的传输速率为 10Mbps，base 表示以太网采用的是基带传输，Y 通常用来表示以太网采用的是何种传输介质，具体含义如表 2.1 所示。

**表 2.1　以太网的物理层标准**

| Y 的值 | 含　义 |
|---|---|
| 2 | 传输介质为细缆，最大中继距离为 185m |
| 5 | 传输介质为细缆，最大中继距离为 500m |
| T 或 TX | 传输介质为双绞线，最大中继距离为 100m |
| F 或 FX | 传输介质为光纤 |

3）以太网的介质访问控制方法

介质访问控制方法通过解决传输介质使用权问题，实现对网络传输介质的合理分配。以太网中采用带冲突检测的载波侦听多路访问技术作为介质访问控制方法。

带冲突检测的载波侦听多路访问（CSMA/CD）技术，是一种适合总线结构的采用随机访问技术的竞争型（有冲突的）介质访问控制方法。

带冲突检测的载波侦听多路访问技术已广泛应用于局域网中，工作原理如下：

（1）每个站点在发送数据前，先监听信道，以确定介质上是否有其他站点发送的信号在传送。

（2）若介质处于空闲状态，则发送数据帧。

（3）若介质忙，则继续监听，直到介质空闲，然后立即发送。

（4）边发送帧边进行冲突检测，如果发生冲突，则立即停止发送，并向总线上发出一串阻塞信号（连续几个字节全是“1”）来强化冲突，以保证总线上所有站点都知道冲突已发生。

（5）各站点等待一段随机时间，重新进入侦听发送阶段。

其工作原理简述为：先听后发，边发边听，冲突停止，随机延迟后再发。

使用 CSMA/CD 协议，一个站点不能同时进行发送和接收（全双工通信），只能双向交替通信（半双工通信）。

4）以太网帧格式

在以太网中传输的数据包通常称为帧，以太网的帧结构如图 2.2 所示。

（1）前导同步码由 7 个同步字节组成，用于收发之间的同步；

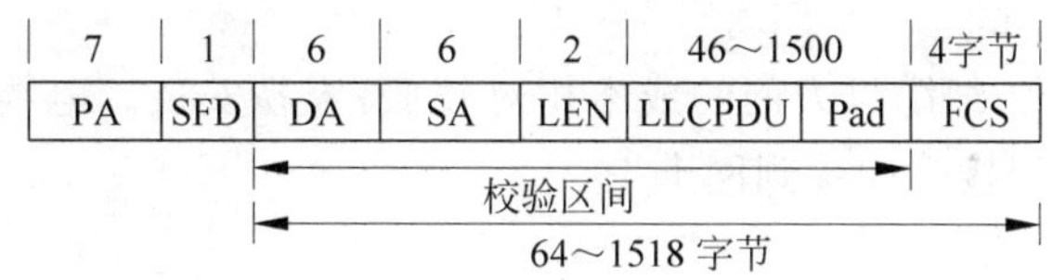


图 2.2 以太网帧结构

(2) SFD 是帧起始定界符；

(3) 目的地址是帧发往的站点物理地址；

(4) 源地址是发送帧的站点物理地址；

(5) 协议类型含有更高层协议的信息；

(6) 数据和填充的长度范围可以从 46B 到 1500B，如数据长度小于 46B 则需要加入填充字符，保证帧从目的地址至帧校验的长度不小于 64B；

(7) 帧校验用于帧传输中的差错校验。当发送方发送数据帧时，逐位进行 CRC 校验，最后填入得到的 4B 的 CRC 校验码(及 FCS)。

5) 传统以太网

传统以太网是指传输速率为 10Mbps 的以太网。尽管今天的以太网已经获得了飞速发展，出现了快速以太网、千兆位以太网和万兆位以太网，但其基本工作原理都是在传统以太网的基础上演化而来的。传统以太网标准如表 2.2 所示。

**表 2.2 传统以太网标准**

| 技 术 描 述 | IEEE 标准 | 网 络 介 质 |
|---|---|---|
| 10Base-5(DIX) | 802.3 | 粗同轴电缆 |
| 10Base-2 | 802.3a | 细同轴电缆 |
| 10Base-T | 802.3i | 双绞线 |
| 10Base-F | 802.3j | 光纤 |

(1) 同轴电缆传统以太网

同轴电缆以太网主要包括粗同轴电缆以太网和细同轴电缆以太网两种。

① 粗同轴电缆传统以太网

粗同轴电缆以太网(10Base-5)简称粗缆以太网或标准以太网，它是最早实现的以太网。10Base-5 中的 10 表示信号的传输速率为 10Mbps，Base 表示信道上传输的是基带信号，5 表示每个网段最长为 500m。

粗缆以太网主要是由粗同轴电缆、网卡、中继器、收发器以及收发器电缆(AUI 电缆)等设备将各个站点连接在一起而构成的。

粗缆以太网中规定最多只能使用 4 个中继器来连接 5 个网段，其中只有 3 个网段可连接工作站(称为 5-4-3 规则)，另外两个网段只起到加长距离的作用。网络干线总长度不超过 2500m。

② 细同轴电缆传统以太网

细缆以太网又称 10Base-2 以太网，其中 10Base 表示传输速率为 10Mbps，传输基带信号，2 表示每个网段最长为 185m。每个网段最多可接入 30 个工作站，遵循 5-4-3 规则，网络

干线总长度最大为925m。

与粗缆以太网相比，细缆以太网的成本相对较低，容易安装。电缆在连接站点时，直接将细同轴电缆通过T型接头连接到网卡上。

（2）双绞线传统以太网

双绞线以太网(10Base-T)使用非屏蔽双绞线(UTP)，采用星状拓扑结构。图2.3给出了一个以集线器(Hub)为中央结点的10Base-T网络示例，所有工作站都通过双绞线连接到Hub上，工作站与Hub之间的双绞线最大距离为100m。网络扩展可以采用多个Hub来实现，Hub之间的连接可以使用双绞线或同轴电缆，信号编码采用曼彻斯特编码方式。

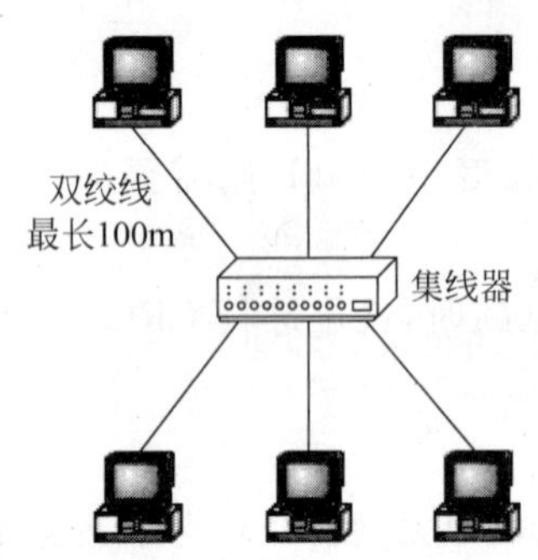


图2.3　单集线器组网

与粗/细同轴电缆以太网相比，双绞线以太网具有以下几个优点：

① 体积轻巧，安装密度高，特别适用于建筑物内的网络布线系统。

② 容错能力好。由于每台计算机都由专用的电缆连接到中央集线器上，一条电缆出现故障只会影响它所连接的那台计算机。

③ 容易定位故障点，便于维护。

在双绞线的两端压接有8脚的RJ-45连接器。10Base-T只使用UTP电缆中4个线对中的两对，一对用于发送，另一对用于接收。

集线器的作用相当于中继器：当集线器从一个端口上接收到来自工作站的数据时，集线器就把所收到的数据放大整形，然后从所有其他端口广播出去。为扩充所能连接的工作站的数量，可把多台集线器连接起来。

10Base-T的连接也遵循5-4-3规则：任意两台计算机间最多不能超过5段线（既包括集线器到集线器的连接线缆，也包括集线器到计算机间的连接线缆）、4台集线器，且只能有3台集线器直接与计算机等网络设备连接，如图2.4所示。10Base-T局域网的最大直径为500m。

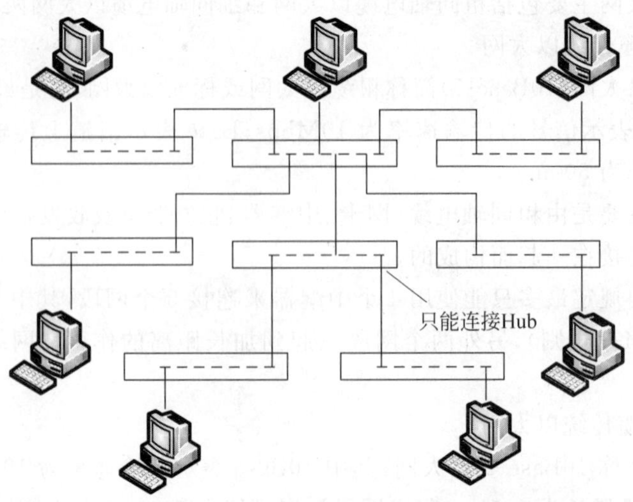


图2.4　10Base-T的连接形式

与中继器相比，集线器能够提供更多的连接端口。主流集线器的端口数有 8 口、12 口、16 口和 24 口不等。也有少数品牌提供了非标准端口数，如 4 口、5 口、9 口等。一些集线器提供了与同轴电缆或光纤连接的接口，用于把集线器连接到主干网络上。

多台集线器也可以通过粗同轴电缆或细同轴电缆连接在一起，以扩展网络覆盖范围，当然集线器要配有相应的接口，如图 2.5 所示。

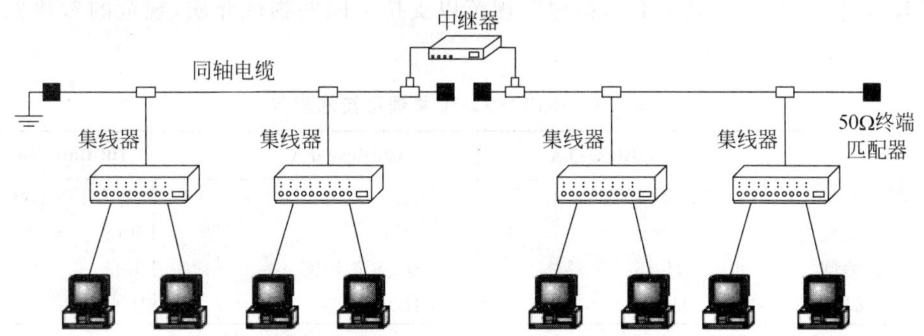


图 2.5　用同轴电缆作为主干的双绞线以太网结构

大多数以太网集线器和网卡都有一个链路状态指示灯，当用一根双绞线把集线器与计算机的网卡连接起来并打开集线器和计算机电源时，两个设备之间互相发送正常链路测试脉冲(NLP)信号，网卡和集线器端口上的链路状态指示灯就会闪亮，如果指示灯不亮说明网络电缆有故障或电缆插头连接错误。

(3) 光纤传统以太网

在 10Base-FX 中，使用两根 62.5μm/125μm 多模光纤，一根用于发送信号，另一根用于接收信号。使用光纤不仅可以构成全光纤以太网，也可以在粗/细缆以太网或双绞线以太网中用来扩展连接范围。例如，在两个双绞线以太网的集线器之间建立光纤链路，可使整个网络扩展到更远。光纤的最大连接长度为 2km，可实现中继器间或计算机与中继器间的远距离连接。采用星状拓扑结构，网络直径可达 2500m。

6) 快速以太网

快速以太网是指工作在 100Mbps 速率的以太网。1995 年，802.3u 作为 IEEE 802.3 标准的补充正式公布，被命名为 100Base-T。

(1) 100Base-T 与传统 10Mbps 以太网的异同

100Base-T 是在 10Mbps 系列 802.3 传统以太网的基础上开发出来的，它继承了传统以太网的帧格式和 CSMA/CD 介质访问控制协议，将数据发送时间从 100ns/b 降低到 10ns/b，并将帧间隙由 9.6μs 降低到 0.96μs，同时使用新的编码方式取代低效的曼彻斯特编码。

为了与传统以太网兼容，100Base-T 提供了 10/100Mbps 双速自适应功能。具有自动协商功能的设备可以实现与 10Mbps 设备和 100Mbps 设备的互操作。自动协商功能也被用来判定双方设备是采用半双工方式还是全双工方式工作。这极大地保护了用户的投资，使得快速以太网得到迅速发展。

100Base-T 在物理层做了重要改进，定义了介质无关接口(Media Independent Interface，MII)，将 MAC 子层与物理层分开，使所用的传输介质和信号编码方式的变化不会影响 MAC 子层。MII 是一个双速接口，它既可以在 100Mbps 也可以在 10Mbps 的速率下工作。

100Base-T 不再支持同轴电缆介质和总线型拓扑结构，100Base-T 中所有的电缆连接都是点对点的星状拓扑。

(2) 100Base-T 的物理层规范

IEEE 802.3u 标准定义了不同物理层规范以支持不同的物理介质，规范的参数如表 2.3 所示。

**表 2.3 IEEE 802.3u 物理层技术规范**

| | 100Base-TX | 100Base-FX | 100Base-T4 |
|---|---|---|---|
| 电缆类型 | 5 类 UTP(2 对) | 62.5/125μm F | 3 类 UTP(4 对) |
| 最大线缆长度 | 100m | 412m | 100m |
| 连接器类型 | RJ-45 | SC、ST、MIC | RJ-45 |
| 信号编码 | 4B/5B | 4B/5B | 8B/6T |

① 100Base-TX

100BASE-TX 使用两对 5 类 UTP 电缆，电缆段最大长度为 100m。如果网络运行环境中存在较大的电磁干扰，可以使用 STP 电缆来代替 UTP 电缆。为了实现兼容，100Base-TX 使用与 10Base-T 相同的 RJ-45 连接器，且引脚的分配也相同。在传输中使用 4B/5B 编码方式。100Base-TX 支持半双工/全双工系统。

② 100Base-FX

100Base-FX 使用两根独立的多模光纤作为传输介质，一根用于发送，一根用于接收。光纤的最大长度为 412m。100Base-FX 允许工作在全双工方式下，这时其跨距可增加到 2km。

③ 100Base-T4

100Base-T4 是为了利用原有的 3 类非屏蔽双绞线布线而设计的。它使用 4 对双绞线，3 对同时传送数据，第 4 对线用于冲突检测时的接收信道。最大网段长度为 100m，由于没有专用的发送或接收线路，所以 100Base-T4 不能进行全双工操作；100Base-T4 采用比曼彻斯特编码方法高级得多的 8B/6T 编码方法，每 8 位作为一组的数据转换为每 6 位作为一组的三元码组，每条输出信道的信息传输率为 33.3Mbps×6/8=25Mbaud。

7) 交换式以太网

采用交换机作为核心设备的高速以太网称为交换式以太网，连接到交换机某端口的计算机独享该端口的带宽。例如，在图 2.6 中，若交换机各端口的带宽为 100Mbps，那么下面的各结点所获得的带宽都是 100Mbps，不再平均分配，其原因是交换机采用了并发操作机制，实现多个结点之间数据的并发传输。

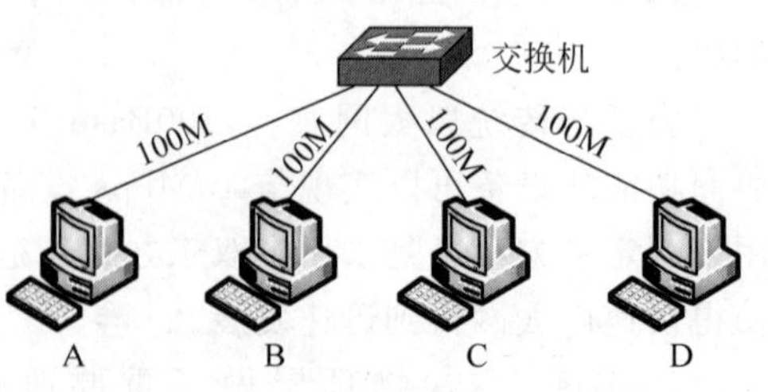

图 2.6 交换式以太网

(1) 交换式以太网的特点

① 交换式以太网保留了现有以太网的基础设施，而不必将其淘汰。以太网交换机可以与现有的以太网集线器相结合，实现各类广泛

的应用。交换机可以用来将超载的网络分段，将冲突隔离在每个端口。

② 可在高速以太网和低速以太网间进行转换，实现不同网络的互连。

③ 同时提供多个通道，允许不同用户间同时通信。每个结点独享端口带宽。

④ 使用三层以太网交换机，可以支持虚拟局域网应用，使网络的管理更加灵活。

⑤ 交换式局域网的低交换传输延迟。从传输延迟时间的量级来看，局域网交换机为几十微秒，网桥为几百微秒，而路由器为几千微秒。

(2) 全双工以太网

CSMA/CD 介质访问控制机制很好地解决了传统以太网中多个站点同时访问介质所造成的冲突现象，但是同一时刻数据只能在一个方向传输。

实际上，半双工的限制主要来自于总线型介质。但在 10Base-T 中，使用两对双绞线，从物理信道上已将发送和接收操作分离开来。以太网交换技术的发展，给全双工以太网打下了基础。为此，IEEE 802.3 工作组于 1997 年发布了关于全双工以太网的 802.3x 标准。

在全双工网络上使用网络交换机(也称为交换式集线器)，能支持多个"站点对"的并发通信。帧的发送和接收信道分开，不再受 CSMA/CD 的约束。所以，发送的信号和接收的信号不会发生碰撞，这就是所谓的全双工通信方式，端口间传输介质的长度仅受到数字信号在介质上传输衰变的影响。

具有自动协商功能的网卡和交换机能够减少配置上的麻烦。在自动协商过程中，具备两种运行速率(10Mbps 和 100Mbps)的快速以太网设备能够使全双工方式比同样速率的半双工方式优先运行。

8) 千兆位以太网

随着技术的发展，网络分布计算、桌面视频会议、网络存储等应用对带宽提出了新的要求，同时，快速以太网的迅速普及也要求主干网有更高的带宽。人们迫切地需要更高性能的局域网，并且与现有的以太网产品应保持最大的兼容性。1996 年，IEEE 成立了千兆位以太网(Gigabit Ethernet，GE)工作组来制定千兆以太网的标准，这项标准应满足：

(1) 允许以 1000Mbps 的速度进行半双工或全双工操作。

(2) 保持 IEEE 802.3 以太网帧格式不变。

(3) 在半双工方式下继续沿用 CSMA/CD 协议。

(4) 继承 10Base-T 和 100Base-T 的成熟技术，提供向后兼容性。

(5) 物理层使用的介质包括最长 550m 的多模光纤、最长 5000m 的单模光纤和至少 25m 的铜缆。

1998 年 6 月 IEEE 制定了第一个使用光纤线缆和短程铜线线缆的千兆以太网标准 802.3z。1999 年 6 月公布了使用双绞线的 802.3ab 标准。

(1) 千兆位以太网中 MAC 操作的特点

千兆位以太网在半双工方式工作时也必须进行冲突检测，因此它也有一个最小帧长度的限制。传统以太网和快速以太网的最小帧长度均为 64B，若最小帧长度不变，传输速率越高，网络跨距就越小。当传输速率提高到 1000Mbps 时，网络跨距将缩小为 20m。显然，这样的网络没有什么使用价值。为增加跨距，IEEE 802.3z 规范将千兆位以太网的时间槽长度扩展到了 512B(4096b)。

为了保证时间槽扩展到 512B 长度时仍能保证与 64B 最小帧长度兼容，IEEE 802.3z 规

范采用了“载波扩展”技术。载波扩展的基本思想是：如果发送的帧长度小于512B，那么在帧后紧接着再发送一个特殊的“载波扩展”符号序列，将整个发送长度扩展到512B。如果发送的帧长度大于512B，则发送时不必再附加“载波扩展”符号序列，其帧格式如图2.7所示。

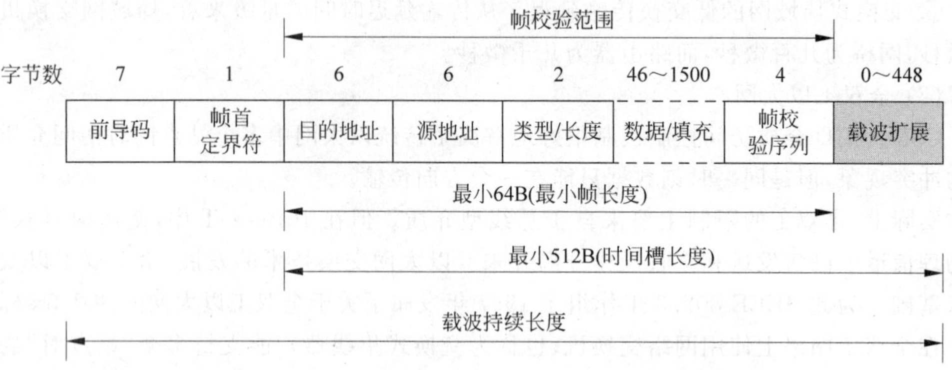


图2.7　带有载波扩展的千兆位以太网帧格式

使用载波扩展技术，当网络中短帧较多时，网络性能(或实际吞吐率)会大大降低。为了解决这个问题，千兆以太网定义了一种称为“帧突发”(Frame Bursting)的技术，用来提高半双工方式下千兆以太网的性能，尤其用于网络流量大多是由短帧构成的情况。在正常情况下，站点发完一个帧后，必须与其他站点再重新竞争介质访问权；而在帧突发模式下，一个站点可以在获得介质访问权后连续发送多个帧，并用载波扩展位填充帧与帧之间的间隔(共96b)，以便使其他站点始终能够测试到载波，防止它们打断当前站的帧突发操作。发送站可以连续发送帧直到突发的总长度达到突发长度上限(65 536b或8192B)为止，即使突发上限已到，也要把最后一帧发送完才能结束。图2.8给出了帧突发的示意图。

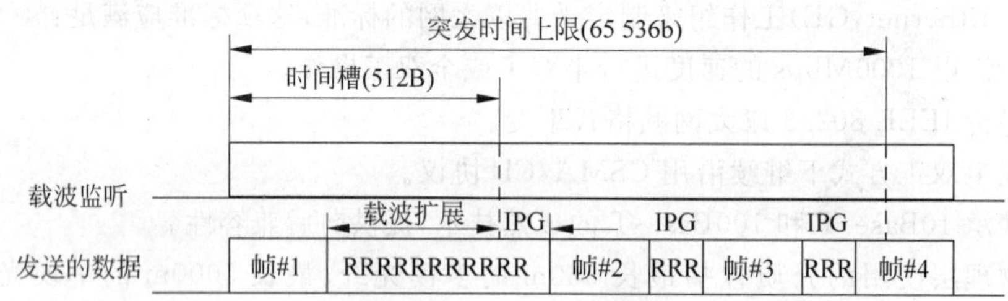


图2.8　帧突发示意图

为了实现正常的冲突检测，突发过程中第一个帧如果小于512B，仍需要进行载波扩展，但后续的帧无论其长度为多少都不需要进行载波扩展。如果突发过程中第一个帧(包括载波扩展)被正确发送，那么突发过程中就不会再发生冲突。显然，帧突发只适用于半双工方式。采用帧突发技术后，半双工方式下千兆以太网的效率可以从原来的12%增加到72%。

在全双工方式下，千兆位以太网不采用CSMA/CD协议，因此不需要进行载波扩展，最小帧长仍为64B。千兆以太网接口基本应用在点到点线路，不再共享带宽。千兆以太网与传统低速以太网最大的相似之处在于采用相同的以太网帧结构。

(2) 千兆位以太网的物理层技术

千兆位以太网有两个独立的标准：IEEE 802.3z 和 IEEE 802.3ab，统称为 1000Base-X。

① IEEE 802.3z 标准

定义了 3 种类型的介质：使用短波激光的多模光纤、使用长波激光的单模光纤或多模光纤和短距离屏蔽双绞线。

② IEEE 802.3ab 标准

定义了运行在 4 对超 5 类或更高级别 UTP 电缆上的千兆以太网 1000Base-T，最大电缆段长度为 100m。1000Base-T 采用更加复杂的编码方式。网络采用星状拓扑结构，用户可以很容易从 100Base-T 升级到 1000Base-T。

(3) 千兆位以太网的优点

千兆位以太网的最大优点在于提高速度的同时又保持了与已有传统以太网和快速以太网之间的兼容性。传统以太网用户可以很容易将现有以太网平滑地升级到千兆以太网。同时，千兆位以太网还继承了以太网的可靠性高、易于管理等优点。

(4) 千兆位以太网的应用

千兆位以太网可以在各种物理接口(光纤和铜缆)和拓扑结构上提供半双工和全双工操作，广泛应用在以下一些场合：

① 交换机到交换机的连接

将快速以太网交换机之间的 100Mbps 链路用 1000Mbps 链路代替，以提高网络的性能。

② 交换机到服务器的连接

只要用千兆以太网交换机替换快速以太网交换机，并在服务器上加装千兆以太网网卡，即可实现服务器与交换机之间的 1000Mbps 连接。

③ 以太网的主干网

千兆位以太网交换机能同时支持多台 100/1000Mbps 交换机、路由器、集线器和服务器等设备。同时，以千兆以太网交换机为核心的主干网能支持更多的网段，每个网段有更多的结点及更高的带宽，如图 2.9 所示。

9) 万兆位以太网

根据万兆以太网标准 IEEE 802.3ae，万兆以太网使用全双工方式，不再受 CSMA/CD 的约束。万兆以太网技术与千兆以太网类似，仍然保留了以太网帧结构、帧的最小与最大尺寸以及 MAC(媒体访问控制)客户端服务接口规范。所以就其本质而言，10Gbps 以太网仍是以太网的一种类型。

万兆以太网与以往的以太网技术的不同之处主要表现在两点，①定义了两个物理层标准：局域网物理层(LAN PHY)和广域网物理层(WAN PHY)；②万兆以太网只使用光纤工作，并只在全双工模式下操作，通过不同的编码方式或波分复用技术提供 10Gbps 的传输速度。

10Gbps 局域网物理层有两种标准：10GBase-X 和 10GBase-R。使用多模光纤时传输距离为 300m，使用单模光纤时传输距离为 10～40km。

10Gbps 广域网物理层标准是 10GBase-W，可实现多个万兆以太网的广域连接，大大扩展了其地理范围。在广域链路的支持下，使用单模光纤时端到端的传输距离可达上百千米。

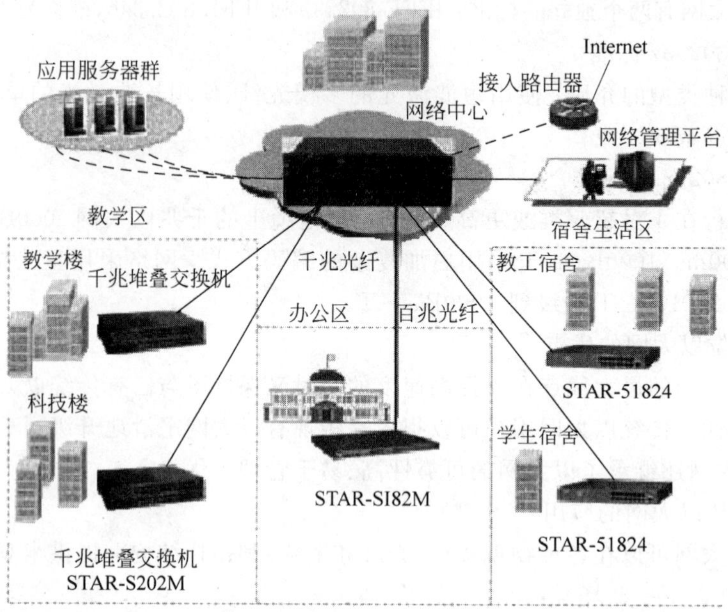


图 2.9　千兆位校园网

万兆以太网在局域网、城域网和广域网的不同应用上提供了多样化的接口类型。在局域网方面，针对数据中心或服务器群组的需要，可以提供多模光纤长达 300m 的支持距离，或针对大楼与大楼间/园区网的需要提供单模光纤长达 10km 的支持距离。在城域网方面，可以提供 1550mm 波长单模光纤长达 40km 的支持距离。在广域网方面，更可以支持长达 70～100km 的连接。

万兆以太网的特点如下：

(1) 传输速率为 10Gbps。

(2) 保留了传统以太网的帧格式、最大帧长度和最小帧长度。

(3) 只工作在全双工方式。

(4) 不再使用 CSMA/CD 协议。

(5) 只使用光纤作为传输介质。

该校园网核心层采用三台 Quidwayreg 和 S8512 万兆核心交换机，其中在老校区内采用双 10GE 绑定，构建了万兆带宽校园网骨干交换平台。汇聚层采用高性能的千兆交换机 Quidwayreg 和 S6506R，不仅能够提供高密度的用户接入，还可以在需要时采用 10GE 接口与核心设备对接，从而进一步提升校园网质量。

万兆以太网的应用领域主要是大型网络的主干网连接，目前尚不支持与用户端的直接连接。

### 6. 局域网组网设备

1) 网络适配器(网卡)

网卡是局域网中连接计算机和传输介质的接口，具有物理层的电气特性，能实现与局域网的物理连接和电信号匹配。网卡也能完成数据链路层的功能，负责处理接收和传输数据帧。

（1）网卡的主要功能

① 数据的封装与解封：发送时将网络层传下来的数据加上首部和尾部，成为以太网的帧。接收时将以太网的帧剥去首部和尾部，然后传送至上一层。

② 链路管理：主要是 CSMA/CD 协议的实现。

③ 编码与译码：即曼彻斯特编码与译码的过程。

④ 网卡接收信道上的每一帧信息，并把信息头中的目的地址与网卡的硬件地址进行比较，以确定是否把该帧送往该计算机，这个过程称为帧的过滤。

⑤ 进行串行/并行转换。

市场上常见的网卡种类繁多，按所支持的带宽不同分为 10Mbps 网卡、100Mbps 网卡、10/100Mbps 自适应网卡和 1000Mbps 网卡；按组网类型，网卡又分为以太网卡、令牌环网卡、FDDI 网卡和 ATM 网卡等。

（2）MAC 地址

在局域网中，数据帧的传送是依靠计算机等设备的物理地址，又称为 MAC 地址，它是局域网络中用于识别一个网络硬件设备的标识符。

MAC 地址的长度一般为 6B(48bit)，可以表示 $2^{46}\approx70$ 万亿个地址（有两位用于特殊用途）。MAC 地址的高 24 位由 IEEE 分配，用来标识设备生产商，称为机构唯一标识符（Organization Unique Identifier，OUI）；MAC 地址的低 24 位用来标识生产商生产的每个网卡或联网设备，称为扩展标识符（Extended Identifier，EI），由厂家自行分配。MAC 地址大多固化在网络设备的硬件中，用十六进制数来书写，字节间用空格或连字符隔开，如 00-E3-74-27-00-13。

2）中继器

中继器（Repeater）工作在物理层，用来在网段之间复制比特流，将弱信号整形和放大，用它来延伸网络的距离。中继器不提供网段隔离功能。

其特点包括：

（1）不进行存储，信号延迟小；

（2）不检查错误，会扩散错误；

（3）不对信息进行任何过滤；

（4）可进行介质转换，如 UTP 转换为光纤；

（5）用中继器连接的多个网段不允许构成环。

3）集线器

集线器（多端口中继器）又称 Hub，工作在物理层，是以太网中的中心连接设备，它是对“共享介质”总线型局域网结构的一种改进。所有的结点通过非屏蔽双绞线与集线器连接，这样的以太网物理结构看似是星状结构，但在逻辑上仍然是总线型结构。在 MAC 子层采用 CSMA/CD 介质访问控制方法。当集线器接收到某个结点发送的帧时，它立即将数据帧通过广播方式转发到其他的连接端口。集线器外形及表示符号如图 2.10 所示。

集线器各端口共享集线器的总带宽。例如，对于一个总带宽为 10Mbps 的集线器，如果连接 5 个工作站同时上网，则每个工作站的平均带宽为 2Mbps。如果同时上网的工作站

图 2.10　集线器外观与符号

增加到 10 个，则每个工作站的平均带宽下降为 1Mbps。

在结点竞争共享介质的过程中，冲突是不可避免的。在网络中，冲突发生的范围称为冲突域。冲突会造成发送结点的随机延迟和重发，进而浪费网络带宽。随着网络中结点数的增加，冲突和碰撞必然增加，相应的带宽浪费也会越大。

用集线器组建的网络处于一个冲突域中，站点越多，冲突的可能性越大，如图 2.11 所示。

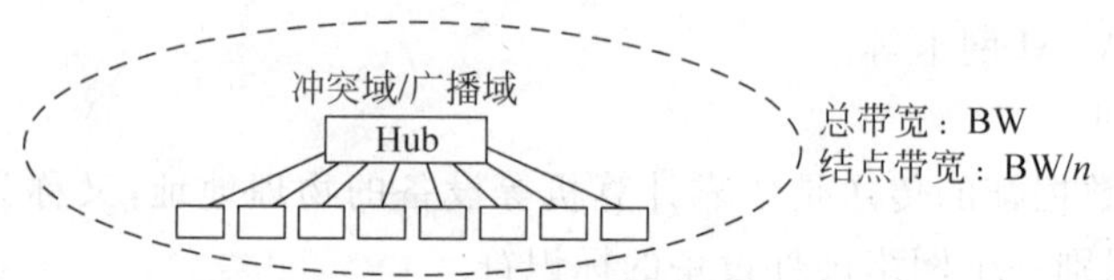


图 2.11　集线器组建的网络处于一个冲突域中

减小网络冲突的解决方法是将网络分段，减少每个网段中站点的数量，使冲突的概率减小，从而增加网络的总体带宽。实现网络分段的设备包括网桥、交换机和路由器，网桥和交换机可以隔离冲突域，如图 2.12 所示。

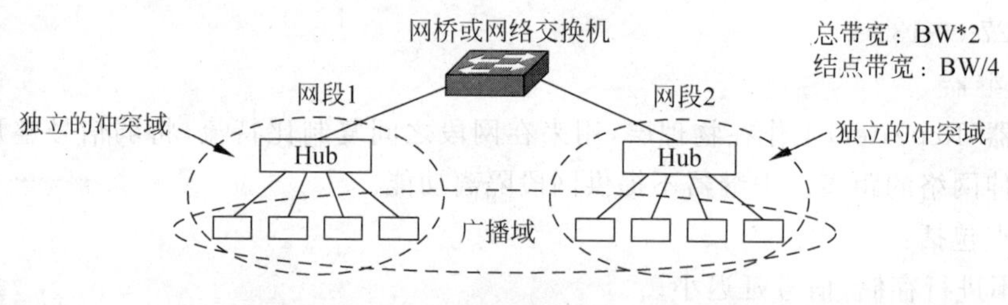


图 2.12　利用网桥或交换机分隔冲突域

4）网桥

网桥(Bridge)也称网络桥接器，它工作于数据链路层，网桥能将两个网络段连接起来，并对网络的数据流进行管理。它不但能扩展网络的距离和范围，在不同介质之间转发数据帧，而且可以提高网络的性能、可靠性和安全性。

(1) 网桥的基本功能

网桥具有帧过滤的功能，可以阻止某些帧通过网桥。帧过滤有 3 种类型：目的地址过滤、源地址过滤和协议过滤。

目的地址过滤是网桥最基本的功能。当网桥接收到一个帧后，首先确定其源地址和目的地址，如果源地址和目的地址处在同一个局域网段中，帧不能通过网桥，简单地将其丢弃，否则将其转发到另一个局域网段上，这样减少了冲突发生的概率。

源地址过滤是指网桥拒绝某一特定地址(站点)发出的帧，这个特定地址由网络管理模块提供。

协议过滤是指网桥能用帧中的协议信息来决定是转发还是过滤掉该帧，通常用于流量控制和网络安全控制。

(2) 网桥工作原理

网桥分为两类：透明网桥和源路由网桥。

① 透明网桥

网桥自动了解每个端口所接网段的机器地址(MAC 地址)，形成一个地址映射表，该表主要由端口号和站点的 MAC 地址组成。网桥每次转发帧时，先查地址映射表，如查到，则向相应端口转发，如查不到，则向除接收端口之外的所有端口转发。

透明网桥的工作过程共包括 5 个方面：

- 学习：当接收到一个数据帧时，将源 MAC 地址与接收的端口号写入地址映射表。
- 泛洪：若目的地址不在地址映射表中，向除源端口外的所有端口转发该帧。
- 过滤：若发现目的地址和源地址在同一端口，丢弃此帧。
- 转发：如目的地址在地址映射表中存在并和源地址在不同端口，由此口转发。
- 老化：在学习记下源地址与端口号的同时，为这一条目分配一个老化计时器，到期会移除此条目。

② 源路由选择网桥

源路由选择网桥是针对 802.5 令牌环网提出的一种网桥技术，属于 IEEE 802.5 的一部分。其核心思想是发送方知道目的主机的位置，并将路径中间所经过的网桥地址包含在帧头中一并发出，路径中的网桥依照帧头中的下一站网桥地址将帧一一转发，直到将帧传送到目的地。

在应用网桥划分以太网时，应设计成 80%的通信量是本段通信量，20%为离段通信量，这样网桥的效率最高。

5) 以太网交换机

在以太网中，作为中央设备的集线器是一个标准的共享式设备。连在集线器上的所有结点处在同一冲突域中，共同拥有对信道带宽容量的分配权，因而网络中的结点越多，冲突概率越大，每个结点平均可以使用的带宽越窄，网络的响应速度也会越慢，若能减少冲突域，则会提高各工作站的平均带宽。

20 世纪 90 年代初，以太网交换机的出现，解决了共享式以太网平均分配带宽的问题，大大提高了局域网的性能。交换机提供了多个通道，允许多个用户之间同时进行数据传输。交换机的每一个端口所连接的网段都是一个独立的冲突域。

(1) 交换机工作原理

交换机对数据的转发是以网络结点的 MAC 地址为基础的，具体工作过程和透明网桥类似。

① 交换机根据收到的数据帧中的源 MAC 地址将其写入 MAC 地址映射表中，建立该地址同交换机端口的映射。

② 交换机将数据帧中的目的 MAC 地址同已建立的 MAC 地址映射表进行比较，以决定由哪个端口进行转发。

③ 如数据帧中的目的 MAC 地址不在 MAC 地址映射表中，则向所有端口转发。这一

过程称为泛洪(Flood)。

④ 在每次添加或更新地址映射表项时，该表项被赋予一个计时器，这使得该端口与MAC地址的对应关系能够存储一段时间。通过移走已过时的或老化的表项，交换机可以维护一个精确的地址映射表。

以图2.13为例来说明交换机的数据转发过程。图中的交换机有5个端口，其中端口1,2,3,4,5分别连接了计算机结点A,B,C,D,E。通过交换机的学习功能，建立起端口与计算机结点的MAC地址的映射表。

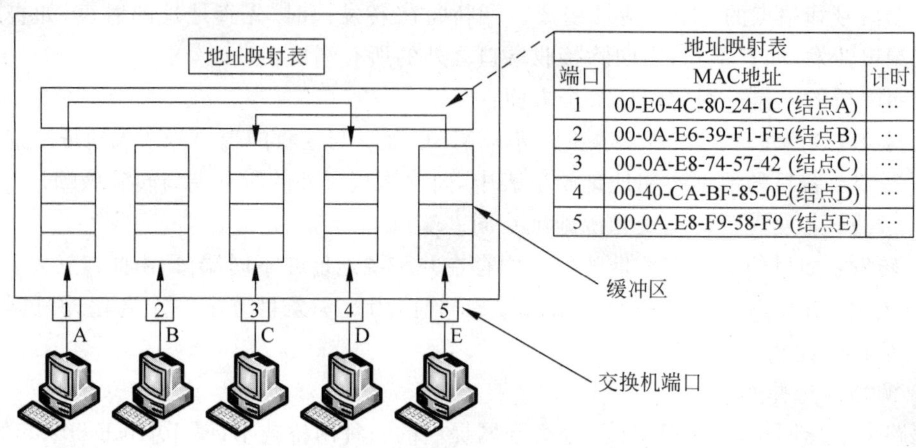


| 端口 | MAC地址 | 计时 |
|---|---|---|
| 1 | 00-E0-4C-80-24-1C (结点A) | … |
| 2 | 00-0A-E6-39-F1-FE(结点B) | … |
| 3 | 00-0A-E8-74-57-42 (结点C) | … |
| 4 | 00-40-CA-BF-85-0E(结点D) | … |
| 5 | 00-0A-E8-F9-58-F9 (结点E) | … |

图2.13 交换机的结构与工作过程

当结点A需要向结点D发送数据帧时，结点A将数据帧发往交换机端口1。交换机接收到该帧，并检测出其中的目的MAC地址后，在交换机的端口-MAC地址映射表中查找结点D所连接的端口号。查到结点D连接的端口号4，建立起端口1和端口4间的连接，将数据帧转发到端口4。

同时，若结点E需要向结点C发送数据帧。根据目的MAC地址，查找MAC地址映射表，建立起端口5和端口3间的连接，将端口5接收到的帧转发至端口3。

这样，交换机在端口1至端口4和端口5至端口3之间建立了两条并发的连接。结点A和结点E可以同时发送信息，结点D和结点C同时接收信息。根据需要，交换机的各端口之间可以建立多条并发连接。交换机利用这些并发连接，对通过交换机的数据信息进行转发。

(2) 交换机的转发方式

以太网交换机对数据帧的转发方式分为以下三类：

① 直通交换方式(Cut-Through)

直通交换方式是指在接收到帧中最前面的目的地址后，就根据目的地址查找到相应的交换机端口，并将该帧发送到该端口。其特点是速度快、延时小，在转发帧时不进行错误校验，可靠性相对较低。

直通交换主要适用于同速率端口和误码率低的环境。

② 存储转发交换方式 (Store-and-Forward)

存储转发交换方式要把帧全部接收到内部缓冲区中，并对帧进行校验，如果正确，则根据帧中的目的 MAC 地址查找 MAC 地址映射表，将帧转发出去。发现错误就丢掉该帧。其优点是可靠性高、能支持不同速率端口之间的转发；缺点是延迟时间长、交换机内的缓冲存储器有限，当负载较重时，易造成帧的丢失。

③ 改进的直通交换方式(碎片隔离方式)

改进的直通交换方式是将前两者结合起来，在收到帧的前 64B 后，判断帧的长度，若数据帧的长度少于 64B，则认为它是一个碎片，将其丢弃，因此也称为碎片隔离方式。

以太网交换机有多个端口，每个端口可以单独与一个结点连接，也可以与一个以太网集线器连接。例如，如果一个 10Mbps 端口只连接一个结点，这个结点就可以独占 10Mbps 的带宽；如果一个 10Mbps 端口连接一个网段，那么这个端口将被网段中的多个结点所共享。

不同档次的交换机每个端口所能够支持的 MAC 地址数量不同。在交换机的每个端口，都需要足够的缓存(Buffer)来记忆这些 MAC 地址，所以缓存容量的大小就决定了相应交换机所能记忆的 MAC 地址数的多少。

交换机端口可以设置为半双工与全双工两种工作模式。对于是 10Mbps 的端口，半双工端口带宽为 10Mbps，而全双工端口带宽为 20Mbps，网络结点的数据吞吐量增大一倍。

(3) 背板带宽

交换机的背板带宽，是交换机接口处理器或接口卡和数据总线间所能吞吐的最大数据量。背板带宽标志了交换机总的数据交换能力，也叫交换带宽。一般交换机的背板带宽从几 Gbps 到上百 Gbps 不等。一台交换机的背板带宽越高，所能处理数据的能力就越强，但同时设计成本也会越高。

交换机上所有端口能提供的总带宽计算公式为：

$$\text{总带宽} = \text{端口数} * \text{相应端口速率} * 2(\text{全双工模式}) \tag{2.1}$$

(4) 交换技术分类

① 按构建交换矩阵技术划分

交换矩阵是背板式交换机的硬件结构，用于在各个线路板卡之间实现高速的点到点连接。

用于构建交换矩阵的技术大体可分为两种：总线型和交叉开关矩阵(CrossBar)。

基于总线结构的交换机又分为共享总线和共享内存型总线两大类。

a. 共享内存结构通过共享输入输出端口的缓冲器，减少了对总存储空间的需求。分组的交换是通过指针调用来实现的，这提高了交换容量，速度受限于内存的访问速度。

b. Crossbar 结构可以同时提供多个数据通路。Crossbar 结构由 $N \times N$ 交叉矩阵构成。当交叉点$(X,Y)$闭合时，数据就从 $X$ 输入端输出到 $Y$ 输出端。交叉点的打开与闭合是由调度器来控制的。

② 按交换机工作的协议层划分

按交换机工作在 OSI/RM 协议层来分，目前主要有第二层、第三层和第四层交换机。

a. 第二层交换技术

普通局域网交换机是一种第二层网络设备，交换机在操作过程中不断地收集资料去建立它本身的地址表。当交换机接收到一个数据包时，它检查数据包封装的目的 MAC 地址，查自己的地址表以决定从哪个端口发送出去。

网络站点间可独享带宽，消除了无谓的碰撞检测和差错重发，提高了传输效率，在交换

机中可并行地维护几个独立的、互不影响的通信进程。

第二层交换只在本地不含任何路由器的工作组中性能才能提高。而在使用第二层交换的工作组之间，若使用路由器会因为路由器阻塞而掉包，从而导致性能下降。

b. 第三层交换技术

传统的路由器基于软件、协议复杂、数据传输的效率低。随着 Internet、Intranet 的迅猛发展和 B/S（浏览器/服务器）计算模式的广泛应用，改进传统的路由器在网络中的瓶颈效应已迫在眉睫。一种新的路由技术——第三层交换技术应运而生。它可操作在网络协议的第三层，是一种路由理解设备并可起到路由决定的作用；它是一个带有第三层路由功能的第二层交换机。从硬件上看，在第三层交换机中，路由硬件模块插接在高速背板/总线上，这种方式使得路由模块可以与需要路由的其他模块间高速地交换数据，从而突破了传统的外接路由器接口速率的限制。目前第三层交换机已得到了广泛的应用。

c. 第四层交换技术

当一个网络的基础结构建立在吉比特速率的第二层和第三层交换上，又有高速 WAN 接入，如果服务器速度跟不上，服务器就将成为瓶颈。高优先权的业务在这种网络中会因服务器中低优先权的业务队列而阻塞。为此，产生了基于服务器的第四层交换技术。

第四层传输层负责端对端通信，即在网络源系统和目标系统之间通信。交换的传输不仅仅依据 MAC 地址（第二层）或源/目标 IP 地址（第三层路由），而且依据 TCP/UDP（第四层）应用端口号来区分数据包的应用类型，从而实现应用层的访问控制和服务质量保证。

它直接面对具体应用，从功能来看，与其说第四层交换机是硬件网络设备，不如说它是软件网络管理系统。换句话说，就是一类以软件技术为主、以硬件技术为辅的网络管理交换设备。

第四层交换机不仅完全具备第三层交换机的所有交换功能和性能，还能支持第三层交换机所没有的网络流量和服务质量控制的智能型功能。

(5) Trunk 技术

Trunk 是端口汇聚的意思，就是通过配置软件的设置，将两个或多个交换机物理端口组合在一起成为一条逻辑的路径从而增加在交换机和网络结点之间的带宽，将属于这几个端口的带宽合并，给端口提供一个几倍于独立端口的独享的高带宽。Trunk 是一种封装技术，它是一条端到端的链路，链路的两端可以都是交换机，也可以是交换机和路由器，通过两个或多个端口并行连接，以提供更高带宽、更大吞吐量，大幅度提高整个网络能力。

(6) 广播风暴

广播帧在网络中是必不可少的，当一个结点向交换机的某个端口发送了广播帧（如一个 ARP 广播）后，交换机将把收到的广播转发到所有与其相连的网络上。另外，客户端通过 DHCP 服务器自动获得 IP 地址的过程就是通过广播帧来实现的，而且，所有设备在网络中会定时播发广播包，以告知自己的存在。还有许多其他功能需要使用广播，如设备开机、消息播送、建立“转发表”及网桥不知网络上目的主机在什么地方等。

因此在网络中即使没有用户人为地发送广播帧，网络上也会出现一定数量的广播帧。当网络上的设备越来越多，广播所用的时间也越来越多，多到一定程度时，会造成整个网络的通信堵塞，使正常的端对端通信无法正常进行，甚至瘫痪，这种现象就称为“广播风暴”。

### 2.3.2　网络操作系统

网络操作系统是计算机网络的灵魂，如果没有网络操作系统，网络上的计算机将成为相互独立的信息孤岛。

#### 1. 单机操作系统概述

操作系统(Operating System,OS)是计算机系统的重要组成部分，是管理计算机软硬件资源、控制程序运行、改善人机界面以及为应用软件提供支持的系统软件，它可以使计算机系统的所有资源最大限度地发挥作用。

操作系统是一套庞大的管理控制程序，大致包括5个方面的管理功能：处理器管理、内存管理、文件管理、设备管理和良好的用户界面。

#### 2. 操作系统的基本功能

操作系统的主要功能是管理和控制计算机系统的所有硬件和软件资源，合理组织计算机的工作流程，并为用户提供一个良好的工作环境和友好的接口。下面从5个方面来说明操作系统的基本功能。

1) 处理器管理

在多道程序或多用户的情况下，协调多道程序间关系，组织多个作业同时运行，提高CPU利用率，解决对处理机的分配调度问题和回收CPU资源的问题。

2) 存储器管理

为用户作业和进程提供存储环境，提高存储器利用率，逻辑上扩充内存，具有内存空间分配、保护、回收、扩充和优化管理的功能。

3) 设备管理

设备管理的任务就是根据一定的分配策略，把通道、控制器和I/O设备分配给请求I/O操作的程序，并启动设备完成实际的I/O操作。同时应为用户提供一个良好的界面，而不必去涉及具体的设备特性，以使用户能方便、灵活地使用这些设备。

4) 文件管理

信息资源以文件形式存在外存，需要时装入内存进行调度使用。文件管理支持文件存储、检索和修改功能，解决文件共享、保密和保护等问题。

5) 良好的用户界面

(1) 命令行界面，在提示符之后从键盘输入命令。

(2) 图形化的操作系统界面，利用鼠标、窗口、菜单、图标等图形用户界面工具，可直观、方便、有效地使用操作系统。

(3) 程序界面，用户在自己的程序中使用系统调用。

#### 3. 网络操作系统概述

1) 什么是网络操作系统

网络操作系统(Network Operating System,NOS)是网络的心脏和灵魂，是向连在网络上的计算机提供服务的特殊的操作系统。它使计算机操作系统增加了网络操作所需要的能

力。网络操作系统可理解为网络用户与计算机之间的接口，是专门为网络用户提供操作接口的系统软件。网络操作系统主要解决的问题是网络资源共享与网络资源安全访问限制。网络操作系统软件管理了用户对应用程序的访问。

网络操作系统运行在称为服务器的计算机上，并由联网的计算机用户（客户）共享。

网络操作系统与运行在工作站上的操作系统由于提供的服务类型不同而有差别。网络操作系统的主要作用是使网络上的计算机实现资源共享和数据通信，如共享数据文件、共享软件应用，以及共享硬盘、打印机、调制解调器、扫描仪和传真机等。

在网络中经常会有多人同时访问和编辑同一个文件，为此，一般网络操作系统都具有文件加锁功能，以确保一次只能由一个用户对其进行编辑。

网络操作系统还负责管理网络用户和网络打印机之间的连接，对网络上用户的打印请求进行管理。

现在的网络操作系统都是与 Internet 应用有关的综合技术，文件与打印服务仍然是大多数网络操作系统的标准服务。此外，现在的网络操作系统还包括多用户、多任务和多进程服务。

一个典型的网络操作系统一般具有硬件独立的特征，也就是说，它应当独立于具体的硬件平台，支持多平台，即系统应该可以运行于各种硬件平台上。

目前流行的网络操作系统有 UNIX、Linux、NetWare、Windows Server 等。

2）网络操作系统提供的基本服务

在网络环境中，服务器所驻留的网络操作系统以及相关硬件也称为服务器平台，它们为网络中的客户端用户提供通信服务、文件服务、打印服务和目录服务等。

（1）通信服务

通信服务（Communication Service）是网络操作系统为工作站与工作站之间、工作站与服务器之间提供无差错的数据传输服务。

（2）文件服务

在网络操作系统所提供的服务中，文件服务的应用最为广泛。文件服务器是指能够提供文件存储和访问功能的计算机。当前，网络文件服务可以分为广域网内的文件服务和局域网内的文件服务。

广域网内的文件服务以因特网的 FTP 为代表，客户端用户通过注册和安全性认证登录到 FTP 服务器后，可以对服务器上的文件进行下载，或者将本地文件上传到服务器中。只有当用户将服务器中的文件下载到本地机以后，才能进行处理。

局域网内的文件服务以 NetWare、Linux 及 Windows Server 2003 所提供的基于局域网的文件服务为代表。其主要特点是用户可以透明地访问远端文件，当用户在本地机发出访问远端服务器上文件的请求后，操作系统将该请求重定向到远端服务器，服务器响应用户的请求，将所需文件传送到用户所在的计算机上。

（3）打印服务

优质、高速的打印机始终是企事业单位的稀缺资源，如果想让局域网用户方便地使用这种资源，可在网络上共享打印机。

网络打印是指通过打印服务器（内置或者外置）将打印机作为独立的设备接入局域网，成为网络中的独立成员，其他成员可以直接访问使用该打印机。

目前网络打印机有两种接入方式，一种是打印机自带打印服务器，打印服务器上有网络接口，分配 IP 地址插入网线就可以了；另一种是打印机使用外置打印服务器，打印机通过并口或 USB 口与打印服务器连接，打印服务器再与网络连接。

网络打印机一般具有管理和监视软件，通过管理软件可以从远程查看和干预打印任务，对打印机的配置参数进行设定。

(4) 目录与目录服务

目录是一个网络对象的数据库，数据库存储了网络中各种对象的有关信息：软硬件资源、用户账号、密码、组账号等系统安全策略信息，目录用来简化对这些资源的查找和管理。

目录服务提供组织和简化访问网络系统资源的方法，可以减轻网络管理员的工作负担。

(5) 群集服务

服务器群集是指连接在一起的两个或者多个服务器的集合。对客户端用户来说，一个服务器群集在逻辑上是一台超级服务器。群集服务具有以下优势：

① 提高了系统的容错性，可以用多机备份，使得任何一个机器坏了整个系统还能正常运行。

② 群集服务软件可以根据当前群集中各个服务器的负载状况，将用户请求分派到负载较轻的服务器上，均衡服务器系统负载。

③ 可以利用多个计算机进行并行计算从而获得很高的计算速度。

(6) 数据库服务

在当前的网络应用中，为了支持电子商务等应用，数据库服务已成为网络操作系统必不可少的一部分。目前，大多数网络操作系统都可以很容易地将数据库管理系统(Data Base Management System，DBMS)集成到自己的系统当中。

除了以上介绍的几种服务以外，网络操作系统还可以提供 Web 服务、FTP 服务、邮件服务和域名服务等其他各种通信或增值服务，包括：

① 视频/音频服务器：利用网络传输多媒体技术，广播流媒体的内容。

② 聊天服务器(Chat Server)：用户可以通过聊天服务器进行信息交换，如 MSN、QQ 等。

③ 传真服务器(Fax Server)：实现企业或个人的传真服务，减少了电话费用，同时可以完成远距离的收发任务。

④ 群件服务器(Groupware Server)：建立一种虚拟的网络集合环境，为在不同区域的网络用户提供信息交换的环境，如 QQ 的群服务。

⑤ 邮件服务器(Mail Server)：提供了用户间的较大文件的传输，实现信息的交流。

⑥ 万维网服务器(Web Server)：万维网服务器是网络服务的核心，网页服务承担着大部分网络信息的传输。服务器接收客户端的请求，将相应网页传送到客户端。

另外，还有代理服务器(Proxy Server)、终端仿真服务器(Telnet Server)、列表服务器(List Server)和因特网中继聊天服务器(IRC Internet Relay Chat Server)等。

3) 网络操作系统的特性

作为网络用户和计算机网络之间的接口，典型的网络操作系统一般具有以下特性：

(1) 硬件独立

它独立于具体的硬件平台，即系统可运行于各种硬件平台之上。为了更好地保护用户

投资,网络操作系统应具有良好的可移植性。

(2) 网络特性

网络操作系统运行于网络上,需要管理共享资源,并提供良好的用户界面。可以通过网卡、网桥和路由器等设备与其他网络实现连接,支持 DHCP、IP 路由和 DNS 等网络功能。

(3) 开放性

随着因特网的产生与发展,不同结构和不同操作系统的网络之间需要实现互联。因此,网络操作系统必须支持标准化的通信协议(如 TCP/IP 等)和应用协议(如 HTTP、SMTP 等),支持与多种客户端操作系统平台的连接。

(4) 多用户、多任务支持

在一段时间内可能会有多个用户对同一服务提出请求。网络操作系统应该具有在同一时间内支持多用户请求的能力。在多进程系统中,为了避免两个进程并行处理所带来的问题,可以采用多线程的处理方式。线程相对于进程而言需要较少的系统开销,其管理比进程易于进行。抢先式多任务就是操作系统不等待某一线程的完成后,再将系统控制交给其他线程,而是主动将系统控制交给首先申请得到系统资源的其他线程。还支持对称多处理(Symmetrical Multi-Processing,SMP)技术,使系统具有更好的操作性能。

(5) 安全性

网络安全可分为:网络安全硬件、网络安全软件和网络安全服务。在操作系统环境下,安全性应具有如下功能:

- 身份认证:在用户访问计算机和网络上的资源和数据前,验证用户的身份,提供了本地和网络安全性,并提供对文件、文件夹、打印机和其他资源的审核。
- 完整性:防止数据在传输过程中受到未授权的修改。
- 机密性:确保只有预定的接收方才能对数据进行解密。
- 防重发:确保发送的每一份数据包都是唯一的。

(6) 网络管理

网络操作系统支持用户注册、系统备份、服务器性能控制和网络状态监视等基本网络管理功能。

(7) 系统容错性

容错性能是网络操作系统所必须具备的特征。网络服务器是整个网络系统的核心部件,如果它发生了故障,可能会使整个网络瘫痪,因此,网络操作系统必须提供相应的容错性能,以保证在故障发生后可以恢复网络的正常运行,如可恢复文件系统、磁盘镜像及 UPS 支持等。

4) 网络操作系统的分类

一般来说,网络操作系统可以分为两类:对等结构和非对等结构网络操作系统。

(1) 对等网络操作系统

在对等网络中,所有联网的站点地位平等,没有专用服务器,每个工作站既可起客户机作用也可起服务器作用。该模式网络拓扑结构通常是总线型和星状。如图 2.14 所示联网计算机的资源在原则上都可以相互共享。

在对等网中使用的操作系统称为对等网络操作系统,如 Windows 9x、Windows 2000、Windows XP 等。在使用 Windows 操作系统按照 TCP/IP 协议簇规则组网时,因为每台计

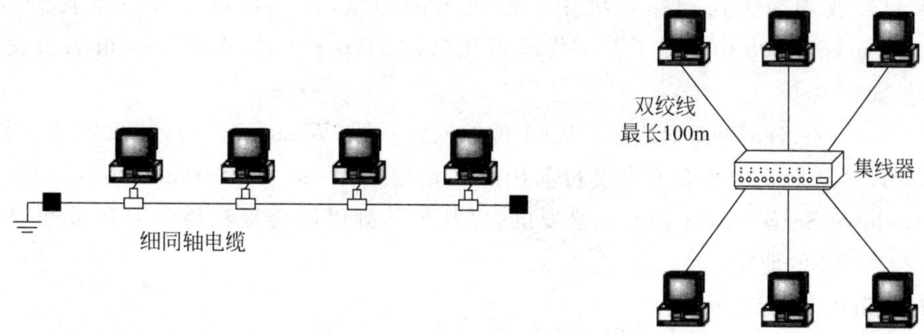


图 2.14　对等式网络模式

算机既是客户机又是服务器，所以对计算机的连接属性设置时要选中“Microsoft 网络客户端”和“Microsoft 网络的文件和打印机共享”，同时要选中联网使用的协议，如 TCP/IP，并进行 IP 地址设置。

(2) 非对等网络操作系统

非对等结构网络操作系统中将联网结点分为两大类：网络服务器和网络工作站。非对等网络操作系统软件分为两部分：一部分运行在服务器上，一部分运行在工作站上。

非对等网络操作系统主要有两种工作模式：文件服务器模式和 Client/Server 模式。在文件服务器模式中，网络中至少需要一台计算机来提供共享的硬盘和控制一些资源的共享，这样的计算机称为服务器。在这种模式下，数据的共享大多是以文件形式通过对文件的加锁、解锁来实施控制的。对于来自工作站有关文件的存取服务，都是由服务器来提供的，所以这种服务器又称为文件服务器。

Client/Server，简称 C/S 模式，Server 可以是一个向请求进程提供服务的逻辑进程，也可以由多个分布进程所组成，Server 执行请求的服务并返回结果。向一个 Server 请求服务的进程称为 Client，Client 和 Server 也可以在同一机器上，而一个 Server 可以同时又是另一个 Server 的 Client，并向后者请求服务。Server 既可以指 Server 进程（软件），也可以指一个具体的机器（硬件），Client 也是如此。

Client/Server 模式将处理功能分为两部分，一部分（前端）由 Client 处理，另一部分（后端）由 Server 处理。在这种分布式的环境下，任务由运行 Client 程序和 Server 程序的机器共同承担，这样做有利于全面发挥各自的计算能力，消除不必要的网络传输负担。

在 Internet 上，用户几乎都是通过 Web 浏览器来向网络中的各种服务器请求服务的。这种网络的模式是 B/S(Browser/Server)模式。

以 B/S 模式开发的系统的数据和应用程序都存放在服务器上，因此维护工作也都集中在服务器上，客户端不用维护，操作风格比较一致。

**4. 常见的网络操作系统**

1) Windows Server 系列

微软从 1993 年的第一款服务器操作系统 Windows NT 3.1 开始，到 Windows 2000 Server、Windows Server 2003、Windows Server 2008，再到 2009 年推出的 Windows Server 2008 R2，服务器操作系统已经经历了 16 年的发展。Windows 网络操作系统随着功能的逐

渐完善,已经成为服务器操作系统中一股重要的力量,市场份额也在逐渐提升,特别在 Windows Server 2008 中集成了新一代虚拟化软件 Hyper-v 后,Windows 市场份额得到进一步的扩大。

Windows Server 2008 R2 是一个 64 位的操作系统,Windows Server 2008 R2 支持 256 个逻辑处理器。对于中小企业来说目前仍然大量使用 Windows Server 2003,因此,学习和掌握 Windows Server 2003 仍然是必要的,以其为基础以后会很容易学习和掌握 Windows Server 2008 R2 的使用。

(1) Windows NT

Windows NT(New Technology),是 Microsoft 推出的面向工作站、网络服务器和大型计算机的网络操作系统,也可作为 PC 操作系统。NT(New Technology)是新技术的意思,1992 年开始研发,它与通信服务紧密集成,提供文件和打印服务,能运行客户端/服务器应用程序,内置了 Internet/Intranet 功能,已逐渐成为企业组网的标准平台。

Windows NT 有两部分,分别是 Windows NT Server 和 Windows NT Workstation。

Windows NT Server 的设计目标是企业级的网络操作系统,安装在服务器上,提供容易管理、反应迅速的网络环境。

Windows NT Workstation 的设计目标是工作站操作系统,适用于交互式桌面环境。

(2) Windows 2000 操作系统

Windows 2000 全面继承了 NT 技术。

Windows 2000 系列分成以下 4 个产品。

① Windows 2000 Professional:是一个商业用户的桌面操作系统,也适合移动用户,是 Windows NT Workstation 4.0 的升级。

② Windows 2000 Server:是 Windows NT Server 4.0 的升级产品。

③ Windows 2000 Advanced Server:是 Windows NT Server 4.0 企业版的升级产品。

④ Windows 2000 Datacenter Server:是一个新的品种,主要通过贴牌生产(Original Equipment Manufacturer,OEM)的方式销售,是一个 64 位的产品,支持 8 个以上的 CPU 和 64GB 的内存以及 4 个结点的群集服务。

Windows 2000 Server 的特点:

① 在 Windows 2000 Server 网络中,采用了活动目录服务。

② Windows 2000 Server 活动目录服务具有可扩展性和可调整性,基本管理单位是域,其中还可以划分逻辑单元,域之间通过认证可以传递信任关系。

(3) Windows Server 2003

Windows Server 2003 操作系统是微软在 Windows 2000 Server 基础上于 2003 年 4 月正式推出的新一代网络服务器操作系统,其目的是用于在网络上构建各种网络服务。Windows Server 2003 依据.NET 架构对 NT 技术做了重要发展和实质性改进,凝聚了微软多年来的技术积累,并部分实现了.NET 战略,或者说构筑了.NET 战略中最基础的一环。

Windows Server 2003 共有 4 个版本,分别为标准版(Standard Edition),企业版(Enterprise Edition)、数据中心版(Datacenter Edition)和 Web 版(Web Edition)。

① 标准版

标准版是为小型企业和部门使用而设计的,它提供的功能包括:智能文件和打印机共享、安全的 Internet 连接、集中式的桌面应用程序部署以及连接职员、合作伙伴和顾客的 Web 解决方案等。标准版提供了较高的可靠性、可伸缩性和安全性。

Windows Server 2003 标准版提供以下支持：

- 高级联网功能，如 Internet 验证服务、网桥和 Internet 连接共享；
- 双向对称多处理方式；
- 4GB 的 RAM。

② 企业版

企业版是为满足大中型的企业而设计的，是运行某些应用程序，如联网、消息传递、清单和顾客服务系统、数据库、电子商务 Web 站点以及文件和打印服务器等应该使用的操作系统，Windows Server 2003 企业版提供高度的可靠性和性能以及优异的商业价值。它有 32 位版本和 64 位版本，从而保证了最佳的灵活性和可伸缩性。

③ 数据中心版

数据中心版是应企业需要运行大负载、关键性应用而设计的，可以为数据库、企业资源规划软件、大容量实时事务处理以及服务器合并提供关键的解决方案。也分为 32 位版本和 64 位版本。

Windows Server 2003 数据中心版提供以下支持：

- 32 位版本支持 32 路对称多处理器方式，64 位版本支持 64 路对称多处理器；
- 支持 8 结点群集；
- 32 位版本支持 64GB RAM，64 位版本支持 512GB RAM。

④ Web 版

Web 版是单用途的 Web 服务器，专为需要以经济的方式建立及配置 Web 页、Web 站点及 Web 服务的机构设计。它为 Internet 服务供应商和想致力于前端 Web 服务器的组织提供了一种经济且高效的 Web 服务器操作系统，并通过包含 IIS 6.0、Microsoft ASP.NET 及 Microsoft .NET 框架提供了丰富的 Web 服务环境。

(4) Windows Server 2008

Windows Server 2008 是微软 2008 年推出的网路服务器操作系统，它继承 Windows Server 2003。使用 Windows Server 2008，专业人员对其服务器和网络基础结构的控制能力更强。Windows Server 2008 通过加强操作系统和保护网络环境提高了安全性。提供直观管理工具使应用程序合并到高端服务器与虚拟化更加简单。

Microsoft Windows Server 2008 用于在虚拟化工作负载、支持应用程序和保护网络方面提供最高效的平台。为开发和可靠地承载 Web 应用程序和服务提供了一个安全、易于管理的平台。

2) NetWare 操作系统

NetWare 网络操作系统是 Novell 公司在 1983 年推出的。NetWare 最重要的特征是基于基本模块设计思想的开放式系统结构。NetWare 操作系统支持分布式网络操作环境。可以把不同位置上的多个文件服务器集成为一个网络，对资源进行统一管理，为用户提供完善的分布式服务。NetWare 是一个开放的网络服务器平台，可以方便地对其进行扩充。NetWare 系统对不同的工作平台(如 DOS、OS/2 和 Macintosh 等)、不同的网络协议环境(如 TCP/IP)以及各种工作站操作系统提供了一致的服务。该系统内可以增加自选的扩充

服务（如替补备份、数据库、电子邮件以及记账等），这些服务可以取自 NetWare 本身，也可以取自于第三方开发者。

使用开放协议技术（Open Protocol Technology，OPT），各种协议的结合使不同类型的工作站可与公共服务器通信。这种技术满足了广大用户在不同种类网络间实现互相通信的需要，实现了各种不同网络的无缝通信。支持所有重要的操作系统（DOS，Windows，OS/2，UNIX 和 Macintosh）以及 IBM SAA（系统应用体系结构）环境，为需要在多厂商产品环境下进行复杂的网络计算的企事业单位提供了高性能的综合平台。且它兼容 DOS 命令，其应用环境与 DOS 相似，经过长时间的发展，具有相当丰富的应用软件支持，技术完善、可靠。目前常用的版本有 4.10、V 4.11 和 V 5.0 等。NetWare 操作系统对网络硬件的要求较低可以不用专用服务器，任何一种 PC 均可作为服务器。受到一些设备比较落后的中、小型企业，特别是学校的青睐。尤其是它在无盘工作站组建方面的优势，常用于教学网和游戏厅。目前这种操作系统市场占有率呈下降趋势，这部分的市场主要被 Windows 和 Linux 系统瓜分了。

3）UNIX 网络操作系统

UNIX 操作系统是一个用于各种类型主机系统的主流操作系统，UNIX 系统采用树状文件系统，具有良好的安全性、保密性和可维护性。在文件系统的实现方面，也有比较大的创新，这大大影响了以后的操作系统。

在系统结构上，UNIX 可分为两大部分：一部分是操作系统的内核，另一部分是核外程序。内核部分又由两个主要部分组成，它们是文件子系统和进程控制子系统。文件子系统对系统中的文件进行管理，并提供高速缓冲机制。进程控制子系统负责进程的创建、撤销、同步、通信、进程调度以及存储管理。核外程序则由用户程序和系统提供的服务组成。

UNIX 网络操作系统具有丰富的应用软件支持，它良好的网络管理功能深受广大计算机网络用户的欢迎。一般采用 UNIX 作为网络操作系统的局域网，主要是由必须运行于 UNIX 的应用软件决定的，如许多客户端/服务器模式的数据库管理系统（如 Oracle）和银行系统。

4）Linux 网络操作系统

Linux 是一个免费的、提供源代码的操作系统。Linux 操作系统虽然和 UNIX 操作系统类似，但它并不是 UNIX 操作系统的变种。

Linux 操作系统与 Windows NT、NetWare、UNIX 等传统网络操作系统最大的区别是 Linux 开放源代码。与传统的网络操作系统相比，Linux 操作系统主要有以下特点：

（1）不限制应用程序可用内存的大小；

（2）具有虚拟内存的能力，可以利用硬盘来扩展内存；

（3）允许在同一时间内运行多个应用程序；

（4）支持多用户，在同一时间内可以有多个用户使用主机；

（5）具有先进的网络能力，可以通过 TCP/IP 协议与其他计算机连接，通过网络进行分布式处理；

（6）符合 UNIX 标准，可以将 Linux 上的程序经过修改后移植到 UNIX 主机上运行；

（7）免费软件，在 Internet 上，可以通过匿名 FTP 服务获得。

### 5. 客户端操作系统的基本操作

客户端操作系统包括 Windows 98、Windows ME、Windows XP、Windows 7 等，现在以 Windows XP 为例介绍客户端操作系统的基本操作：

1）Windows XP 的用户管理

（1）自动创建本地用户

在 Windows XP 安装完成后，系统自动创建两个账号，即 Administrator 和 Guest。

① Administrator 为管理员账号，具有本地计算机上的最高权限，对本地计算机有绝对的控制权；

② Guest 是为系统中没有自己账号的用户设置的，该账号只具有较小的权限。

（2）手动创建本地用户

由 Administrator 或者说具有与之相当权限的用户登录计算机后可以进行创建。创建新用户有两种方法，一是通过用户账户控制台创建，一是通过计算机管理控制台创建。

① 通过用户账户控制台创建的步骤如下：

“开始”→“控制面板”→“用户账户”，单击“创建一个新账户”，输入新用户的名字，如 aaa，单击“下一步”，选择一个账号类型，如“计算机管理员”，然后单击“创建账户”即可。

如果需要为该账户创建密码，则需要单击刚创建的用户 student，单击“创建密码”，输入要设置的密码后单击“创建密码”。

② 通过计算机管理控制台创建的步骤如下：

“开始”→“控制面板”→“管理工具”→“计算机管理”，计算机管理控制台界面如图 2.15 所示。在该界面中展开“本地用户和组”。右击“用户”，在弹出的菜单中选择“新用户”，在新用户界面中填入用户信息，如用户名和密码，取消“下次登录时需改密码”的复选框，根据需要选中“用户不能更改密码”和“密码永不过期”，单击“创建”按钮后完成。

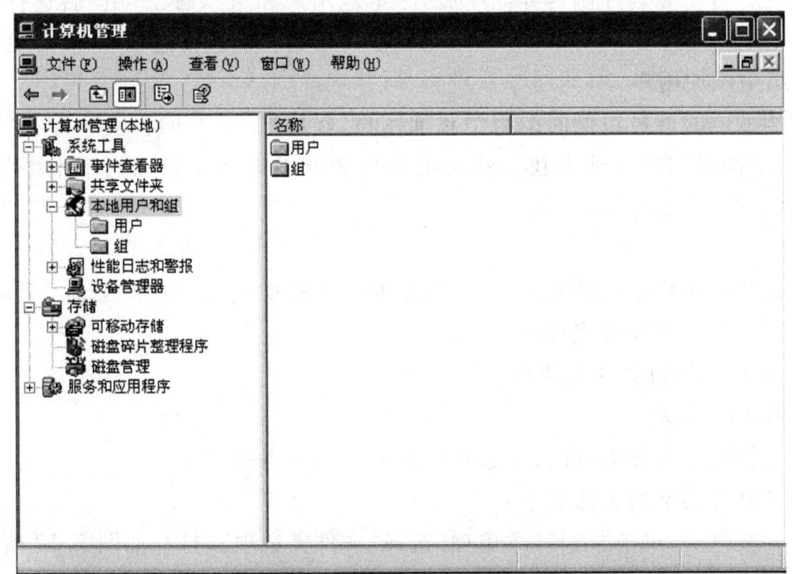


图 2.15　计算机管理界面

(3) 删除或停用用户账号

① 停用用户账号的步骤如下:

仍然是在计算机管理控制台界面中展开“本地用户和组”,右击要停用的用户,选择“属性”菜单项,在弹出的用户属性对话框中选择“常规”选项卡,选中“用户账户已停用”,单击“确定”即可。

② 删除用户账号的步骤如下:

右击要删除的用户,选择“删除”菜单项,在弹出的提示框中单击“确定”即可完成删除操作。

2) Windows XP 组的管理

(1) 自动创建的本地工作组

① Administrator 组:管理员组,该组成员对本地计算机具有完全的控制权,它是系统中唯一被赋予所有内置权限和能力的组。

② Backup Operators 组:备份操作员组,该组成员可以备份或恢复计算机中的文件,它可以登录或关闭系统,但不能更改任何安全设置。

③ Power Users 组:即标准用户组,该组用户可以更改计算机设置和安装程序,但不能查看由其他用户创建的文档。

④ Users 组:即受限用户组,该组用户可以运行程序并保存文档,但不能更改计算机的设置、安装程序以及查看由其他用户创建的文档。

⑤ Guests 组:来宾工作组,该组允许临时用户使用来宾账号登录计算机,他们被赋予极小的权限。Guests 组中的用户可以关闭系统。

⑥ Replicator 组:该组支持目录复制功能,只有该组中的成员才能使用域用户账号登录到域控制器的备份服务器中。

(2) 新建组

同样是在计算机管理控制台界面中展开“本地用户和组”,右击“组”后选择“新建组”菜单项,弹出如图 2.16 所示的对话框,根据需要输入组名和描述信息后单击“创建”即可。

(3) 向组中添加用户

在创建组的同时就可以同时向组中添加用户,在如图 2.16 的界面中单击“添加”按钮,然后依次单击“高级”和“立即查找”,在下面的列表框中选择要添加到本组中的用户,单击“确定”退回到创建界面即可。

(4) 删除组

删除组和删除用户账号的方法类似,也是右击要删除的组,选择“删除”菜单项,在弹出的提示框中单击“确定”即可完成删除操作。

3) Windows XP 的文件夹共享

(1) 简单文件共享

只允许文件共享文件夹,并只能选择是否允许用户更改文件。

启用简单文件共享的方法如下:

打开任一文件夹,单击“工具”菜单项,选择“文件夹选项”,打开如图 2.17 所示的文件夹选项界面,在“查看”选项卡中勾选“使用简单文件共享(推荐)”后,单击“确定”保存设置。

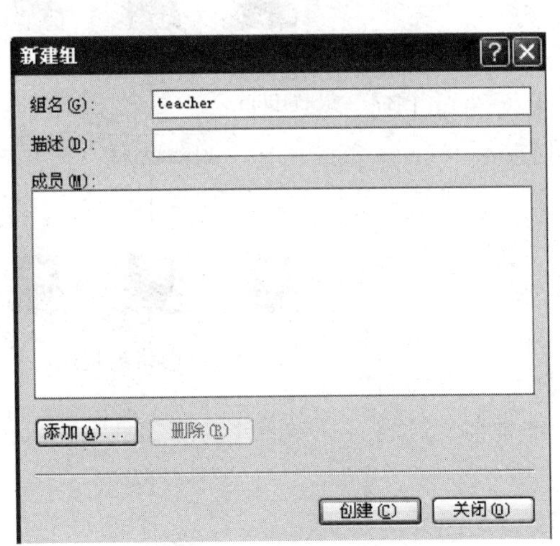

图 2.16　新建组界面

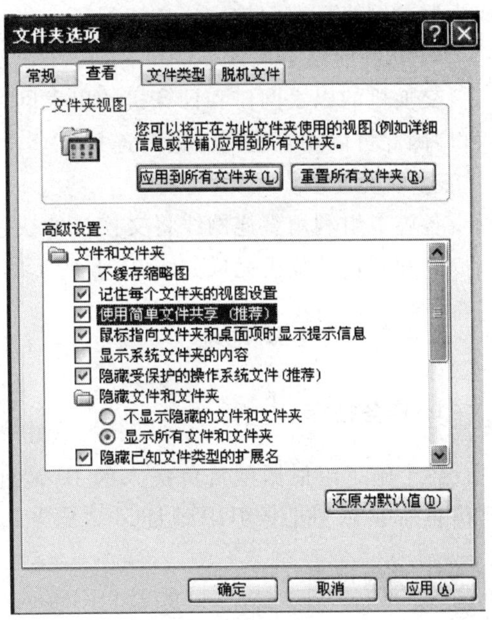


图 2.17　文件夹选项界面

(2) 复杂文件共享

和简单文件共享相对的就是复杂文件共享,启用这种文件共享方式可以设置用户数限制,设置用户和组对该文件夹的访问权限,还可以设置缓存。

## 2.4　子项目实施

### 2.4.1　硬件连接

#### 1. 任务指标

每个施工组利用网线完成交换机和 6 台主机的连接,观察交换机的外观、接口类型,为交换机通电,观察交换机指示灯的亮灭情况并总结其含义。

#### 2. 实施过程

1) 观察交换机

本子项目中使用的二层交换机是思科系列交换机中的 2960,共 24 个快速以太网口、2 个千兆以太网口和一个配置口。

交换机的系统指示灯共三种模式：灭——系统未通电；绿色——系统已加电且运行正常；淡黄色——系统出现故障,发生了一个或多个 POST 错误。

端口状态指示灯共 5 种模式：灭——没有连接链路；绿色——连接了链路,但没有活动；绿色闪烁——链路上有数据流传输；交替显示绿色和淡黄色——链路出现了故障,错误帧可能影响连接性,冲突过多、循环冗余校验(CRC)错误、帧长错误和超时错误都会导致链路故障；淡黄色——端口没转发数据(由于端口被管理性关闭)、被挂起(由于地址非法)

或为避免网络环路而被生成树协议(Spanning Tree Protocol,STP)挂起。

2）选择合适的网线

交换机的以太网口和计算机的以太网口属于不同种类的接口，因此可以用直连网线进行连接。

3）硬件连接

各施工组利用直连网线将交换机的快速以太网端口 1 到端口 6 和 6 台计算机完成如图 2.18 所示的硬件连接。

图 2.18　网络连接图

### 2.4.2　设置 IP 地址

#### 1. 任务指标

各个施工组根据项目负责人的 IP 地址规划方案来为自己信息岛中的主机设置 IP 地址。

#### 2. 实施过程

项目负责人给出的 IP 地址具体分配如下：

1）信息岛 1

主机 1：IP 地址 192.168.8.34，子网掩码 255.255.255.224，默认网关 192.168.8.33，首选 DNS 服务器地址为 192.168.8.194。

主机 2：IP 地址 192.168.8.35，子网掩码 255.255.255.224，默认网关 192.168.8.33，首选 DNS 服务器地址为 192.168.8.194。

主机 3：IP 地址 192.168.8.36，子网掩码 255.255.255.224，默认网关 192.168.8.33，首选 DNS 服务器地址为 192.168.8.194。

主机 4：IP 地址 192.168.8.37，子网掩码 255.255.255.224，默认网关 192.168.8.33，首选 DNS 服务器地址为 192.168.8.194。

主机 5：IP 地址 192.168.8.38，子网掩码 255.255.255.224，默认网关 192.168.8.33，首选 DNS 服务器地址为 192.168.8.194。

主机 6：IP 地址 192.168.8.39，子网掩码 255.255.255.224，默认网关 192.168.8.33，首选 DNS 服务器地址为 192.168.8.194。

2）信息岛 2

主机 1：IP 地址 192.168.8.66，子网掩码 255.255.255.224，默认网关 192.168.8.65，首选 DNS 服务器地址为 192.168.8.194。

主机 2：IP 地址 192.168.8.67，子网掩码 255.255.255.224，默认网关 192.168.8.65，首选 DNS 服务器地址为 192.168.8.194。

主机 3：IP 地址 192.168.8.68，子网掩码 255.255.255.224，默认网关 192.168.8.65，首选 DNS 服务器地址为 192.168.8.194。

主机 4：IP 地址 192.168.8.69，子网掩码 255.255.255.224，默认网关 192.168.8.65，首选 DNS 服务器地址为 192.168.8.194。

主机 5：IP 地址 192.168.8.70，子网掩码 255.255.255.224，默认网关 192.168.8.65，

首选 DNS 服务器地址为 192.168.8.194。

主机 6：IP 地址 192.168.8.71，子网掩码 255.255.255.224，默认网关 192.168.8.65，首选 DNS 服务器地址为 192.168.8.194。

3）信息岛 3

主机 1：IP 地址 192.168.8.98，子网掩码 255.255.255.224，默认网关 192.168.8.97，首选 DNS 服务器地址为 192.168.8.194。

主机 2：IP 地址 192.168.8.99，子网掩码 255.255.255.224，默认网关 192.168.8.97，首选 DNS 服务器地址为 192.168.8.194。

主机 3：IP 地址 192.168.8.100，子网掩码 255.255.255.224，默认网关 192.168.8.97，首选 DNS 服务器地址为 192.168.8.194。

主机 4：IP 地址 192.168.8.101，子网掩码 255.255.255.224，默认网关 192.168.8.97，首选 DNS 服务器地址为 192.168.8.194。

主机 5：IP 地址 192.168.8.102，子网掩码 255.255.255.224，默认网关 192.168.8.97，首选 DNS 服务器地址为 192.168.8.194。

主机 6：IP 地址 192.168.8.103，子网掩码 255.255.255.224，默认网关 192.168.8.97，首选 DNS 服务器地址为 192.168.8.194。

4）信息岛 4

主机 1：IP 地址 192.168.8.130，子网掩码 255.255.255.224，默认网关 192.168.8.129，首选 DNS 服务器地址为 192.168.8.194。

主机 2：IP 地址 192.168.8.131，子网掩码 255.255.255.224，默认网关 192.168.8.129，首选 DNS 服务器地址为 192.168.8.194。

主机 3：IP 地址 192.168.8.132，子网掩码 255.255.255.224，默认网关 192.168.8.129，首选 DNS 服务器地址为 192.168.8.194。

主机 4：IP 地址 192.168.8.133，子网掩码 255.255.255.224，默认网关 192.168.8.129，首选 DNS 服务器地址为 192.168.8.194。

主机 5：IP 地址 192.168.8.134，子网掩码 255.255.255.224，默认网关 192.168.8.129，首选 DNS 服务器地址为 192.168.8.194。

主机 6：IP 地址 192.168.8.135，子网掩码 255.255.255.224，默认网关 192.168.8.129，首选 DNS 服务器地址为 192.168.8.194。

5）信息岛 5

主机 1：IP 地址 192.168.8.162，子网掩码 255.255.255.224，默认网关 192.168.8.161，首选 DNS 服务器地址为 192.168.8.194。

主机 2：IP 地址 192.168.8.163，子网掩码 255.255.255.224，默认网关 192.168.8.161，首选 DNS 服务器地址为 192.168.8.194。

主机 3：IP 地址 192.168.8.164，子网掩码 255.255.255.224，默认网关 192.168.8.161，首选 DNS 服务器地址为 192.168.8.194。

主机 4：IP 地址 192.168.8.165，子网掩码 255.255.255.224，默认网关 192.168.8.161，首

选 DNS 服务器地址为 192.168.8.194。

主机 5：IP 地址 192.168.8.166，子网掩码 255.255.255.224，默认网关 192.168.8.161，首选 DNS 服务器地址为 192.168.8.194。

主机 6：IP 地址 192.168.8.167，子网掩码 255.255.255.224，默认网关 192.168.8.161，首选 DNS 服务器地址为 192.168.8.194。

现在以信息岛 1 中的主机 1 为例介绍设置 IP 地址的过程，具体步骤如下：

单击“开始”→“控制面板”→“网络连接”，双击“本地连接”，单击“属性”→“Internet 协议(TCP/IP)”，选择“使用下面的 IP 地址”，在 IP 地址框中输入要设置的 IP 地址为 192.168.8.34，子网掩码设置为 255.255.255.224，默认网关设置为 192.168.8.33，首选 DNS 服务器地址为 192.168.8.194，具体界面如图 2.19 所示。

### 2.4.3 设置工作组

#### 1. 任务指标

每个施工组要将本信息岛内的 6 台计算机设置到同一个工作组中。

#### 2. 实施过程

在 Windows XP 系统下，要想和对方共享文件夹必须确保双方处在同一个工作组中，设置工作组的步骤如下：

(1) 右击“我的电脑”，单击“属性”。出现“系统属性”对话框，选“计算机名”选项卡，按“更改”按钮，在“计算机名称更改”对话框中查看工作组名称。

(2) 若各台主机的工作组名称相同则不需更改，若不同则要更改为相同的名称，填写“工作组名”，单击“确定”按钮。重启计算机使更改生效，具体界面如图 2.20 所示。

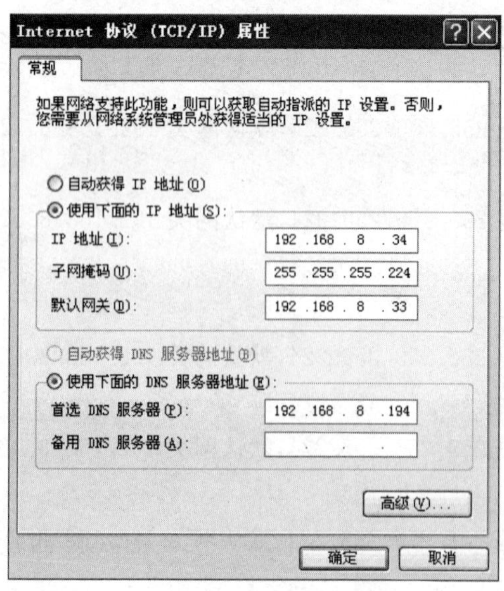


图 2.19 IP 地址设置界面

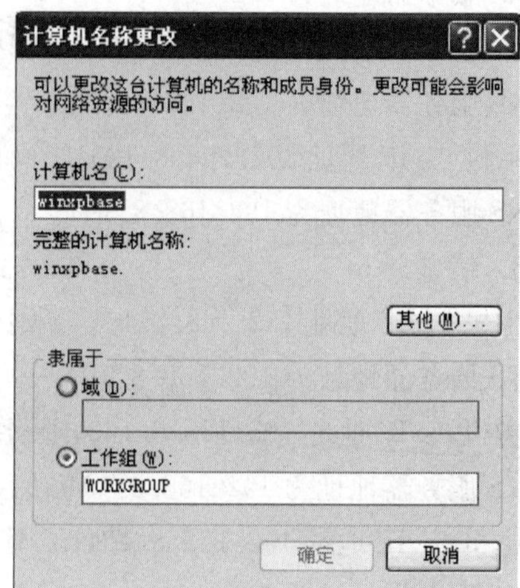


图 2.20 设置工作组界面

### 2.4.4 利用 ping 命令测试主机的连通性

#### 1. 任务指标

利用 ping 命令测试信息岛内的 6 台主机之间的连通性,结果应是连通的。

#### 2. 实施过程

现以信息岛 1 中的主机 1 和主机 2 为例讲解测试过程,具体如下:

(1) 打开主机 1,单击"开始"→"运行",输入 cmd,打开命令提示符界面。

(2) 首先测试主机 1 到主机 2 的连通性,输入 ping 192.168.8.35,按 Enter 键后的测试结果为通,具体结果如图 2.21 所示。

```
C:\Documents and Settings\aaa>ping 192.168.8.35

Pinging 192.168.8.35 with 32 bytes of data:

Reply from 192.168.8.35: bytes=32 time=1ms TTL=128
Reply from 192.168.8.35: bytes=32 time<1ms TTL=128
Reply from 192.168.8.35: bytes=32 time<1ms TTL=128
Reply from 192.168.8.35: bytes=32 time<1ms TTL=128

Ping statistics for 192.168.8.35:
    Packets: Sent = 4, Received = 4, Lost = 0 (0% loss),
Approximate round trip times in milli-seconds:
    Minimum = 0ms, Maximum = 1ms, Average = 0ms
```

图 2.21　测试主机 1 到主机 2 的连通性界面

(3) 再分别测试主机 1 到达其他主机的连通性,测试过程及结果和到主机 2 的类似。

#### 3. 可能发生的问题

如果测试结果为不通,可能的原因包括以下三个方面:

(1) 连接主机之间的网线不通或是端口损坏。解决方法:用测线仪检查网线的连通性或是更换交换机的端口。

(2) IP 地址设置错误。解决方法:检查各台主机的 IP 地址是否是按照要求进行设置的。

(3) Windows XP 本身所自带的网络防火墙没有关闭。解决方法:关闭防火墙。单击"开始"→"控制面板",双击"Windows 防火墙",选择"关闭"前面的单选框后单击"确定"保存,如图 2.22 所示。

### 2.4.5 为资料共享主机创建新用户

#### 1. 任务指标

各个施工组选择一台主机作为资料共享主机,在其上创建教师用户 teacher,密码为 111qw//;组长用户 teamleader,密码为 222qw//;组员用户 teammember,密码

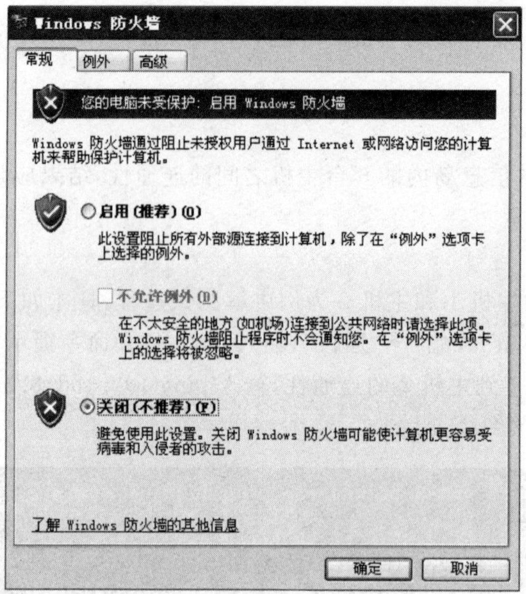


图 2.22　关闭 Windows 防火墙界面

为 333qw//。

## 2. 实施过程

现在信息岛 1 的 6 台主机中选择主机 1 作为资料共享主机，以下操作都在该主机上实施，具体过程如下。

1）设置管理员用户密码

在主机 1 上为管理员用户创建密码，单击“开始”→“控制面板”→“用户账户”，单击 administrator 账户，选择“创建密码”，打开用户账户的创建密码界面，如图 2.23 所示，输入新密码 123qw//并确认后，单击“创建密码”使其生效。

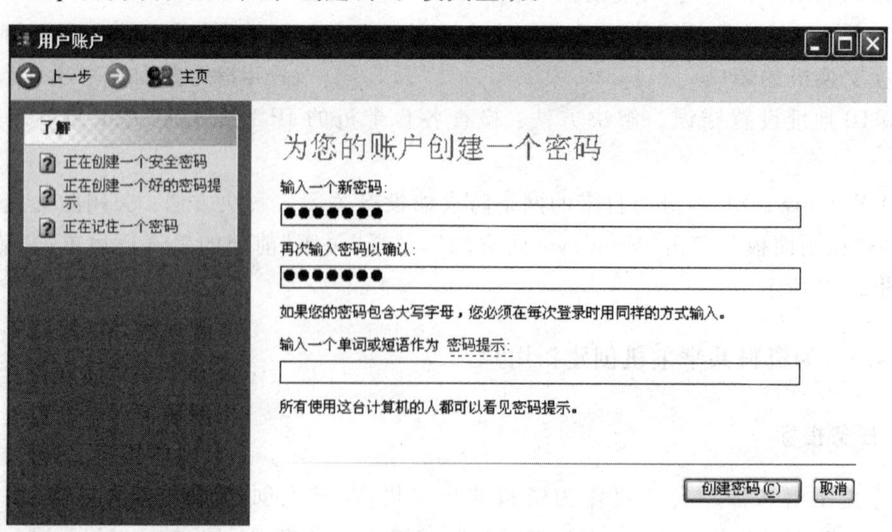


图 2.23　设置管理员密码界面

2）禁用匿名账户

由于要是通过不同的用户访问资料共享主机可以对不同的文件夹执行不同的权限，因此不能用匿名账户访问，所以要禁用匿名账户。

单击“开始”→“控制面板”，双击“用户账户”，找到 guest 账户，如果该账户处于启用状态，则单击该用户后，单击“禁用来宾账户”。

3）创建新用户

创建新用户有两种方法，使用其中一种创建即可，一是通过用户账户控制台创建，一是通过计算机管理控制台创建。

通过用户账户控制台创建教师账户的步骤如下：

(1)“开始”→“控制面板”→“用户账户”，单击“创建一个新账户”，输入新用户的名字为 teacher，选择一个账号类型为计算机管理员，然后单击“创建账户”。

(2) 单击刚创建的用户 teacher，单击“创建密码”，输入密码为 111qw//后单击“创建密码”按钮。

通过计算机管理控制台创建教师账户的步骤如下：

(1) 单击“开始”→“控制面板”→“管理工具”→“计算机管理”，在计算机管理控制台界面中展开“本地用户和组”。

(2) 右击“用户”，在弹出的菜单中选择“新用户”，在新用户界面中填入用户信息，用户名为 teacher，密码为 111qw//，取消“用户下次登录时须更改密码”的复选框，选中“用户不能更改密码”和“密码永不过期”，单击“创建”按钮后完成，具体界面如图 2.24 所示。

(3) 接下来要将教师用户添加到管理员组中。首先单击“用户”，在右侧框中选中刚才创建的用户 teacher，右击，在弹出的菜单中选择“属性”菜单项，在属性对话框中选择“隶属于选项卡”，一般情况下新创建的用户隶属于 Users 组中，那么此时“隶属于选项卡”中应有 Users 组名，选中该名称后单击“删除”按钮删除它。

然后单击“添加”按钮，单击“高级”，然后单击“立即查找”，在下面的列表框中找到组 administrators，选中后单击“确定”。再单击“确定”后将用户加入到管理员组中，如图 2.25 所示。

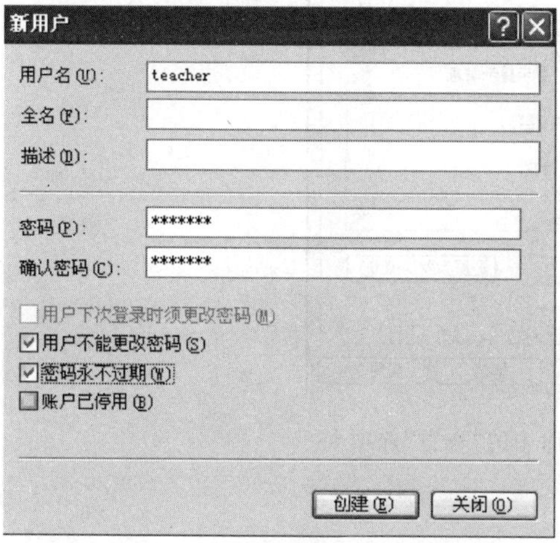

图 2.24　计算机管理界面创建教师用户

图 2.25　将教师用户添加到管理员组中

接下来采用同样的方法创建另外两个新用户：组长用户 teamleader，密码为 222qw//，组员用户 teammember，密码为 333qw//，并将它们加入到管理员组中。

**注意**：以上操作都是在资料共享主机上实施的，其他另外 5 台主机无须新建用户，其他主机上的管理员密码不要设置为和资料共享主机相同的密码。

### 2.4.6 为资料共享主机设置共享文件夹

#### 1. 任务指标

施工组要在资料共享主机上创建三个文件夹，包括任务发布、任务收集、成绩，要求对三个文件夹中的文件实现信息岛内的网络共享，并针对不同的用户开放不同的权限，其中组长用户可以读取和修改任务发布和任务收集文件夹、只能读取成绩文件夹，组员用户只能读取任务发布、读取和修改任务收集、不能访问成绩文件夹，教师用户可以完全控制所有的文件夹。

#### 2. 实施过程

1) 创建文件夹

在主机 1 上创建三个文件夹，分别命名为任务发布、任务收集、成绩。

2) 启用高级共享

打开任意一个文件夹，单击 Windows 对话框菜单中的“工具”菜单项，选择“文件夹选项”，在弹出的对话框中选择“查看”选项卡，如图 2.26 所示，在高级设置列表框中将“使用简单文件共享”的复选框取消掉，单击“确定”后退出。

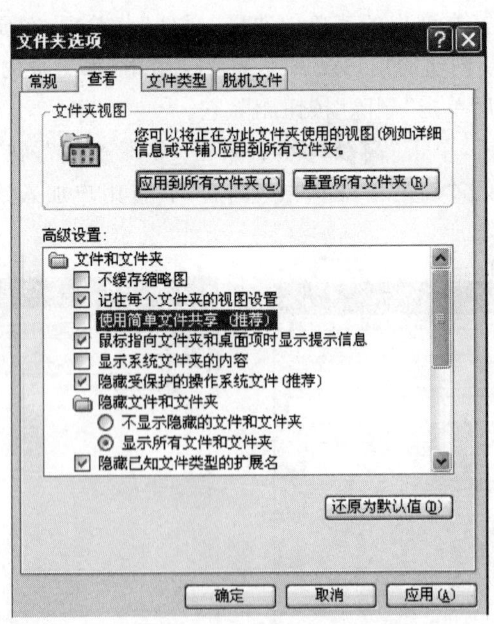


图 2.26 文件夹选项界面中的“查看”选项卡

3) 设置文件夹共享

现在以“任务发布”文件夹的共享设置为例进行介绍。

(1) 右击"任务发布"文件夹，选择"共享和安全"，选中"共享此文件夹"的单选框，此处可以修改共享名和用户限制数，若无此要求可以保持默认值，如图 2.27 所示。

(2) 单击"权限"按钮后进入任务发布文件夹权限设置界面，默认的用户名为 everyone，选中它后单击"删除"按钮后删除它。

(3) 单击"添加"按钮，进入选择用户和组界面，依次单击"高级"和"立即查找"按钮，在下面的列表框中找到用户 teacher，选中后单击"确定"。

(4) 回到任务发布权限界面后，为用户 teacher 设置权限为"完全控制"，如图 2.28 所示。

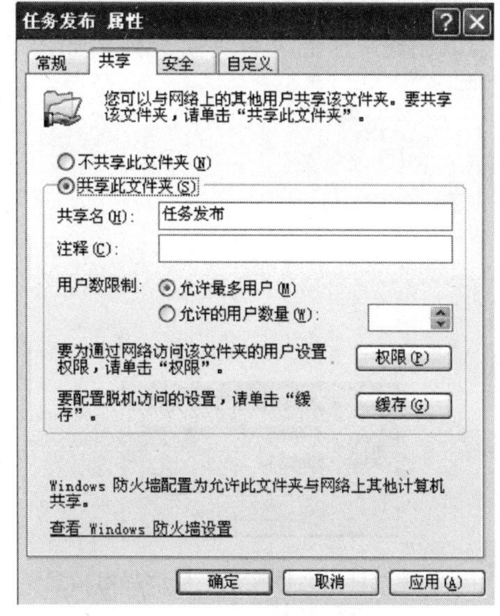


图 2.27　设置任务发布文件夹共享

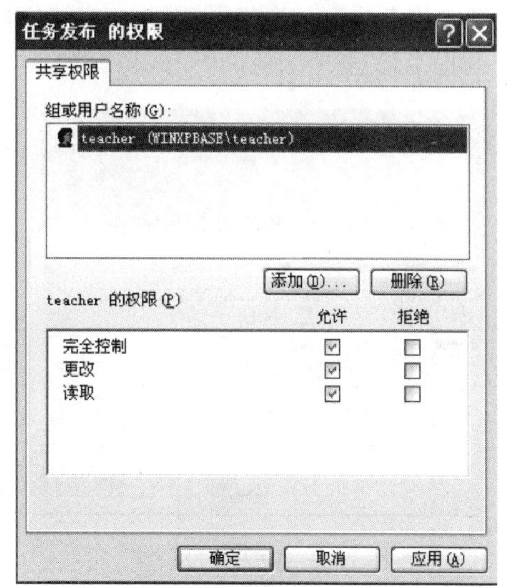


图 2.28　设置 teacher 用户对任务发布文件夹的权限

(5) 再为该文件夹添加用户 teamleader，并为其设置更改和读取权限。

(6) 最后为该文件夹添加用户 teammember，为其设置读取权限，单击"确定"按钮后文件夹共享成功。

参考任务发布文件夹的设置过程，按子项目的要求设置其他两个文件夹的共享权限。

### 2.4.7　访问共享文件夹

#### 1. 任务指标

施工组在除资料共享主机外的其他主机上通过不同的用户访问资料共享主机时，可以对三个共享文件夹拥有不同的权限。

#### 2. 实施过程

现在以通过主机 2 访问资料共享主机 1 为例讲解配置过程。

1) 通过 teacher 用户身份访问主机 1

在主机 2 上打开"网上邻居"，单击"搜索"，输入主机 1 的 IP 地址，单击"搜索"，找到主

机 1，或是单击“开始”→“运行”，输入“\\主机 1 的 IP 地址”，如“\\192.168.8.34”，单击“确定”找到主机 1，都会弹出要求输入登录用户信息的对话框，如图 2.29 所示。在登录框中输入用户名和密码，如 teacher 和 111qw//，单击“确定”按钮后能看到主机 1 的共享文件夹。

teacher 用户对所有文件夹都拥有完全控制的权限，因此在所有的文件夹中都可以执行读取和更改的操作。

2）通过 teamleader 用户身份访问主机 1

关闭主机 1 的共享文件夹后如果要更改其他身份重新访问，需要注销一下系统。利用 teamleader 用户身份访问主机 1 后，对任务发布和任务收集文件夹具有读取和修改权限，但对成绩文件夹只有只读权限，因此在成绩文件夹中尝试创建一个新文件夹时会弹出如图 2.30 所示的提示信息。

图 2.29　输入登录信息

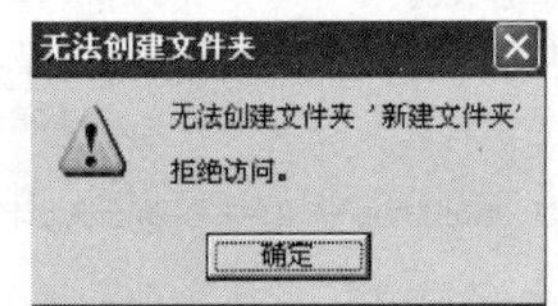


图 2.30　只读文件夹拒绝修改提示信息

3）通过 teammember 用户身份访问主机 1

利用 teammember 用户身份访问主机 1，该用户只能读取任务发布文件夹，可以读取和修改任务收集文件夹，但是不能访问成绩文件夹。

## 2.5　扩展知识

### 2.5.1　令牌访问控制

IBM 公司开发了令牌环网协议，IEEE 802.5 标准定义了令牌环网的介质访问控制与物理层规范。

#### 1. 令牌环网的体系结构

令牌环网不是广播网，令牌环网上的各个站点通过电缆与干线耦合器连接，构成闭合环路（如图 2.31 所示），因数据只能沿环单方向运动，所以令牌访问控制方式与 CSMA/CD 介质访问方式不同，它不可能产生冲突。

#### 2. 令牌环网的工作原理

令牌实际上是一种特殊的帧，是预先确定的数据位队列（数据流），令牌沿一个方向

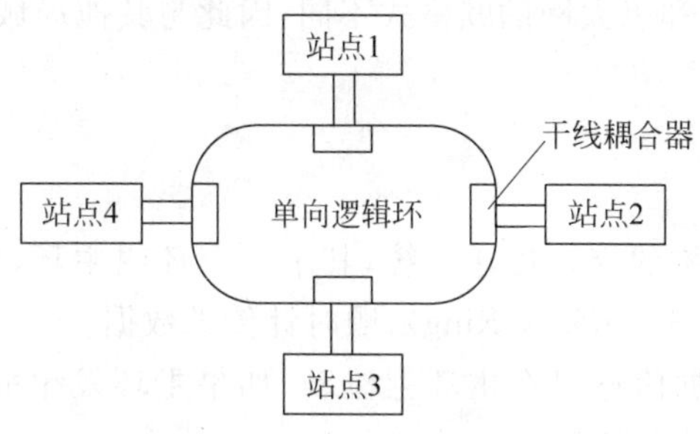


图 2.31　令牌环网的链路连接

在环网上循环。当环上有一个站点要发送数据时，需等待空令牌到来，将空令牌置为忙令牌，并在其后加上数据帧，然后发送到环网上。帧沿着网络逐站传输，每个站点都将该帧中的目的地址与本站地址相比较。如果地址不符，则将帧向下传；如果地址相符，则将帧复制到接收缓冲器中，送到高层软件进行相应处理，并在帧中加上回应信息，再重新发送到网上。发送站点对帧进行回收，并确认传输过程中是否出现了错误。若有错误，则交给高层软件进行相应处理；若没有，则从环中删除该数据帧。接着，发出空闲令牌，传至网上。

### 3. 令牌总线访问控制

IEEE 802.4 令牌总线(Token Bus)网标准定义了令牌总线网的介质访问控制和物理层规范。

令牌总线网从物理结构上来看是一种总线结构的局域网；从逻辑结构上看，它是一种环状结构的局域网。总线上的各个站点都被赋予一个顺序的逻辑位置。令牌的传递不是按站点的物理顺序，而是按其逻辑顺序。如图 2.32 所示，站点 A→B→E→D→A 构成一逻辑环，逻辑环外的站点 C 为非活动站点。

## 2.5.2　光纤分布式数据接口(FDDI)

光纤分布式数据接口(FDDI)是世界上第一个高速局域网标准。它是 20 世纪 80 年代中期发展起来的一项高速光纤局域网技术，其传输速率可达到 100Mbps，比当时的以太网(10Mbps)和令牌环网(4Mbps 或 16Mbps)要快得多。FDDI 技术同 IEEE 802.5 令牌环技术相似。常用于构造局域网的主干部分，它把许多不同部门的局域网互相连接起来，如图 2.33 所示。

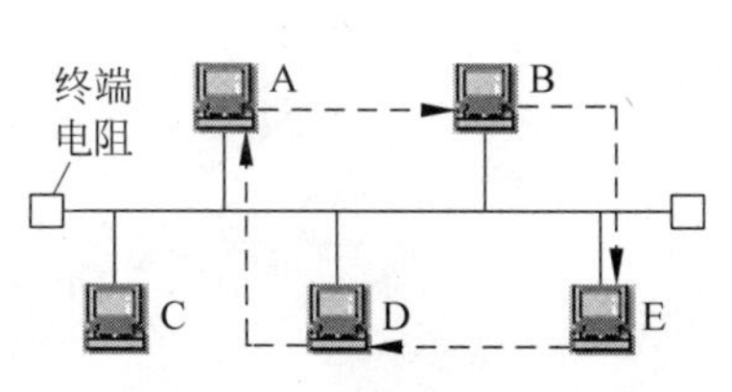


图 2.32　令牌总线逻辑结构

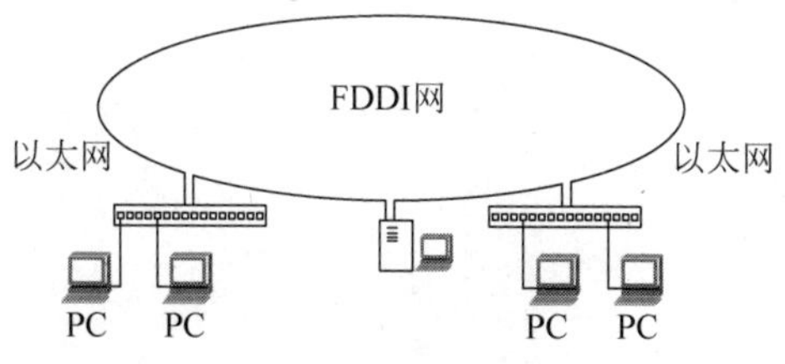


图 2.33　FDDI 网络结构

由于FDDI的帧格式和以太网的帧格式不同,因此与其他局域网进行互联时,需要通过网关或路由器才能实现。

### 1. FDDI的拓扑结构

FDDI是使用双环结构的令牌传递系统,其中一个环叫主环(Primary Ring),逆时针传送数据,另一个环叫从环(Secondary Ring),顺时针传送数据。

通常情况下,网络数据信息只在主环上流动,如果主环发生故障,FDDI自动重新配置网络,信息可以沿反方向流到从环上去。

### 2. FDDI的工作原理

FDDI采用令牌传递的方法,实现对介质的访问控制,这一点与令牌环类似。不同的是,在令牌环网中,环路上只有一个数据帧在流动。FDDI采用的是定时的令牌方法,所以在给定时间中,来自多个结点发送的多个帧可能都在网络上传输,这样提高了信道的利用率,增加了网络的吞吐量。

FDDI是光纤网络,只支持光纤,其价格昂贵。随着快速以太网和千兆以太网技术的发展,FDDI的优势已不复存在。

## 2.6 后续子项目

利用交换机组建局域网以后,局域网中的计算机不仅可以实现文件共享和数据传输,如果中心交换机是一台可管理的交换机,还可以通过对交换机的配置实现更多的网络功能,在接下来的子项目3中,我们就要带领大家完成对交换机的配置工作。

# 子项目 3 交换机的基本配置

## 3.1 子项目的提出

以太网交换机作为局域网的主要连接设备，已经成为应用最为广泛的网络设备之一。随着交换技术的不断发展，以太网交换机的功能也越来越多，通过对以太网交换机的管理和配置，可以达到优化网络性能、提高网络效率和安全的目的。对于学习网络专业的学生而言，掌握以太网交换机的管理方式，掌握交换机的基本配置命令，能够通过配置交换机实现网络功能是非常重要的，因此安排了一个子项目来学习相关内容。

## 3.2 子项目任务

### 3.2.1 任务要求

通过子项目 2，各个施工组已经利用二层交换机完成了本组负责的信息岛范围的局域网的组建，现在项目负责人根据总体项目的规划向各个施工组下达了第三个子项目的任务，即配置交换机完成要求的功能。

在本子项目中，施工组成员需要掌握交换机的基本配置方法，登录交换机的控制台界面对其进行基本配置，掌握系统帮助和基本配置命令。出于安全方面的考虑，要求对交换机进行基本的安全配置和端口配置，还要配置交换机实现对各台计算机进行端口绑定的功能。

### 3.2.2 任务分解和指标

项目负责人对子项目 3 任务进行分解，提出具体的任务指标如下：

(1) 每个施工组要能识别配置线和交换机的管理端口，正确完成交换机和管理主机的硬件连接并能成功登录到交换机的控制台界面中。

(2) 完成交换机的基本配置，包括系统更名、切换模式、显示系统信息等。

(3) 完成交换机的安全配置，包括设置控制台口令、设置进入特权模式口令、对口令进行加密等。

(4) 配置交换机对各台计算机进行端口绑定,交换机的6个端口只能连接目前连接的6台主机,其他主机连接到这些端口后无法通过这些端口发送数据。

## 3.3 实施项目的预备知识

本部分主要讲授实施子项目3的预备知识,包括Cisco IOS软件的相关理论以及思科交换机的配置方法和命令。

◆ **预备知识的重点内容:**

◇ 思科设备的带外管理方式;

◇ 交换机的基本配置命令;

◇ 交换机的安全配置;

◇ 交换机的端口配置。

◆ **关键术语:**

Cisco IOS; 带外管理; 超级终端; 用户模式; 特权模式。

◆ **内容结构:**

本部分预备知识可以概括为两大部分,具体的内容结构如下:

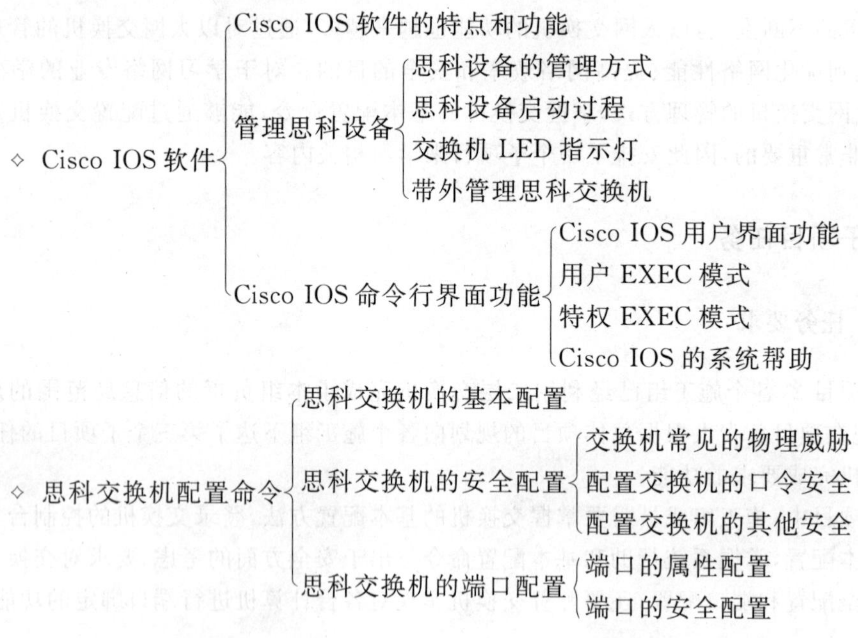


### 3.3.1 网络互联设备厂商

得益于国家对信息化建设的大力投入,国内网络市场非常繁荣,目前市场中有着数量众多的网络设备提供商,常见的厂商包括:思科(Cisco)、瞻博网络(Juniper)、华三通信(H3C)、Force 10、博科(Brocade)、Exterme、HP Procuve、华为、中兴、迈普、博达、神州数码、锐捷、D-LINK、TP-LINK、联想、NetGear、华硕、TCL、腾达、金星等。

在网络设备厂商中,思科、瞻博、华三是目前市场上的最主流供应商,三家厂商各有所长,在各自的领域内都有着非常出色的业绩。

### 1. 思科

思科作为一家传统的网络通信产品供应商，占据了全球60%以上的网络设备份额，其产品做工精良、运行稳定，在网设备最长记录为12年，是当之无愧的网络通信老大。

优势：全球第一批网络厂商，和施乐、3Com等以太网始祖为同一时代的公司，技术积累深厚，对行业理解深刻，引领技术潮流，产品技术过硬。

劣势：在中国不提供原厂服务(在北美和欧洲都提供原厂服务)，全部依靠渠道完成服务交付；设备价格高，基本为国内最高价格，性价比不足。

### 2. 瞻博网络(Juniper)

Juniper为思科部分员工离开思科后创办的网络通信公司，具有良好的市场口碑和技术品牌，在行业内突出的产品不是其网络设备而是安全设备，号称全球技术最先进，其实Juniper的网络产品在全球骨干路由器中拥有非常大的份额，约35%的骨干路由器为Juniper提供，国内很多厂家也通过OEM方式销售Juniper路由器，其交换机产品线是新推出的，正在加强对企业网的投入，意图获取更多市场份额。

优势：良好的技术品牌和口碑，相对而言，产品线较全。

劣势：在国内没有原厂服务，国内渠道资源不足，在产品及服务交付方面存在较大缺陷。

### 3. 华三通信(H3C)

H3C前身为华为和3Com合资公司，主打企业网网络通信，主推企业网解决方案，其企业网建设理念IToIP经过多年实践，逐步完善并被客户接受，被后续厂商所追随，其产品紧紧围绕企业网应用，对行业理解深刻，产品满意度高，相比第一梯队的其他两家，产品线的完整性、产品稳定性和可靠性可以与思科媲美，提供覆盖全国的服务网络和完善的备件体系，在国内用户中具有良好的口碑，在政府、公共事业、大企业、运营商等都拥有大量应用案例，占据国内企业网市场40%的份额，排名第一，是思科在国内的最大竞争对手。

优势：产品线齐全，解决方案丰富，产品对企业网需求满意度高，为客户提供原厂服务，设备性价比非常高，在政府行业市场占有率为70%以上。

劣势：相比其他国内厂商，价格稍高。

在本书中提到的设备都是思科的设备。

## 3.3.2 Cisco IOS软件概述

Cisco IOS是思科网络设备的操作系统平台，可以应用于大多数思科硬件平台上，如交换机和路由器等。用户通过IOS访问硬件设备、输入配置命令、查看配置结果、启用网络功能等。

### 1. 思科设备的管理方式

思科设备管理方式可以分为两种，带外管理和带内管理。

(1) 带外管理主要是通过控制线连接交换机和PC，因为不会占用网络带宽，所以叫做带外管理。

（2）带内管理有多种方式，如 Telnet（远程登录）管理、Web 页面管理、基于 SNMP 协议的管理等，这些管理方式都会占用网络带宽，所以叫做带内管理。

### 2. 思科交换机的启动过程

思科交换机启动要执行三个主要操作：

（1）设备执行硬件检测例程。

（2）硬件设备运转良好后，执行系统启动例程，即加载思科设备的操作系统软件。

（3）加载操作系统后，系统会尝试查找和应用建立网络所需的软件配置设置和已保存的配置信息。

如果 Cisco 设备的内存中有配置信息，则按照已经保存好的配置信息启动交换机并执行相应的配置。

如果 Cisco 设备的内存中没有配置信息（即第 1 次启动时），那么它将提示您进行初始配置。初始默认设置足以保证交换机在第二层运行。其他的特色功能需要额外配置才能实现。

现在以思科交换机 2960 为例展示思科交换机的启动信息，部分内容如图 3.1 所示。

```
C2960 Boot Loader (C2960-HBOOT-M) Version 12.2(25r)FX, RELEASE SOFTWARE (fc4)
Cisco WS-C2960-24TT (RC32300) processor (revision C0) with 21039K bytes of memor
y.
2960-24TT starting...
Base ethernet MAC Address: 0007.EC4B.C379
Xmodem file system is available.
Initializing Flash...
flashfs[0]: 1 files, 0 directories
flashfs[0]: 0 orphaned files, 0 orphaned directories
flashfs[0]: Total bytes: 64016384
flashfs[0]: Bytes used: 4414921
flashfs[0]: Bytes available: 59601463
flashfs[0]: flashfs fsck took 1 seconds.
...done Initializing Flash.

Boot Sector Filesystem (bs:) installed, fsid: 3
Parameter Block Filesystem (pb:) installed, fsid: 4


Loading "flash:/c2960-lanbase-mz.122-25.FX.bin"...
########################################################################## [OK]
              Restricted Rights Legend

Use, duplication, or disclosure by the Government is
subject to restrictions as set forth in subparagraph
(c) of the Commercial Computer Software - Restricted
Rights clause at FAR sec. 52.227-19 and subparagraph
(c) (1) (ii) of the Rights in Technical Data and Computer
Software clause at DFARS sec. 252.227-7013.

           cisco Systems, Inc.
           170 West Tasman Drive
           San Jose, California 95134-1706
```

图 3.1　思科交换机 2960 启动信息

### 3. 交换机 LED 指示灯

(1) SYS LED 灯：系统指示灯，用于显示系统加电情况。

(2) RPS LED 灯：冗余电源指示灯，用于显示冗余电源的连接情况。

(3) STAT LED 灯：端口状态指示灯。

(4) UTL LED 灯：带宽占用指示灯。

(5) FDUP LED 灯：全双工模式指示灯。

### 4. 带外管理思科交换机

通过带外方式管理思科设备是用控制线连接思科设备上的 Console 口和 PC 的 COM 口。

1) 需要的设备

(1) 思科设备上的 Console 口：通常有两种，一种为 RJ-45 接口，另一种为 9 针串口，一般以 RJ45 接口为主。

(2) 配置线：配置线通常也有两类，一类是 DB9 DB9 线缆，一类是 DB9 RJ-45 线缆，也可以是在双绞线线缆的一端接上 RJ-45 DB9 转换器，此双绞线的线序为全反线序。

(3) 主机上的 9 针串口。

2) 连接方式

利用带外方式管理思科交换机需要用配置线连接思科设备的 Console 口和 PC 的 COM 口，如图 3.2 所示。

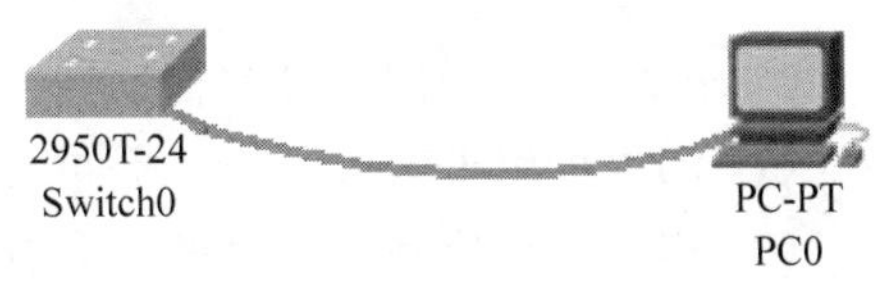


图 3.2　带外管理思科交换机连接方式

3) 配置超级终端

使用计算机配置思科设备需要使用超级终端，一般操作系统都有超级终端，若没有，可通过"添加/删除组件"安装。

(1) 单击"开始"→"程序"→"附件"→"通信"→"超级终端"，打开超级终端程序。

如果是第一次打开超级终端，将会要求输入所在地区的电话区号等信息，由于我们是通过配置线连接并非通过电话线，因此输入任意信息即可。如果并非首次打开，则直接开始下面的配置。

(2) 进入"超级终端"窗口后，输入名字，即可新建一个"超级终端" 连接，如图 3.3 所示。

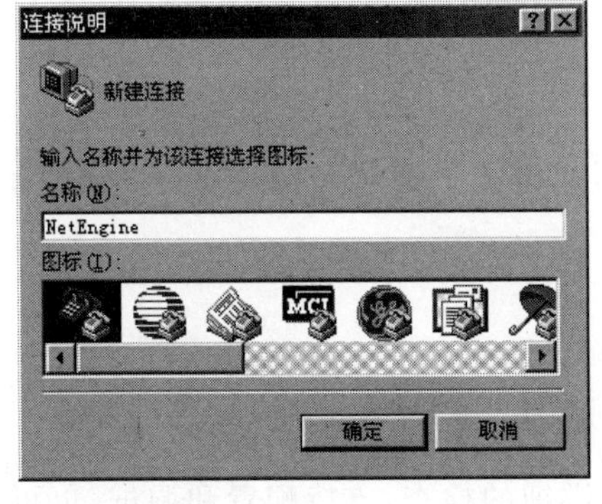


图 3.3　输入超级终端名称界面

(3) 在输入待拨电话的详细资料界面，国家代码、区号、电话号码使用默认值，"连接时使用"项选择直接连接到串口 1，如图 3.4 所示。

(4) 在 com1 属性界面设置端口属性，选择"还原默认值"即可，这样设置的属性就是正确的，如图 3.5 所示。

(5) 单击"确定"之后打开用于输入命令的控制界面。

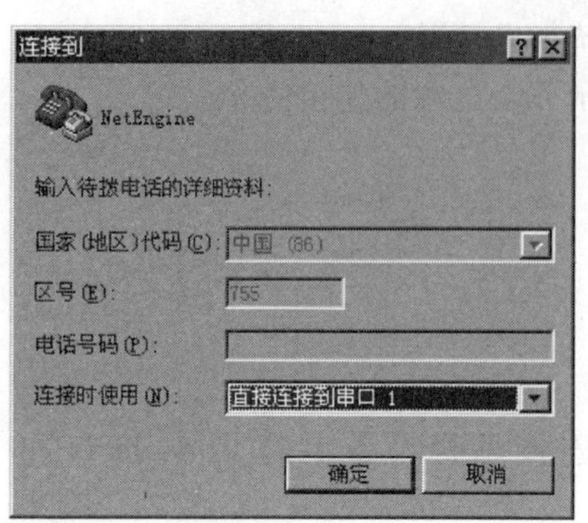


图 3.4　输入待拨电话的详细资料界面

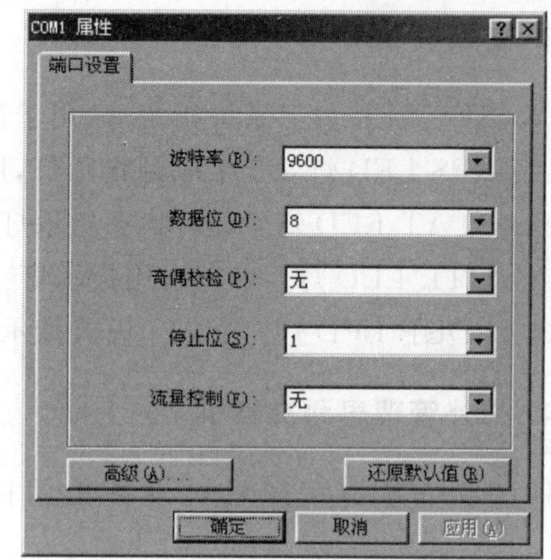


图 3.5　设置 COM 口属性界面

### 3.3.3　Cisco IOS 命令行界面功能

#### 1. Cisco IOS 用户界面功能

Cisco IOS 软件使用 CLI(借助控制台)作为输入命令的传统环境。

(1) CLI 可用于输入命令。不同网络互联设备上的操作各不相同,但也有相同的命令。

(2) 用户可在控制台命令模式下输入或粘贴条目。

(3) 各命令模式的提示符各不相同。

(4) Enter 键可以指示设备解析和执行命令。

(5) 两大 EXEC 模式为用户模式和特权模式。

#### 2. 用户 EXEC 模式

启动思科设备后进入的第一个 EXEC 模式,命令提示符为 hostname>,其中 hostname 是思科设备的名称,默认思科交换机的名字为 Switch。

输入 exit 可以结束用户模式的会话。

用户模式仅允许用户访问数量有限的基本监控命令；一般只可以执行有限的查看命令,不允许重新加载或配置设备。

#### 3. 特权 EXEC 模式

(1) 特权模式是最常用的 EXEC 模式,需要在用户模式下通过 enable 命令进入,命令提示符是 hostname#。

**【例 3-1】** 进入特权模式。

```
Switch>enable
Switch#
```

(2) 特权模式也叫使能模式,能对思科设备进行详细的检查,支持配置和调试,也可以通过该模式输入命令进入其他模式,如全局配置模式、接口模式、路由协议模式等。

(3) 从特权模式退回到用户模式可以使用 disable 命令，从任意下一级模式退回到上一级模式都可以使用 exit 命令，从某个模式直接退回到特权模式可以使用 end 命令。

**【例 3-2】** 在特权模式下退回到用户模式。

```
Router#disable
Router>
```

### 4. Cisco IOS 的系统帮助

在使用命令行管理交换机时有许多使用技巧。

1) 使用"?"获得帮助。

(1) 当不了解在某模式下有哪些命令时，输入"?"，可以查看到此模式下的所有命令。

**【例 3-3】** 在交换机的用户模式下输入"?"查看命令，结果如图 3.6 所示。

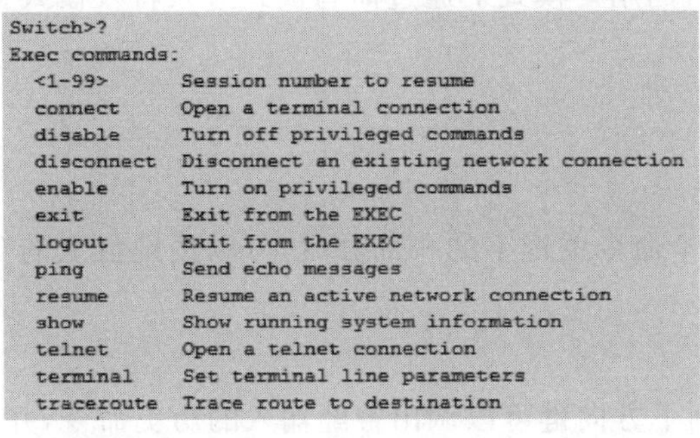

```
Switch>?
Exec commands:
  <1-99>      Session number to resume
  connect     Open a terminal connection
  disable     Turn off privileged commands
  disconnect  Disconnect an existing network connection
  enable      Turn on privileged commands
  exit        Exit from the EXEC
  logout      Exit from the EXEC
  ping        Send echo messages
  resume      Resume an active network connection
  show        Show running system information
  telnet      Open a telnet connection
  terminal    Set terminal line parameters
  traceroute  Trace route to destination
```

图 3.6　用户模式下输入"?"获取系统帮助

(2) 当只记得某个命令的一部分时，可以在记得的部分后面输入"?"(无空格)，可以查看当前模式下以此字母开头的所有可能的命令。

**【例 3-4】** 在交换机的用户模式下查看以字母 t 开头的所有命令。

```
Switch>t?
```

具体结果如图 3.7 所示。

```
Switch>t?
telnet  terminal  traceroute
```

图 3.7　用户模式下输入"t?"获取系统帮助

(3) 当不清楚某单词后可输入的命令时，可在此单词后输入"?"(中间有空格)。

**【例 3-5】** 在交换机的用户模式下查看关键字 show 后面能连接的所有命令。

```
Switch>show ?
```

具体显示结果如图 3.8 所示。

2) 命令简写

为了方便起见，思科设备支持命令简写，例如 configure terminal 可以简写为 con 或 conter，但是要注意的是，这种简写必须能识别出唯一的命令，如 configure terminal 不可简写成 c，因为以 c 开头的命令并不只是 configure terminal。

```
Switch>show ?
  cdp                  CDP information
  clock                Display the system clock
  dtp                  DTP information
  etherchannel         EtherChannel information
  flash:               display information about flash: file system
  history              Display the session command history
  interfaces           Interface status and configuration
  ip                   IP information
  mac-address-table    MAC forwarding table
  mls                  Show MultiLayer Switching information
  privilege            Show current privilege level
  sessions             Information about Telnet connections
  tcp                  Status of TCP connections
  terminal             Display terminal configuration parameters
  users                Display information about terminal lines
  version              System hardware and software status
  vlan                 VTP VLAN status
  vtp                  VTP information
```

图 3.8　用户模式下输入“show ?”获取系统帮助

**【例 3-6】** 在交换机的用户模式下通过简写模式进入特权模式。

```
Switch>en
Switch#
```

3）将命令补充完整

输入能唯一识别某个命令关键字的一部分后，可以按键盘上的 Tab 键将该关键字补充完整。

4）使用历史命令

用键盘上的向上、向下方向键可以调出曾经输入的历史命令，并通过上下方向键来进行上下选择。

### 3.3.4　思科交换机的基本配置

#### 1. 显示系统信息命令

系统信息主要包括系统描述、系统上电时间、系统的硬件版本、系统的软件版本、系统的 Ctrl 层软件版本和系统的 Boot 层软件版本。可以通过这些信息来了解这个交换机系统的概况。

模式：用户或特权模式。

命令：show version

**【例 3-7】** 在交换机上用 show version 命令显示系统信息，具体结果如图 3.9 所示。

#### 2. 显示当前配置命令

该命令将显示 RAM 中当前的交换机配置，它可以用来确定交换机的当前工作状态。我们经常称这一命令为学习交换机和路由器配置的最好途径，在具有一定的基础后，就需要输入这个命令，并观察其输出。逐行学习这些配置可以帮助我们理解这些内容。这一命令是基本的 NOS 命令之一。这部分配置信息交换机关闭时则消失。

模式：特权模式

命令：show running-config

```
Switch>show version
Cisco IOS Software, C2960 Software (C2960-LANBASE-M), Version 12.2(25)FX, RELEAS
E SOFTWARE (fc1)
Copyright (c) 1986-2005 by Cisco Systems, Inc.
Compiled Wed 12-Oct-05 22:05 by pt_team

ROM: C2960 Boot Loader (C2960-HBOOT-M) Version 12.2(25r)FX, RELEASE SOFTWARE (fc
4)

System returned to ROM by power-on

Cisco WS-C2960-24TT (RC32300) processor (revision C0) with 21039K bytes of memor
y.


24 FastEthernet/IEEE 802.3 interface(s)
2 Gigabit Ethernet/IEEE 802.3 interface(s)

63488K bytes of flash-simulated non-volatile configuration memory.
Base ethernet MAC Address       : 0006.2A4B.21C3
Motherboard assembly number     : 73-9832-06
Power supply part number        : 341-0097-02
Motherboard serial number       : FOC103248MJ
Power supply serial number      : DCA102133JA
Model revision number           : B0
Motherboard revision number     : C0
Model number                    : WS-C2960-24TT
System serial number            : FOC1033Z1EY
Top Assembly Part Number        : 800-26671-02
Top Assembly Revision Number    : B0
Version ID                      : V02
CLEI Code Number                : COM3K00BRA
Hardware Board Revision Number  : 0x01
```

图 3.9　显示交换机系统信息

**【例 3-8】**　在交换机上显示当前配置信息。

```
Switch# show running - config
```

### 3. 显示已保存的配置命令

该命令用于显示已经保存到 NVRAM 中的配置信息。这部分配置信息交换机关闭时不消失。

模式：特权模式

命令：show startup-config

**【例 3-9】**　在交换机上显示已保存的配置信息。

```
Switch# show startup - config
```

### 4. 保存现有配置命令

该命令用于将 RAM 中的当前配置信息保存到 NVRAM 中。

模式：特权模式

命令：copy running-config startup-config

**【例 3-10】**　在交换机上用 copy running-config startup-config 保存当前配置信息，运行结果如图 3.10 所示。

```
Switch#copy running-config startup-config
Destination filename [startup-config]?
Building configuration...
[OK]
```

图 3.10　保存当前配置信息

### 5. 清除已保存的配置

该命令用于清除被保存到永久内容中的配置命令，未保存的命令关机就消失了。

模式：特权模式

命令：erase startup-config

【例 3-11】 在交换机上用 erase startup-config 清除已保存的配置信息，具体运行结果如图 3.11 所示。

```
Switch#erase startup-config
Erasing the nvram filesystem will remove all configuration files! Continue? [con
firm]
[OK]
Erase of nvram: complete
%SYS-7-NV_BLOCK_INIT: Initialized the geometry of nvram
```

图 3.11 清除已保存的配置信息

### 6. 进入全局配置模式命令

该命令用于将思科设备从特权模式转变为全局配置模式。该命令生效后命令提示符变为 Switch(config)＃。

模式：特权模式

命令：configure terminal

【例 3-12】 进入交换机的全局配置模式。

```
Switch> enable
Switch# configure terminal
Switch(config)#
```

### 7. 配置交换机名称命令

通过该命令可以改变交换机的名字，从而改变提示符。

模式：全局配置模式

命令：hostname <名字>

参数：名字支持数字和字母。

【例 3-13】 将交换机的名字改为 aaa。

```
Switch(config)# hostname aaa
aaa(config)#
```

### 8. 显示交换机端口状态命令

对于调试和故障排除来说，这是一个非常重要的命令。尽管 show running-config 命令也可以告诉我们发生了什么事情，但是显示交换机端口状态命令可以告诉我们交换机当前的状态。该命令的实际输出包括所有端口的情况，一个接一个排列。如果仅仅只想显示某个端口的情况，可以使用另一种语法形式。

模式：特权或用户模式

显示所有端口命令：show interfaces

显示某个端口命令：show interface <端口类型> <端口号>

参数：交换机常见的端口类型包括 Ethernet（传统以太网端口）、Fastethernet（快速以太网端口）、Gigabitethernet（千兆以太网端口）以及 VLAN 接口、中继口等。端口号一般采用插槽号/端口号表示，如一般的插槽号为 0，其上的端口号为 1，则记为 0/1。

**【例 3-14】** 利用 show interface gigabitethemet 1/1 命令来显示千兆以太网端口 1/1 的接口状态，具体运行结果如图 3.12 所示。

```
Switch>show interface gigabitEthernet 1/1
GigabitEthernet1/1 is down, line protocol is down (disabled)
  Hardware is Lance, address is 0001.4394.ec01 (bia 0001.4394.ec01)
 BW 1000000 Kbit, DLY 1000 usec,
     reliability 255/255, txload 1/255, rxload 1/255
  Encapsulation ARPA, loopback not set
  Keepalive set (10 sec)
  Half-duplex, 1000Mb/s
  input flow-control is off, output flow-control is off
  ARP type: ARPA, ARP Timeout 04:00:00
  Last input 00:00:08, output 00:00:05, output hang never
  Last clearing of "show interface" counters never
  Input queue: 0/75/0/0 (size/max/drops/flushes); Total output drops: 0
  Queueing strategy: fifo
  Output queue :0/40 (size/max)
  5 minute input rate 0 bits/sec, 0 packets/sec
  5 minute output rate 0 bits/sec, 0 packets/sec
     956 packets input, 193351 bytes, 0 no buffer
     Received 956 broadcasts, 0 runts, 0 giants, 0 throttles
     0 input errors, 0 CRC, 0 frame, 0 overrun, 0 ignored, 0 abort
     0 watchdog, 0 multicast, 0 pause input
     0 input packets with dribble condition detected
     2357 packets output, 263570 bytes, 0 underruns
     0 output errors, 0 collisions, 10 interface resets
     0 babbles, 0 late collision, 0 deferred
     0 lost carrier, 0 no carrier
     0 output buffer failures, 0 output buffers swapped out
```

图 3.12　显示千兆以太网端口 1/1 的接口状态

### 9. 启动或关闭某个端口的命令

该命令用于启动或是关闭某个端口。

模式：端口配置模式

命令：no shutdown/shutdown

结果：该接口状态变成 UP 或是 DOWN。

**【例 3-15】** 启动交换机的快速以太网端口 1。

```
Switch(config)# interface fastethernet 0/1
Switch(config-if)# no shutdown
```

## 3.3.5　思科交换机的安全配置

### 1. 交换机常见的物理威胁

（1）硬件威胁：对交换机或交换机硬件的物理损坏威胁。

（2）环境威胁：极端温度、极端湿度等威胁。

（3）电气威胁：电压尖峰、电源电压不足、不合格电源及断电等威胁。

（4）维护威胁：静电、缺少关键备用组件、布线混乱等威胁。

**2. 配置交换机的口令安全**

1）进入控制台线路模式

模式：全局配置模式

命令：line console <编号>

参数：编号是配置口的编号，从0开始编号，一般只有一个配置口的交换机编号为0。

结果：进入控制台模式 Switch(config-line)#。

2）设置控制台口令

模式：控制台线路模式

命令：password <密码>

参数：密码一般是数字和字母。

3）启用密码认证

模式：控制台线路模式

命令：login

结果：为控制台线路启用了密码认证。

**【例 3-16】** 配置控制台口令为 aaa。

```
Switch(config)#line console 0
Switch(config-line)# password aaa
Switch(config-line)#login
```

设置完密码后重新登录交换机的控制台界面时会显示输入密码的提示，输入正确的密码后即可进入交换机的用户模式，为了安全考虑，输入密码为隐藏显示，即无论输入什么都不显示。

4）设置进入特权模式的口令

模式：全局配置模式

命令：enable password |secret <密码>

参数：password 和 secret 均可以保护特权用户模式的访问，我们建议使用 enable secret 来设置特权用户模式的访问密码，原因在于该命令使用了改进的加密算法，而 enable password 是明文显示或进行了简单的加密。

结果：为设备设置了进入特权模式的密码。

**【例 3-17】** 设置交换机的特权密码为明文的 100。

```
Switch#config ter
Switch(config)# enable password 100
```

设置完密码后退回到用户模式，再用 enable 命令进入特权模式时会显示输入密码的提示，输入正确的密码后即可进入交换机的特权模式，此处密码也为隐藏显示。

5）将所有口令加密

模式：全局配置模式

命令：service password-encryption

结果：将之前设置的所有口令加密。

### 3. 配置交换机的其他安全

1）配置交换机的登录标语

目的：在用密码登录之前，可以提示一些警告信息，不要用 welcome 等文字暗示访问不受限制，以免给黑客可乘之机。

模式：全局配置模式

命令：banner motd %<标语>%

参数：标语应该是警示性的文字，不识别中文。

结果：下次进入某个需要输入密码的模式时将会显示该提示。

**【例 3-18】** 配置登录标语为 access for authorized users only。

```
Switch(config)#banner motd %access for authorized users only%
```

设置好登录标语后的执行结果如图 3.13 所示。

2）禁用 Web 服务

Cisco 交换机在缺省情况下启用了 Web 服务，它是一个安全风险，最好将它关闭。

```
access for authorized users only

Switch>
```

图 3.13　交换机登录标语

模式：全局配置模式

命令：no ip http server

结果：禁用了 Web 服务。

**注意**：不是所有的设备都支持。

3）禁止干扰信息

Cisco IOS 在配置交换机时，控制台界面会不断弹出日志消息，干扰用户配置，比如退回特权模式的时候、启动某端口的时候，光标停留在提示信息的后面，接下来输入的信息将不能正确执行，需要按 Enter 键。可以使用以下命令，强制对弹出的干扰信息回车换行，从而使用户输入的命令连续可见。

模式：控制台模式、虚拟线路模式等

命令：logging synchronous

结果：下次弹出日志信息时会强制回车。

**【例 3-19】** 为控制台模式配置禁止干扰信息。

```
Switch(config)# line con 0
Switch(config-line)# logging synchronous
```

4）禁止 DNS 查找

对于 Cisco 交换机在特权模式下误输入了一个命令的情况，交换机会试图 Telnet 到一个远程主机，并对输入的内容执行 DNS 查找。如果没有在交换机上配置 DNS，命令提示符将挂起直到 DNS 查找失败。

模式：全局配置模式

命令：no ip domain-lookup

结果：不再进行 DNS 查找。

**【例 3-20】** 为交换机禁止 DNS 查找。

```
Switch(config)#no ip domain-lookup
```

### 3.3.6 思科交换机的端口配置

#### 1. 端口的属性配置

1）配置交换机的端口速率

模式：端口配置模式

命令：speed <端口速率>

参数：当前端口支持的端口速率，快速以太网端口一般支持 10，100 和 auto，千兆以太网端口一般支持 10，100，1000 和 auto，默认是 auto。

结果：该端口的端口速率固定在配置的速率上。

**【例 3-21】** 设置交换机端口 20 的端口速率为 100Mbps。

```
Switch(config)#interface fastethernet 0/20
Switch(config-if)#speed 100
```

2）配置交换机的端口工作方式

模式：端口配置模式

命令：duplex <端口工作方式>

参数：当前端口支持的工作方式，一般是 full（全双工）、half（半双工）和 auto，默认是 auto。

结果：该端口的端口工作模式固定在配置的方式上。

**【例 3-22】** 设置交换机端口 20 的端口工作方式为全双工。

```
Switch(config)#interface fastethernet 0/20
Switch(config-if)#duplex full
```

3）配置交换机的端口描述

模式：端口配置模式

命令：description <描述>

参数：描述为英文描述。

结果：该端口的端口描述为设置的内容。

**【例 3-23】** 设置交换机端口 20 的端口描述为 aaaa。

```
Switch(config)#interface fastethernet 0/20
Switch(config-if)# description aaaa
```

4）配置交换机的端口类型

模式：端口配置模式

命令：switchport mode <类型>

参数：类型包括 access、dynamic 和 trunk，默认是 access。

结果：该端口被设置成指定类型。

**【例 3-24】** 设置交换机端口 20 为 trunk 类型。

```
Switch(config)# interface fastethernet 0/20
Switch(config-if)# switchport mode trunk
```

### 2. 端口的安全配置

可以使用端口安全特性来约束进入一个端口的访问，当绑定了 MAC 地址给一个端口时，这个端口不会转发限制以外的 MAC 地址为源的数据帧；还可以限制一个端口的最大数量的安全 MAC 地址。

启用端口安全模式之前要将端口的类型配置为访问型(access)。

1) 启用端口安全模式

模式：端口配置模式

命令：switchport port-security

结果：端口安全模式打开。

2) 设置端口允许的安全 MAC 地址的最大数量

模式：端口配置模式

命令：switchport port-security maximum <数值>

参数：数值是用来设置端口允许的安全 MAC 地址的最大数量，一般一个交换机端口允许的最大数量为 132。

结果：设置了端口允许的安全 MAC 地址的最大数量。

3) 手动设置端口允许的安全 MAC 地址

模式：端口配置模式

命令：switchport port-security mac-address < MAC 地址>

参数：MAC 地址是允许使用该端口转发数据的某个主机的硬件地址，是 48 位的十六进制数，如 0090.F510.79C1。

结果：该端口只允许指定 MAC 地址的主机使用。

4) 允许端口动态配置 MAC 地址

模式：端口配置模式

命令：switchport port-security mac-address sticky

结果：该端口会自动将插入的主机的 MAC 地址设置成自己的安全的 MAC 地址。

5) 设置针对非法主机，交换机端口的处理模式

模式：端口配置模式

命令：switchport port-security violation {protect | restrict | shutdown }

参数：

(1) protect：丢弃数据包，不发警告。

(2) restrict：丢弃数据包，发警告。

(3) shutdown：关闭端口为 err-disable 状态，除非管理员手工激活，否则该端口失效。

结果：当收到非指定 MAC 地址的主机发来的数据时，按设置方式进行处理。

6) 查看端口安全设置

模式：特权模式

命令：show port-security

结果：显示目前设置的端口安全。

## 3.4 子项目实施

### 3.4.1 登录交换机

#### 1. 任务指标

每个施工组要能识别配置线和交换机的管理端口，正确完成交换机和管理主机的硬件连接并能成功登录到交换机的控制台界面中。

#### 2. 实施过程

1）硬件连接

要通过 Console 口配置路由器或交换机需要一条配置线，配置线一端是 9 帧的串口，用来连接计算机的 RS-232 串口；一端是 RJ-45 端口，用来连接交换机的 Console 口。

2）配置超级终端

启动超级终端并正确配置，即可进入交换机的配置界面，过程如下：

(1) 单击“开始”→“程序”→“附件”→“通讯”→“超级终端”。

(2) 进入“超级终端”窗口后，输入名字，即可新建一个“超级终端”连接。

(3) 在输入待拨电话的详细资料界面，国家代码、区号、电话号码使用默认值，“连接时使用”项选择“直接连接到串口 1”。

(4) 在 com1 属性界面设置端口属性，选择“还原默认值”即可，这样设置的属性就是正确的。

(5) 交换机上电，终端上显示交换机或路由器的自检信息，自检结束后提示用户按 Enter 键，之后将出现命令行提示符，如 Switch>，在提示符后面输入命令即可对交换机进行配置。交换机的命令行界面如图 3.14 所示。

```
Cisco IOS Software, C2960 Software (C2960-LANBASE-M), Version 12.2(25)FX, RELEAS
E SOFTWARE (fc1)
Copyright (c) 1986-2005 by Cisco Systems, Inc.
Compiled Wed 12-Oct-05 22:05 by pt_team

Press RETURN to get started!



Switch>
```

图 3.14 交换机命令行界面

### 3.4.2 交换机的基本配置

#### 1. 任务指标

练习交换机的基本配置命令，包括切换模式、系统更名为“SW 组号”、查看系统信息、显示交换机当前配置信息、显示所有接口的状态、退回上一级模式。

练习交换机的系统帮助功能。

### 2. 实施过程

1）从用户模式进入特权模式

```
Switch>enable
```

2）查看系统信息

```
Switch# show version
```

3）显示交换机当前配置信息

```
Switch# show running-config
```

4）显示所有快速以太网口的接口状态

```
Switch# show interfaces
```

5）从特权模式进入全局配置模式

```
Switch# configure terminal
Switch(config)#
```

6）将交换机名字配置为 SW1

```
Switch(config)# hostname SW1
SW1(config)#
```

7）退回到上一级模式

```
SW1(config)# exit
SW1#
```

8）使用帮助查看特权模式下以字母 c 开头的所有命令

```
SW1# c?
```

9）使用帮助查看特权模式下的所有命令

```
SW1# ?
```

10）使用帮助查看特权模式下 show 后面能接的所有命令

```
SW1# show ?
```

11）使用简写法从特权模式进入全局配置模式

```
SW1# con
```

使用键盘上的向上、向下方向键调出曾经输入的历史命令。

### 3.4.3 交换机的安全配置

#### 1. 任务指标

完成交换机的安全配置，要求配置进入交换机控制台的口令为“consolepassword 组号”，进入特权模式的口令为密文的“enablepassword 组号”，并将所有口令加密，对控制台禁止干扰信息。设置交换机的登录标语为 access for teachers only，禁止 DNS 查找。

#### 2. 实施过程

下面以施工 1 组为例介绍交换机的配置命令，所有配置命令中的组号为 1：

```
SW1# config terminal
SW1 (config)#line console 0
SW1 (config-line)# password consolepassword1
SW1 (config-line)#login
SW1 (config-line)# logging synchronous
SW1 (config-line)#exit
SW1 (config)# enable secret enablepassword1
SW1 (config)# service password-encryption
SW1 (config)#banner motd %access for teachers only%
SW1 (config)#no ip domain-lookup
```

#### 3. 运行结果

完成交换机的安全配置后验证一下运行效果，其中设置口令的运行结果如图 3.15 所示。

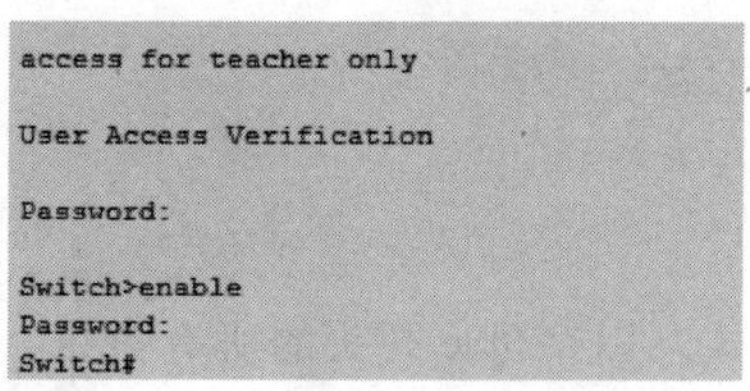


图 3.15 设置口令的运行结果

### 3.4.4 交换机的端口配置

#### 1. 任务指标

各个施工组通过配置自己的二层交换机实现对信息岛内各台计算机进行端口绑定，交换机的 6 个端口只能连接目前连接的 6 台计算机，其他主机连接到这些端口后无法通过这些端口发送数据。

#### 2. 实施过程

下面以信息岛 1 中的交换机端口配置为例介绍本子项目任务的实施过程。

1）硬件连接

将信息岛 1 中的 6 台计算机连接到交换机的快速以太网 1 口到 6 口上，本过程在子项目 2 中已经完成。

2）获取 6 台主机的 MAC 地址

分别在信息岛 1 中的 6 台主机上的命令提示符界面通过 ipconfig /all 命令查看其 MAC 地址并记录下来。主机 1 的命令执行结果如图 3.16 所示。

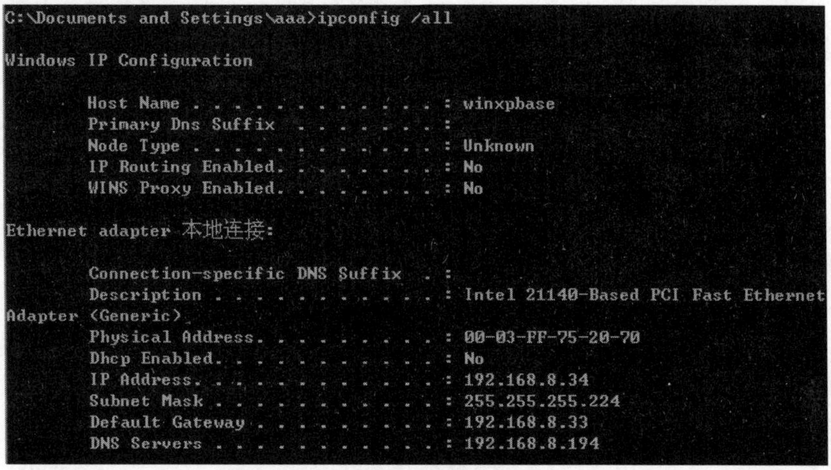

```
C:\Documents and Settings\aaa>ipconfig /all

Windows IP Configuration

        Host Name . . . . . . . . . . . . : winxpbase
        Primary Dns Suffix  . . . . . . . :
        Node Type . . . . . . . . . . . . : Unknown
        IP Routing Enabled. . . . . . . . : No
        WINS Proxy Enabled. . . . . . . . : No

Ethernet adapter 本地连接:

        Connection-specific DNS Suffix  . :
        Description . . . . . . . . . . . : Intel 21140-Based PCI Fast Ethernet
Adapter (Generic)
        Physical Address. . . . . . . . . : 00-03-FF-75-20-70
        Dhcp Enabled. . . . . . . . . . . : No
        IP Address. . . . . . . . . . . . : 192.168.8.34
        Subnet Mask . . . . . . . . . . . : 255.255.255.224
        Default Gateway . . . . . . . . . : 192.168.8.33
        DNS Servers . . . . . . . . . . . : 192.168.8.194
```

图 3.16　主机 1 查看 MAC 地址结果

交换机的端口安全配置命令中识别的 MAC 地址的格式为 H. H. H，如主机 1 的 MAC 地址为 0003. FF75. 2070。

最终获取到的 6 台主机的 MAC 地址如下：

主机 1：0003. FF75. 2070

主机 2：000B. BE38. 3E8C

主机 3：00E0. F778. 9D74

主机 4：000C. CF99. 9412

主机 5：00D0. BA80. 79C8

主机 6：00D0. 5849. 2837

**注意**：以上 MAC 地址是编者实施本子项目中使用的 6 台主机的 MAC 地址，由于主机的 MAC 地址都不相同，因此在读者实施本子项目时应该将其更改为具体使用的主机的 MAC 地址。

3）配置交换机

```
SW1#config terminal
```

第 1 步：配置交换机的快速以太网 1 口的端口安全。

```
SW1(config)#interface fastethernet 0/1
SW1(config-if)# switchport mode access
SW1(config-if)# switchport port-security
SW1 (config-if)# switchport port-security maximum 1
SW1(config-if)# switchport port-security mac-address 0003.FF75.2070
SW1(config-if)# switchport port-security violation protect
SW1(config-if)#exit
```

第 2 步：配置交换机的快速以太网 2 口的端口安全。

```
SW1(config)# interface fastethernet 0/2
SW1(config-if)# switchport mode access
SW1(config-if)# switchport port-security
SW1 (config-if)# switchport port-security maximum 1
SW1(config-if)# switchport port-security mac-address 000B.BE38.3E8C
SW1(config-if)# switchport port-security violation protect
SW1(config-if)# exit
```

第 3 步：配置交换机的快速以太网 3 口的端口安全。

```
SW1(config)# interface fastethernet 0/3
SW1(config-if)# switchport mode access
SW1(config-if)# switchport port-security
SW1 (config-if)# switchport port-security maximum 1
SW1(config-if)# switchport port-security mac-address 00E0.F778.9D74
SW1(config-if)# switchport port-security violation protect
SW1(config-if)# exit
```

第 4 步：配置交换机的快速以太网 4 口的端口安全。

```
SW1(config)# interface fastethernet 0/4
SW1(config-if)# switchport mode access
SW1(config-if)# switchport port-security
SW1 (config-if)# switchport port-security maximum 1
SW1(config-if)# switchport port-security mac-address 000C.CF99.9412
SW1(config-if)# switchport port-security violation protect
SW1(config-if)# exit
```

第 5 步：配置交换机的快速以太网 5 口的端口安全。

```
SW1(config)# interface fastethernet 0/5
SW1(config-if)# switchport mode access
SW1(config-if)# switchport port-security
SW1 (config-if)# switchport port-security maximum 1
SW1(config-if)# switchport port-security mac-address 00D0.BA80.79C8
SW1(config-if)# switchport port-security violation protect
SW1(config-if)# exit
```

第 6 步：配置交换机的快速以太网 6 口的端口安全。

```
SW1(config)# interface fastethernet 0/6
SW1(config-if)# switchport mode access
SW1(config-if)# switchport port-security
SW1 (config-if)# switchport port-security maximum 1
SW1(config-if)# switchport port-security mac-address 00D0.5849.2837
SW1(config-if)# switchport port-security violation protect
```

### 3. 测试

采用 ping 命令测试信息岛 1 中的主机 1 到主机 2 的连通性，发现结果可以互通。将主机 1 和主机 2 所连的端口互换，即将主机 1 插到交换机的 2 口上，主机 2 插到交换机的 1 口上，再次测试，发现结果为不通，原因在于连接的端口互换后，主机 1 和主机 2 对于 1 口和 2 口来说是非法主机，端口会将其发送的数据包丢弃掉。

## 3.5 后续子项目

在本子项目中我们完成了对交换机的配置，包括交换机的基本配置、交换机的安全配置和交换机端口配置等，并通过对交换机的配置实现更多以交换机为中心设备的局域网的功能。但传统的以有形传输介质进行连接的局域网无法摆脱传输介质的束缚，给网络的移动和接入造成了一定的不便，并且随着便携式计算机的发展，人们越来越希望无论身处何地都可以无束缚地享受网络带给我们的快乐，因此无线网络应运而生，在子项目 4 中，我们就将共同学习无线局域网的相关知识。

# 子项目4 组建无线局域网

## 4.1 子项目的提出

局域网管理的主要工作之一就是铺设电缆或是检查电缆是否断线，这种工作耗时又费力。而且，由于配合企业及应用环境不断地更新与发展，原有企业的局域网网络有时必须重新布局，需要花费大量的配线工程费用。这样，架设无线局域网络就成为最佳解决方案。因此在本子项目中安排了无线局域网的组建内容，使学生在学习无线网络的理论知识的同时，能够完成无线网络的架设工作。

## 4.2 子项目任务

### 4.2.1 任务要求

在子项目3中，施工组完成了对于所负责的信息岛的交换机的基本配置工作，根据设计目标，现向各个施工组下达第4个子项目的任务，即组建无线局域网。本子项目要求在服务器区连接一台无线路由器，配置其为教师所用的笔记本电脑提供无线连接，同时为了保证安全，应该将教师的笔记本电脑和无线路由器进行MAC地址绑定。

### 4.2.2 任务分解和指标

项目负责人对子项目任务进行分解，提出具体的任务指标如下：

(1) 完成无线路由器和服务器区交换机的硬件连接，对无线路由器进行基本网络设置，使其能够与服务器区的其他主机实现互通。

(2) 完成无线路由器的无线设置，使其能够为教师携带的笔记本电脑提供无线连接，并且为了实现连接安全，要求只允许教师携带的笔记本电脑能够连接到本无线网络中。

(3) 完成无线路由器的DHCP服务器设置，使其能够为连接到无线网络中的计算机动态分配IP地址。

(4) 完成无线路由器的系统工具设置，能够为无线路由器修改登录口令、恢复出厂设置，可以重新启动路由器。

## 4.3　实施项目的预备知识

本部分主要讲授实施子项目4的预备知识，包括无线局域网技术和DHCP服务器等方面的内容。

◆ **预备知识的重点内容**

◇ 无线局域网的概念；

◇ 无线局域网的协议标准；

◇ 无线局域网的分类；

◇ DHCP服务的工作模式；

◇ DHCP服务的工作过程。

◆ **关键术语**

无线局域网；802.11；无线AP；无线路由器；展频技术；DHCP；租约；C/S模式

◆ **内容结构**

本部分预备知识可以概括为两大部分，具体的内容结构如下：

◇ 无线局域网技术
- 无线局域网的意义
- 无线局域网的概念
- 无线局域网的优缺点
- 无线局域网的应用
- 无线局域网的硬件设备
- 无线局域网的协议标准
- 无线局域网的分类
- 无线局域网的技术要求

◇ DHCP服务
- DHCP的定义
- DHCP的作用
- DHCP的工作模式
- DHCP的地址分配方式
- DHCP的工作过程

### 4.3.1　无线局域网技术

#### 1. 无线局域网的意义

随着移动计算机技术和移动通信技术的不断发展，各种笔记本电脑的使用已越来越广泛，局域网在进行具体的组网过程中，遇到了很多问题和挑战：

(1) 对于一些需要临时组网的场合，例如运动会、军事演习和学术交流等，没有现成的网络设施可以利用。

(2) 网络互联要跨越公共场合时布线很麻烦。要铺设一根跨街电缆往往要征得城管、交通、电力和电信等很多部门的同意。

(3) 当要把便携式计算机从一处移动到另一处时，无法保持网络连接的持续性。

无线局域网正是在这样的一种需求下发展起来的技术。

### 2. 无线局域网的概念

无线局域网是指以无线电波、微波、红外线来代替有线局域网中的传输介质进行数据的传输，它不用铺设物理传输介质，摆脱了有形传输介质的束缚，使网络的移动和接入变得更加自由和灵活。无线局域网是计算机网络与无线通信技术相结合的产物。

### 3. 无线局域网的优缺点

1) 优点

(1) 灵活性和移动性。在有线网络中，网络设备的安放位置受网络位置的限制，而无线局域网在无线信号覆盖区域内的任何一个位置都可以接入网络。无线局域网另一个最大的优点在于其移动性，连接到无线局域网的用户可以移动且能同时与网络保持连接。

(2) 安装便捷。无线局域网可以免去或最大程度地减少网络布线的工作量，一般只要安装一个或多个接入点设备，就可以建立覆盖整个区域的局域网络。

(3) 易于进行网络规划和调整。对于有线网络来说，办公地点或网络拓扑的改变通常意味着重新建网。重新布线是一个昂贵、费时、浪费和琐碎的过程，无线局域网可以避免或减少以上情况的发生。

(4) 故障定位容易。有线网络一旦出现物理故障，尤其是由于线路连接不良而造成的网络中断，往往很难查明，而且检修线路需要付出很大的代价。无线网络则很容易定位故障，只需更换故障设备即可恢复网络连接。

(5) 易于扩展。无线局域网有多种配置方式，可以很快从只有几个用户的小型局域网扩展到上千用户的大型网络，并且能够提供节点间“漫游”等有线网络无法实现的特性。

2) 缺点

无线局域网在能够给网络用户带来便捷和实用的同时，也存在着一些缺陷。无线局域网的不足之处体现在以下几个方面：

(1) 性能。无线局域网是依靠无线电波进行传输的。这些电波通过无线发射装置进行发射，而建筑物、车辆、树木和其他障碍物都可能阻碍电磁波的传输，所以会影响网络的性能。

(2) 速率。无线信道的传输速率与有线信道相比要低得多。

(3) 安全性。本质上无线电波不要求建立物理的连接通道，无线信号是发散的。从理论上讲，很容易监听到无线电波广播范围内的任何信号，造成通信信息泄漏。

### 4. 无线局域网的应用

(1) 大楼之间：大楼之间建构网络的连接，取代专线，简单又便宜。

(2) 餐饮及零售：餐饮服务业可使用无线局域网络产品，直接从餐桌即可输入并传送客人点菜内容至厨房、柜台。零售商促销时，可使用无线局域网络产品设置临时收银柜台。

(3) 医疗：使用附无线局域网络产品的手提式计算机取得实时信息，医护人员可藉此避免对伤患救治的迟延、不必要的纸上作业、单据循环的迟延及误诊等，而提升对伤患照顾的品质。

(4) 企业：当企业内的员工使用无线局域网络产品时，不管他们在办公室哪一个角落，只要有无线局域网络产品，就能随意地收发电子邮件、分享档案及上网浏览。

(5) 仓储管理：一般仓储人员的盘点事宜，通过无线网络的应用，能立即将最新的资料输入计算机仓储系统。

(6) 货柜集散场：一般货柜集散场的桥式起重车，用于调动货柜时，通过无线网络的应用，将实时信息传回 Office。

(7) 监视系统：一般位于远方且需要受监控的场所，由于布线困难，可借由无线网络将远方影像传回主控站。

(8) 展示会场：诸如一般的电子展、计算机展，由于网络需求极高，而且布线又会让会场显得凌乱，因此若能使用无线网络，则是再好不过的选择。

### 5. 无线局域网的协议标准

无线局域网标准是 IEEE 802 委员会于 1997 年公布的 IEEE 802.11。

由于 802.11 速率最高只能达到 2Mbps，传输速率及传输距离都不能满足人们的需要，因此，IEEE 又相继推出了 802.11b、802.11a、802.11g 和 802.11n 等标准。

1) 802.11b 标准

工作在 2.4GHz 频段，采用直接序列扩频(DSSS，Direct Sequence Spread Spectrum)技术和补偿编码键控(CCK)调制方式。该标准可提供 11Mbps 的数据传输速率，传输距离在 100～300m。

2) 802.11a 标准

扩充了标准的物理层，是 802.11b 的后续标准。它的工作频段为 5GHz，采用 QFSK 调制方式，传输速率为 6～54Mbps。它采用正交频分复用(Orthogonal Frequency Division Multiplexing，OFDM)扩频技术，可提供 25Mbps 的无线 ATM 接口和 10Mbps 的以太网无线帧结构接口，并支持语音、数据和图像业务。传输距离在 10～100m 之间。

3) 802.11g 标准

采用 OFDM 技术可得到高达 54Mbps 的带宽；它工作在 2.4GHz，并保留了 802.11b 所采用的 CCK(补码键控)技术，可与 802.11a 和 802.11b 兼容。

4) 802.11n 标准

为了实现高带宽、高质量的 WLAN 服务，使无线局域网达到以太网的性能水平，2009 年 9 月 IEEE 标准委员会批准通过了 802.11n 标准。

该标准的特点包括：

(1) 传输速率：提升到 300Mbps，甚至高达 600Mbps。

(2) 覆盖范围：采用智能天线技术，其覆盖范围可扩大到几平方千米，使 WLAN 的移动性极大提高。

(3) 兼容性：采用了一种软件无线电技术，使得不同系统的基站和终端都可以通过这一平台的不同软件实现互通和兼容，且可实现 WLAN 与 3G 等无线广域网络的结合。

### 6. 无线局域网的分类

按照无线局域网与有线局域网之间的关系划分,可将无线局域网细分为独立式和非独立式两种类型。

(1) 独立式无线局域网,是指整个网络都采用无线通信的局域网,也称为点对点网络(Ad Hoc Network),如图 4.1 所示。

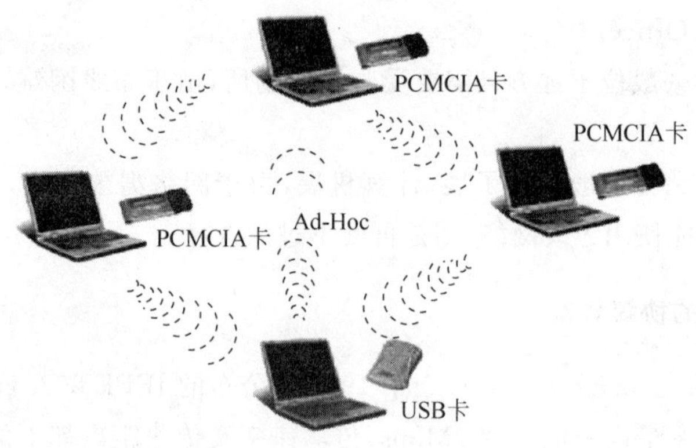


图 4.1　独立式无线局域网

Ad Hoc 网络是一种不需要有线网络和接入点的支持,由若干个移动的无线通信终端构成一个临时应变的网络。实现“点对点”和“点对多点”连接。这种网络无需依靠任何基础设施,不连接外部网络,只能用于近距离的用户。又因为它便于加入和离开,既能主控,又能被控,所以又称之为“对等网络”。

(2) 非独立式无线网,也称为基础设施网络(Infrastructure Network)。在有线局域网的基础上通过无线接入点(Access Point,AP)、无线网桥和无线网卡等设备实现无线通信,提供无线工作站对有线局域网和从有线局域网对无线工作站的访问。无线网络接口卡负责将计算机或者其他设备与无线网络连接。

### 7. 无线局域网的技术要求

由于无线局域网需要支持高速、突发的数据业务,在室内使用还需要解决多径衰落以及各子网间串扰等问题。具体来说,无线局域网必须实现以下技术要求:

(1) 可靠性:无线局域网的系统分组丢失率应该低于 $10^{-5}$,误码率应该低于 $10^{-8}$。

(2) 兼容性:对于室内使用的无线局域网,应尽可能使其跟现有的有线局域网在网络操作系统和网络软件上相互兼容。

(3) 数据速率:为了满足局域网业务量的需要,无线局域网的数据传输速率应该在 1Mbps 以上。

(4) 通信保密:由于数据通过无线介质在空中传播,无线局域网必须在不同层次采取有效的措施以提高通信保密和数据安全性能。

(5) 移动性:支持全移动网络或半移动网络。

(6) 节能管理:当无数据收发时使客户机处于休眠状态,当有数据收发时再激活,从而达到节省电力消耗的目的。

(7) 小型化、低价格：这是无线局域网得以普及的关键。

(8) 电磁环境：无线局域网应考虑电磁对人体和周边环境的影响问题。

### 8. 无线局域网的硬件设备

1) 无线网卡

无线网卡的作用和以太网中的网卡的作用基本相同，它作为无线局域网的接口，能够实现无线局域网各客户机间的连接与通信。

2) 无线 AP

AP 是 Access Point 的简称，无线 AP 就是无线局域网的接入点，相当于无线交换机，它将多个无线的接入工作站聚合到有线网络上，AP 不能直接跟 ADSL Modem 相连，所以在使用时必须接在有线交换机或路由器上，如图 4.2 所示。

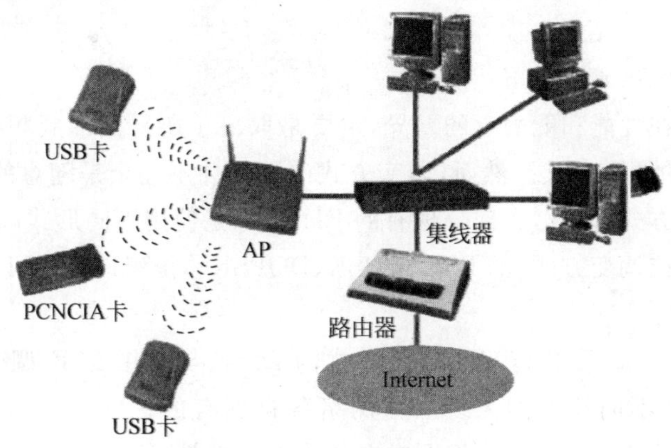


图 4.2 无线 AP 的使用

3) 无线路由器

无线路由器是单纯型 AP 与宽带路由器的一种结合体，它借助于路由器功能，可实现家庭无线网络中的 Internet 连接共享，实现 ADSL 和小区宽带的无线共享接入。无线路由器可以直接接到 Modem 上，把通过它进行无线和有线连接的终端都分配到一个子网内，这样子网内的各种设备交换数据就非常方便。

4) 无线天线

当无线网络中各网络设备相距较远时，随着信号的减弱，传输速率会明显下降以致无法实现无线网络的正常通信，此时就要借助于无线天线对所接收或发送的信号进行增强。

### 9. 展频技术

展频技术的无线局域网络产品是依据 FCC(Federal Communications Committee，美国联邦通讯委员会)规定的 ISM(Industrial Scientific and Medical)，频率范围开放在 902～928MHz 及 2.4～2.484GHz 两个频段，所以并没有所谓使用授权的限制。展频技术主要又分为“跳频技术”及“直接序列”两种方式。而此两种技术是在第二次世界大战中军队所使用的技术，其目的是希望在恶劣的战争环境中，依然能保持通信信号的稳定性及保密性。

1) 跳频技术(FHSS)

跳频技术(Frequency-Hopping Spread Spectrum,FHSS)在同步且同时的情况下,两接收端以特定形式的窄频载波来传送信号,对于一个非特定的接收器,FHSS所产生的跳动信号对它而言,也只算是脉冲噪声。FHSS所展开的信号可依特别设计来规避噪声或One-to-Many的非重复的频道,并且这些跳频信号必须遵守FCC的要求,使用75个以上的跳频信号、且跳频至下一个频率的最大时间间隔(Dwell Time)为400ms。

2) 直接序列展频技术(DSSS)

直接序列展频技术(Direct Sequence Spread Spectrum,DSSS)是将原来的信号“1”或“0”,利用10个以上的chips来代表“1”或“0”位,使得原来较高功率、较窄的频率变成具有较宽频的低功率频率。而每个比特使用多少个chips称为Spreading chips,一个较高的Spreading chips可以增加抗噪声干扰,而一个较低的Spreading Ration可以增加用户人数。

3) FHSS vs DSSS调变差异

无线局域网络在性能和能力上的差异,主要是取决于所采用的展频技术是FHSS还是DSSS以及所采用的调变方式。然而,调变方式的选择并不完全是随意的,像FHSS并不强求某种特定的调变方式,而且,大部分现有的FHSS都是使用不同形式的FSK。至于DSSS则可以使用可变相位调变方式(如PSK、QPSK、DQPSK),得到最高的可靠性以及高数据速率性能。

在抗噪声能力方面,采用QPSK调变方式的DSSS与采用FSK调变方式的FHSS相比,可以发现这两种不同技术的无线局域网络各自拥有的优势。FHSS系统之所以选用FSK调变方式的原因是FHSS和FSK内在架构的简单性,FSK无线信号可使用非线性功率放大器,但这却牺牲了作用范围和抗噪声能力。而DSSS系统需要稍为贵一些的线性放大器,但却可以获得更多的回馈。

### 4.3.2 DHCP服务

#### 1. 定义

DHCP是Dynamic Host Configuration Protocol(动态主机配置协议)的缩写,它的前身是BOOTP,是应用层的协议之一。

DHCP协议在RFC2131中定义,使用udp协议进行数据包传递,使用的端口是67以及68。

#### 2. 作用

DHCP可以自动给终端设备分配IP地址、掩码、默认网关等,一般主要有两个用途:一是给内部网络或网络服务供应商自动分配IP地址,二是给用户或者内部网络管理员作为对所有计算机做中央管理的手段。

### 3. 使用原因

(1) 手动配置 IP 地址重复多,工作量大。

(2) 手动配置 IP 地址易出错,可能发生 IP 地址冲突。

(3) 手工设置的 IP 地址需要手工更新,不易维护。

### 4. 工作模式

DHCP 服务系统最基本的构架是 Client/Server 模式,DHCP 服务器可以直接向本子网内的客户端分配 IP 地址,但假如 Client 和 Server 不在同一个子网内,则必须要有能够传递广播报文的中继设备,或者能把广播报文转化成单播报文的设备。

### 5. 租约

租约是指 DHCP 客户端能使用某个动态分配的 IP 地址的时间长度,即租用地址的时间。客户端获取一个 IP 地址的时候会携带一个限制时间,即为租约,当租约到期时需要续约或是释放掉该地址重新获取一个。

### 6. 地址分配方式

1) Manual Allocation

人工分配,获得的 IP 地址也叫静态地址,网络管理员为某些少数特定的在网计算机或者网络设备绑定固定 IP 地址,且地址不会过期。

2) Automatic Allocation

自动分配,其情形是:一旦 DHCP 客户端第一次成功地从 DHCP 服务器端租用到 IP 地址之后,就永远使用这个地址。

3) Dynamic Allocation

动态分配,当 DHCP 客户端第一次从 DHCP 服务器端租用到 IP 地址之后,并非永久地使用该地址,只要租约到期,客户端就得释放(Release)这个 IP 地址,给其他工作站使用。当然,客户端可以比其他主机更优先地更新(Renew)租约,或是租用其他的 IP 地址。动态分配显然比手动分配更加灵活,尤其是当实际 IP 地址不足的时候。

### 7. DHCP 的工作过程

(1) 若客户端计算机设定使用 DHCP 协议以取得网络参数时,则客户端计算机在开机的时候,或者是重新启动网络卡的时候,会自动发出 DHCP Client 的需求给网域内的每部计算机。网域内的其他没有提供 DHCP 服务的服务器,收到这个封包之后会自动将该封包丢弃而不回应。

(2) DHCP 服务器响应信息:如果是 DHCP 服务器收到这个客户端的 DHCP 需求,那么 DHCP 服务器首先会针对该次需求的信息所携带的 MAC 与 DHCP 服务器本身的设定值去比对,如果 DHCP 服务器的设定有针对该 MAC 做静态 IP(每次都给予一个固定的 IP)的提供,则提供客户端相关的固定 IP 与相关的网络参数;而如果该信息的 MAC 并不在 DHCP 服务器的设定之内,则 DHCP 主机会选取目前网域内没有使用的 IP(这个 IP 与设

定值有关)来发放给客户端使用。此外,需要特别留意的是,在 DHCP 主机发放给客户端的信息当中,会附带一个“租约期限”的信息,来告诉客户端,IP 可以使用的期限有多长。

(3) 客户端接收来自 DHCP 服务器的网络参数,并设定客户端自己的网络环境:当客户端接收响应的信息之后,首先会以 ARP 封包的方式在网域内发出信息,以确定来自 DHCP 主机发放的 IP 并没有被占用。如果该 IP 已经被占用了,那么客户端将不接收这次的 DHCP 信息,而将再次向网域内发出 DHCP 的需求广播封包;若该 IP 没有被占用,则客户端可以接收 DHCP 服务器所给的网络参数,那么这些参数将会被使用于客户端的网络设定当中,同时,客户端也会对 DHCP 服务器发出确认封包,告诉服务器这次的需求已经确认,而服务器也会将该信息记录下来。

(4) 客户端结束该 IP 的使用权:当客户端开始使用这个 DHCP 发放的 IP 之后,有几种情况它可能会失去这个 IP 的使用权。

① 客户端离线:关闭网络接口(Ifdown)、重新开机(Reboot)、关机(Shutdown)等行为,都算是离线状态,这个时候服务器就会将该 IP 回收,并放到服务器自己的备用区中,等待以后使用。

② 客户端租约到期:前面提到 DHCP 服务器发放的 IP 有使用期限,客户端使用这个 IP 到达期限规定的时间,就需要将 IP 交回去,这个时候就会造成断线,而客户端也可以再向 DHCP 服务器要求再次分配 IP。

## 4.4 子项目实施

### 4.4.1 无线路由器的基本网络设置

#### 1. 任务指标

完成无线路由器和服务器区交换机的硬件连接,对无线路由器进行基本网络设置,使其能够与服务器区的其他主机实现互通。

#### 2. 实施过程

1) 硬件连接

利用直连网线将无线路由器的广域网端口和服务器区的二层交换机的快速以太网端口 4 连接起来。

2) 登录无线路由器

(1) 将一台计算机通过直连网线和无线路由器的一个 LAN 口相连,配置其本地连接的 IP 地址为自动获取,如图 4.3 所示。

(2) 进入无线路由器管理界面

在计算机上打开 IE 浏览器,在地址栏中输入无线路由器的默认管理 IP:192.168.1.1,会弹出如图 4.4 所示的登录界面。输入默认的用户名 admin 和默认密码 admin 后,即可进入如图 4.5 所示的无线路由器管理界面。

3) 查看无线路由器的运行状态

单击无线路由器管理界面中左侧列表中的“运行状态”链接,可以在界面右侧查看当前路由器的运行状态信息，如图 4.6 所示。具体的状态信息包括版本信息、LAN 口状态、无线状态、WAN 口状态以及 WAN 口流量统计。

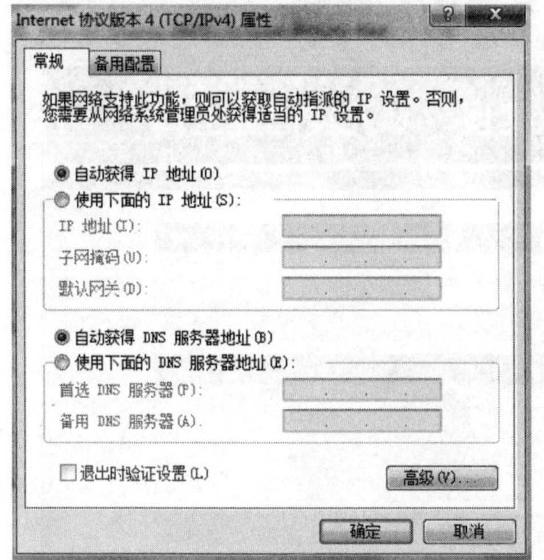


图 4.3　自动获取 IP 地址

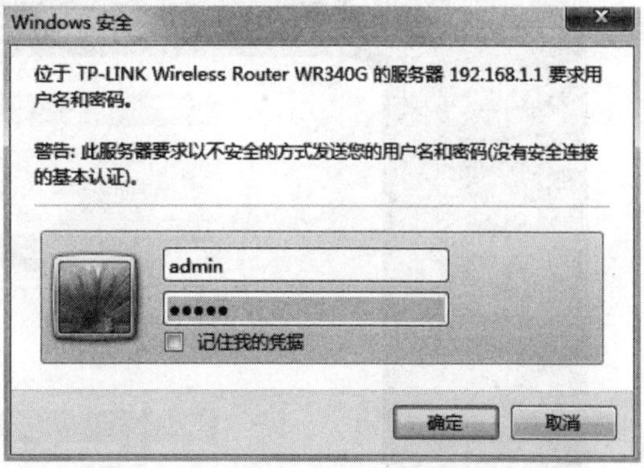

图 4.4　无线路由器登录界面

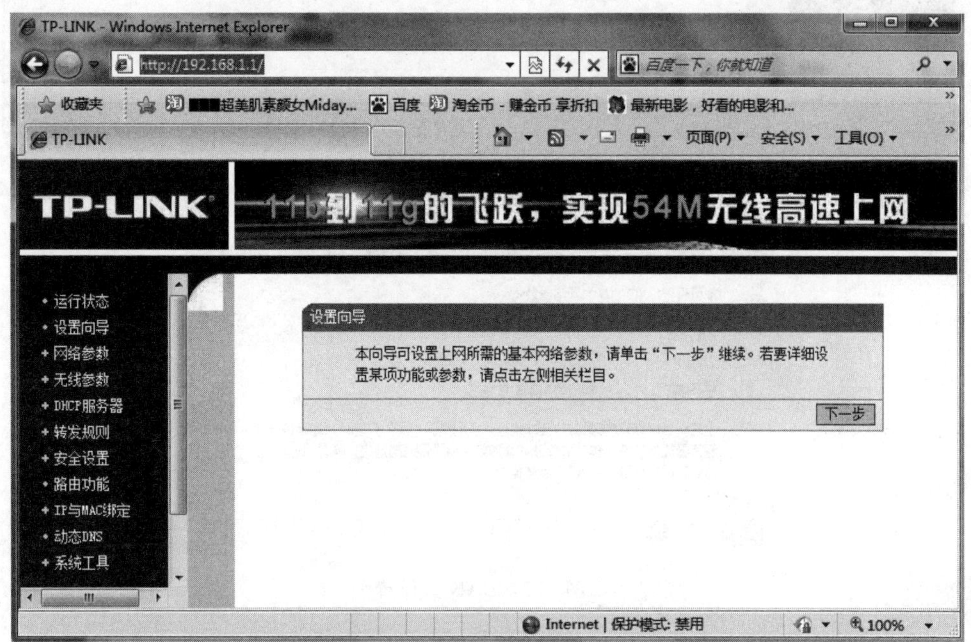


图 4.5　无线路由器管理界面

4）设置无线路由器的网络参数

(1) LAN 口设置

在无线路由器的管理界面中展开"网络参数"列表，单击"LAN 口设置"，管理界面右侧会出现 LAN 口的参数设置界面，如图 4.7 所示，本页可以设置 LAN 口的基本网络参数，在本子项目中保持原有的默认值不变即可。

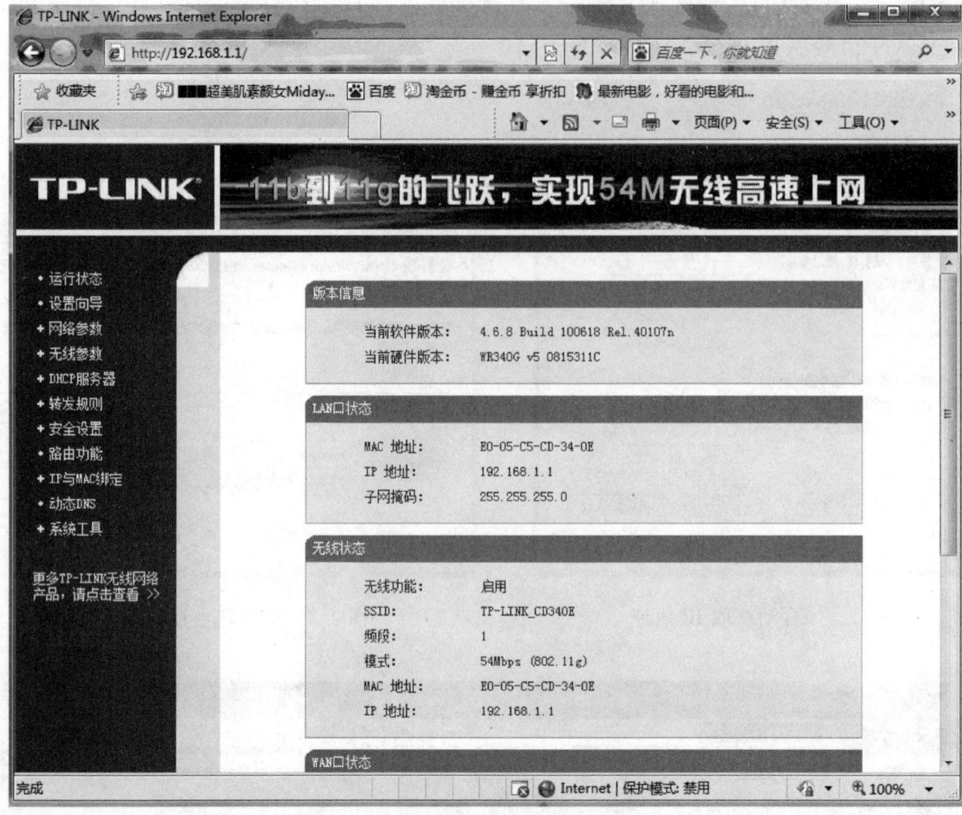


图 4.6　无线路由器运行状态

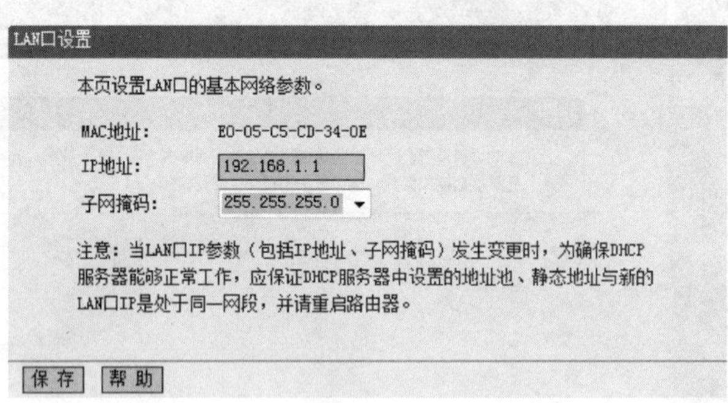


图 4.7　LAN 口设置

(2) WAN 口设置

在无线路由器的管理界面中展开“网络参数”列表后单击“WAN 口设置”，WAN 口连接类型选择“静态 IP”，根据网络实验室的 IP 地址规划，IP 地址应为 192.168.8.197，子网掩码为 255.255.255.224，网关为 192.168.8.193，数据包 MTU 值保持默认值 1500，DNS 服务器设置为 192.168.8.194，具体如图 4.8 所示。输入完成后单击“保存”按钮保存当前设置。

WAN口设置
WAN口连接类型:
静态IP
IP地址:
192.168.8.197
子网掩码:
255.255.255.224
网关:
192.168.8.193
(可选)
数据包MTU:
1500
(缺省值为1500，如非必要，请勿更改)
DNS服务器:
192.168.8.194
(可选)
备用DNS服务器:
0.0.0.0
(可选)
保存
帮助

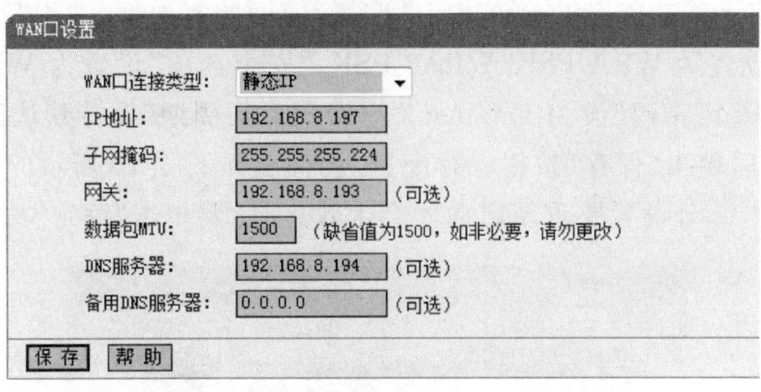

图 4.8　WAN 口设置

### 4.4.2　无线路由器的无线设置

#### 1. 任务指标

完成无线路由器的无线设置，使其能够为教师携带的笔记本电脑提供无线连接，并且为了实现连接安全，要求只允许教师携带的笔记本电脑能够连接到本无线网络中。

#### 2. 实施过程

1) 基本设置

(1) 在无线路由器的管理界面中展开“无线设置”后单击“基本设置”，管理界面右侧会出现如图 4.9 所示的无线网络基本设置信息框，根据本子项目的要求，SSID 设置为 xinxiNET，频段保持默认值“自动选择”，模式保持默认值 54Mbps(802.11g)。

无线网络基本设置
本页面设置路由器无线网络的基本参数和安全认证选项。
SSID号:
xinxiNET
频 段:
自动选择
模式:
54Mbps (802.11g)
开启无线功能
允许SSID广播
开启Bridge功能
安全提示：为保障网络安全，强烈推荐开启安全设置，并使用
WPA-PSK/WPA2-PSK AES加密方法。
开启安全设置
安全类型:
WPA-PSK/WPA2-PSK
安全选项:
WPA2-PSK
加密方法:
AES
PSK密码:
最短为8个字符，最长为63个字符
xinxinet
组密钥更新周期:
86400
(单位为秒，最小值为30，不更新则为0)
保存
帮助

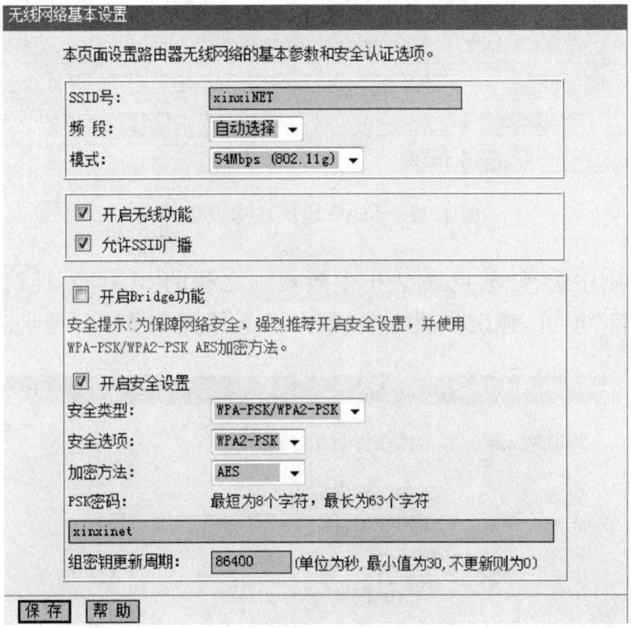

图 4.9　无线网络基本设置

（2）选中“开启无线功能”和“允许 SSID 广播”前面的复选框，选中“开启安全设置”的复选框，“安全类型”设置为 WPA-PSK/WPA2-PSK，“安全选项”设置为 WPA2-PSK，“加密方法”设置为 AES，“PSK 密码”设为 xinxinet，“组密钥更新周期”保持默认值。

（3）设置完成后单击“保存”按钮保存配置，会弹出如图 4.10 所示的提示重新启动路由器的对话框，由于本部分设置要重新启动才会生效，因此要单击“确定”按钮。

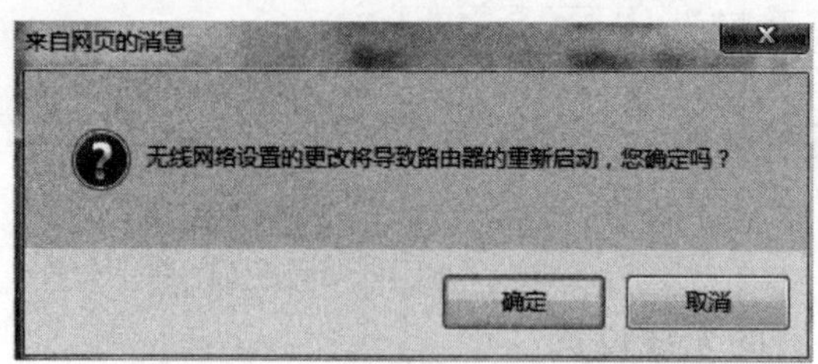


图 4.10　重新启动提示对话框

2）MAC 地址过滤

（1）在无线路由器的管理界面中展开“无线设置”后单击“MAC 地址过滤”，管理界面右侧会出现如图 4.11 所示的无线网络 MAC 地址过滤设置信息框，默认情况下 MAC 地址过滤功能是关闭的，单击“启用过滤”按钮可以启用过滤功能。

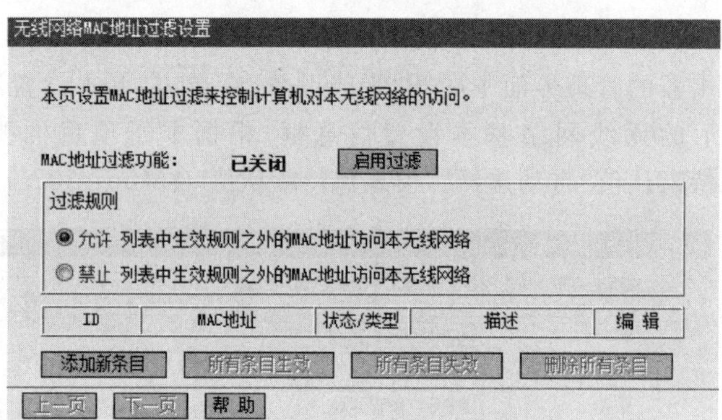


图 4.11　MAC 地址过滤设置界面

（2）在过滤规则中选择“禁止 列表中生效规则之外的 MAC 地址访问本无线网络”，然后单击“添加新条目”按钮，弹出如图 4.12 所示的无线网络 MAC 地址过滤设置界面，如某



图 4.12　添加新的规则条目界面

李姓教师的笔记本电脑的无线网卡的MAC地址为74-F0-6D-7D-20-70，因此若允许该电脑连接本无线网络，要进行如下设置："MAC地址"为74-F0-6D-7D-20-70，"描述"为"李老师笔记本电脑"，"类型"选择"允许"，"状态"选择"生效"。设置完成后单击"保存"按钮返回到上一级界面。

(3) 按照同样的方法添加其他教师的笔记本电脑的MAC地址，最后设置结果如图4.13所示。

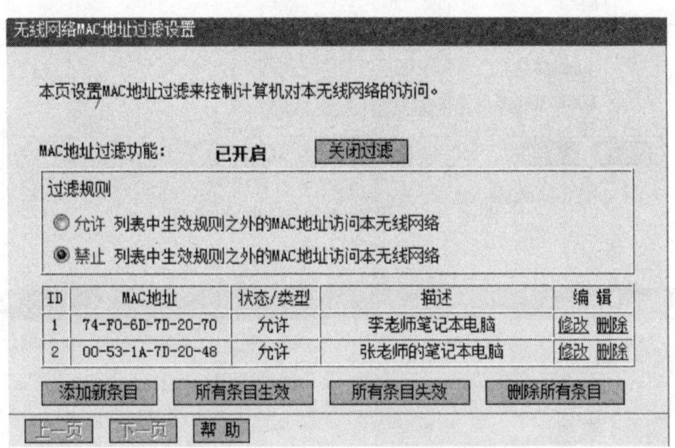


图4.13　MAC地址过滤设置完成界面

### 4.4.3　无线路由器的DHCP服务设置

#### 1. 任务指标

完成无线路由器的DHCP服务器设置，使其能够为连接到无线网络中的计算机动态分配IP地址。

#### 2. 实施过程

1) DHCP服务

在无线路由器的管理界面中展开"DHCP服务器"后单击"DHCP服务"，管理界面右侧会出现如图4.14所示的DHCP服务设置界面，默认情况下DHCP服务器即为启用状态，根据子项目任务要求，地址池可以满足教师计算机的连接要求即可，因此可以设置开始地址为192.168.1.100，结束地址为192.168.1.130，地址租期保持默认值120分钟，其他设置不填即可。设置完成后单击"保存"按钮保存。本部分内容的更改需要在重新启动计算机后生效。

2) 客户端列表

展开"DHCP服务器"后单击"客户端列表"，管理界面右侧会出现如图4.15所示的客户端列表界面，通过本界面可以查看到当前已被分配IP地址的客户端以及被分配的IP地址等信息。

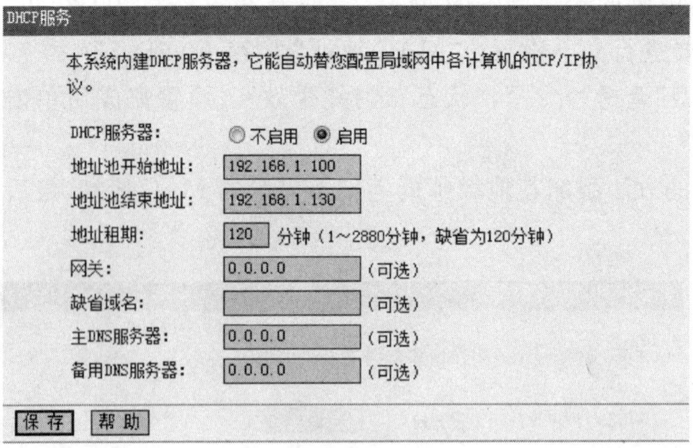

DHCP服务

本系统内建DHCP服务器，它能自动替您配置局域网中各计算机的TCP/IP协议。

| | |
|---|---|
| DHCP服务器： | ○不启用 ◉启用 |
| 地址池开始地址： | 192.168.1.100 |
| 地址池结束地址： | 192.168.1.130 |
| 地址租期： | 120 分钟（1～2880分钟，缺省为120分钟） |
| 网关： | 0.0.0.0 （可选） |
| 缺省域名： | （可选） |
| 主DNS服务器： | 0.0.0.0 （可选） |
| 备用DNS服务器： | 0.0.0.0 （可选） |

保存 帮助

图 4.14　设置 DHCP 服务界面

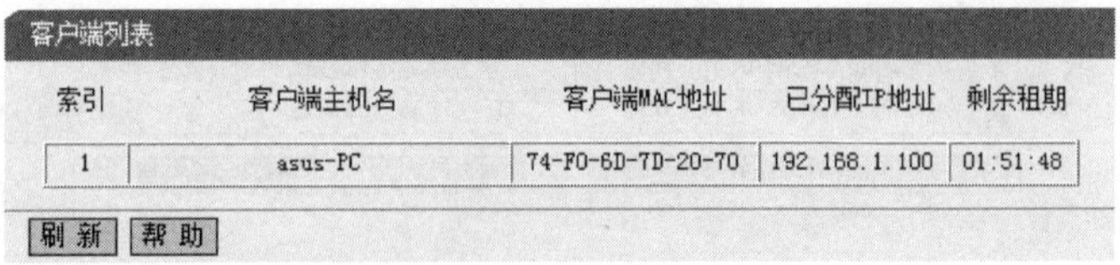

客户端列表

| 索引 | 客户端主机名 | 客户端MAC地址 | 已分配IP地址 | 剩余租期 |
|---|---|---|---|---|
| 1 | asus-PC | 74-F0-6D-7D-20-70 | 192.168.1.100 | 01:51:48 |

刷新 帮助

图 4.15　客户端列表界面

### 4.4.4　无线路由器的系统工具设置

#### 1. 任务指标

完成无线路由器的系统工具设置，能够为无线路由器修改登录口令、恢复出厂设置，可以重新启动路由器。

#### 2. 实施过程

1）修改登录口令

为了保证无线网络的安全，需要更改无线路由器的登录口令，展开“系统工具”后单击“修改登录口令”，管理界面右侧会出现如图 4.16 所示的修改登录口令界面，原用户名和密码均为 admin，新用户名仍然保持 admin，密码设置为 xinxinet，填写完信息后单击“保存”按钮。保存后一般会弹出登录对话框要求你重新输入用户名和密码。

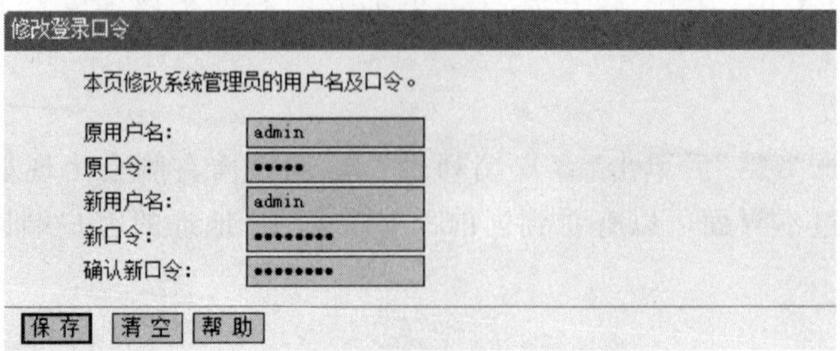

修改登录口令

本页修改系统管理员的用户名及口令。

| | |
|---|---|
| 原用户名： | admin |
| 原口令： | ●●●●● |
| 新用户名： | admin |
| 新口令： | ●●●●●●●● |
| 确认新口令： | ●●●●●●●● |

保存 清空 帮助

图 4.16　修改登录口令界面

2）恢复出厂设置

展开“系统工具”后单击“恢复出厂设置”，管理界面右侧会出现如图 4.17 所示的恢复出厂设置界面，单击“恢复出厂设置”按钮后即可恢复到出厂时的默认状态。

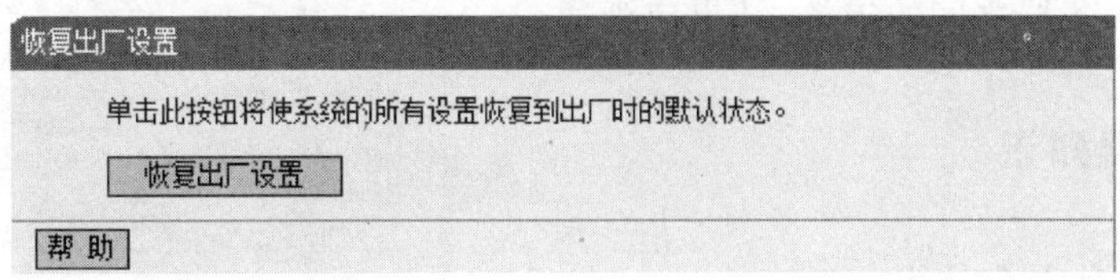


图 4.17　恢复出厂设置界面

**注意**：一旦恢复出厂设置，之前所设置的内容会消失，因此本子项目中暂时不需要恢复出厂设置。

3）重启系统

展开“系统工具”后单击“重启系统”，管理界面右侧会出现如图 4.18 所示的重启系统界面，单击“重启系统”按钮，在弹出的提示框中单击“确定”按钮即可重新启动无线路由器。

图 4.18　重启系统界面

### 4.4.5　测试

在一台教师笔记本电脑上测试无线网络的连接，过程如下：

（1）打开笔记本电脑的无线网卡，会自动搜索到 xinxiNET 的无线信号，如图 4.19 所示。

（2）单击 xinxiNET 后单击“连接”按钮，会自动开始尝试无线网络的连接，由于是第 1 次连入此网络，因此会要求输入该无线网络的网络安全密钥，如图 4.20 所示，本子项目中的密钥是 xinxiNET，输入后单击“确定”按钮即可。

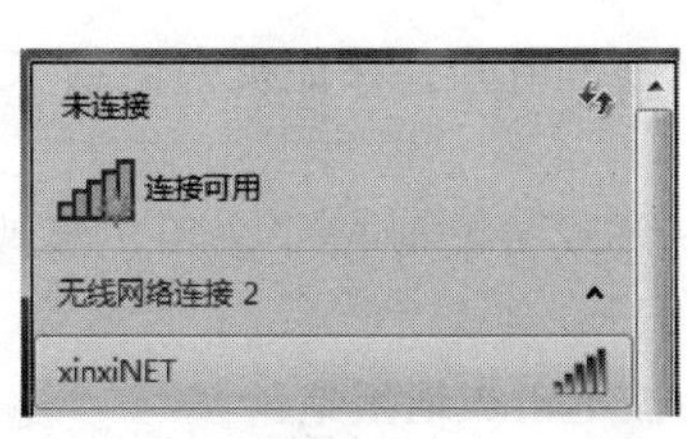


图 4.19　搜索无线网络界面

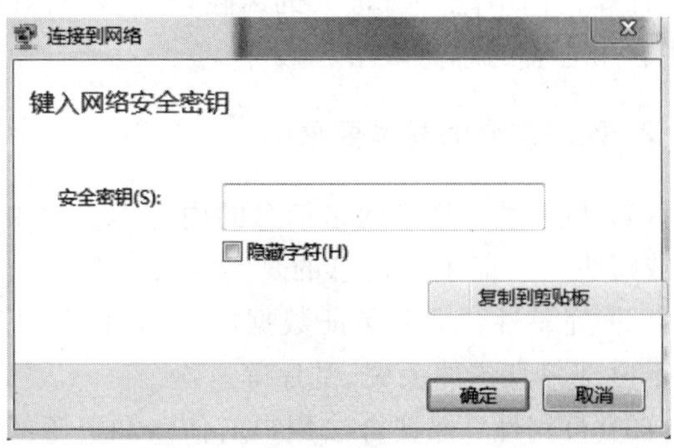


图 4.20　输入网络安全密钥界面

（3）连接成功后可以看到无线网络连接自动获取了由无线路由器分配的 IP 地址，如图 4.21 所示。

（4）此时利用 ping 命令测试笔记本电脑到服务器区其他服务器之间的连接，结果应为通。

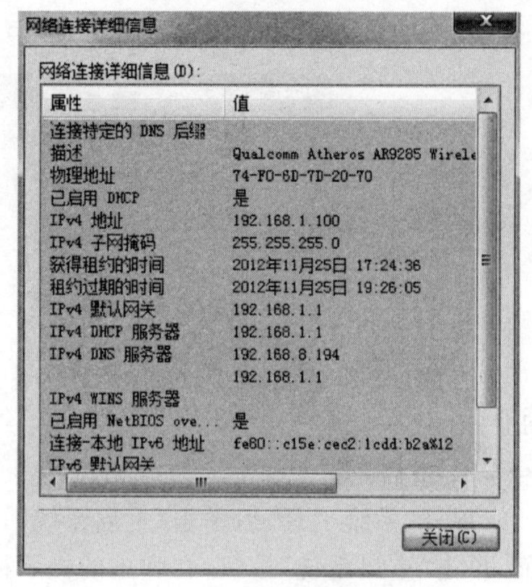

图 4.21 自动获取 IP 地址界面

## 4.5 扩展知识

### 4.5.1 信息安全技术

#### 1. 网络安全的概念

随着国民经济的信息化程度的提高，相关的大量情报和商务信息都高度集中地存放在计算机中。信息作为一种资源，它的普遍性、共享性、增值性、可处理性和多效用性，使其对于人类具有特别重要的意义。随着网络应用范围的扩大，计算机网络的安全性问题就越来越重要。信息安全的实质就是要保护信息系统或信息网络中的信息资源免受各种类型的威胁、干扰和破坏，即保证信息的安全性。

信息安全是任何国家、政府、部门、行业都必须十分重视的问题，是一个不容忽视的国家安全战略。但是，对于不同的部门和行业来说，其对信息安全的要求和重点却是有区别的。例如：企业对于原料配额、生产技术、经营决策等信息，在特定的地点和业务范围内都具有保密的要求，一旦这些机密被泄漏，不仅会给企业，甚至会给国家造成严重的经济损失。政府、军队、科研等敏感信息正经过脆弱的通信线路在计算机系统之间传送，电子银行业务可通过通信线路转账和查阅，公安执法部门从计算机中可以了解罪犯的前科，医生们用计算机管理病历，所有这一切，都不能在对非法（非授权）获取（访问）不加防范的条件下存储和传输信息。

从广义来说，凡是涉及网络上信息的保密性、完整性、可用性、真实性和可控性的相关技术和理论都是网络安全的研究领域。

计算机网络隐含着很大的风险，特别是面对当今最大的网络——因特网，用户很容易遭到别有用心者的恶意攻击和破坏。

#### 2. 网络安全的基本要素

（1）机密性：是指网络信息的内容不会被未授权的第三方所知。保证机密信息不被窃听，或窃听者不能了解信息的真实含义。

（2）完整性：是指保证数据的一致性，防止数据在存储或传输时被非法用户篡改、破坏，不出现信息包的丢失、乱序等。

（3）可用性：保证合法用户对信息和资源的使用不会被不正当地拒绝。

（4）不可否认性：指通信双方在信息传输过程中，确认参与者本身以及参与者所提供的信息的真实同一性，即所有参与者都不可能否认或抵赖本人的真实身份以及提供信息的原样性和完成的操作与承诺。

(5) 可控性：指对信息的传播及内容具有控制能力。即网络系统中的任何信息都要在一定传输范围和存放空间内可控。

### 3. 安全威胁

网络安全威胁已经渗透甚至主宰了传统和非传统的整个网络系统安全领域：敌对势力借助网络平台，大肆进行反动宣传并实施网络恐怖主义；犯罪集团利用网络金融的便利进行资本转移等非法活动，制造带有政治色彩的金融危机；不法分子利用网络进行各种犯罪活动，网络诈骗、网络赌博、网络贩毒、网络贩黄、网络窃密、人口拐卖、国际偷渡等无所不及。而在军事领域，现代战争的方方面面无不受到网络的制约和左右；网络战简单易施、隐蔽性强，能以较低的成本获得较高的效益，再加上网络空间的虚拟性、异地性等特征，又赋予网络战隐蔽无形、全向渗透的优势，网络战所达到的作战效果，是传统军事手段难以比拟的。

网络安全威胁已上升并转化为国家的战略性安全威胁，网络霸权和网络战略威慑，已成为霸权强国在网络时代恃强凌弱的新武器。

1) 基本威胁

目前网络存在的威胁主要表现在：信息泄漏或丢失、破坏数据完整性、拒绝服务、非授权访问等方面。

(1) 信息泄露或丢失

这是针对信息机密性的威胁，它指敏感数据在有意或无意中被泄露出去或丢失，通常包括：信息在存储介质中丢失或泄漏、信息在传输中丢失或泄露(如利用电磁泄漏或搭线窃听等方式可截获机密信息，或通过对信息流向、流量、通信频度和长度等参数的分析，发现有价值的信息和规律，如用户口令、账号等重要信息)。

(2) 破坏数据完整性

以非法手段窃得对数据的使用权，删除、修改、插入或重发某些重要信息，以取得有益于攻击者的响应；恶意添加、修改数据，以干扰用户的正常使用。

(3) 拒绝服务

它不断对网络服务系统进行干扰，改变其正常的作业流程，执行无关程序使系统响应减慢甚至瘫痪，影响正常用户的使用，甚至使合法用户被排斥而不能进入计算机网络系统或不能得到相应的服务。这一威胁常常是由于计算机病毒所引起。

(4) 非授权访问

没有预先经过同意就使用网络或计算机资源，如有意避开系统访问控制机制，对网络设备及资源进行非正常使用，或擅自扩大权限，越权访问信息。主要有以下几种形式：假冒、身份攻击、非法用户进入网络系统进行的违法操作、合法用户以未授权方式进行的操作等。

2) 渗入威胁和植入威胁

(1) 渗入威胁

① 假冒：这是大多数黑客采用的攻击方法。某个未授权实体使守卫者相信它是一个合法的实体，从而获取该合法用户的特权。

② 旁路控制：攻击者通过各种手段发现本应保密，却又暴露出来的一些系统“特征”。

利用这些“特征”，攻击者绕过防线守卫者渗入系统内部。

③ 授权侵犯：也称为“内部威胁”，授权用户将其权限用于其他未授权的目的。

(2) 植入威胁

① 特洛伊木马：攻击者在正常的软件中隐藏一段用于其他目的的程序，这段隐藏的程序段常常以安全攻击作为其最终目标。例如，一个外表上具有合法目的的软件应用程序，如文本编辑器，它的暗藏目的是将用户的文件复制到另一个秘密文件中，这种应用程序称为特洛伊木马，此后，植入特洛伊木马的人就可以阅读该用户的文件了。

② 陷门：如果一个登录处理系统允许一个特定的用户识别码，通过该识别码可以绕过通常的口令检查，这种安全危险称为陷门，又称为非授权访问。

### 4. 安全攻击

安全攻击是安全威胁的具体体现，具体内容如下：

1) 安全攻击的内容

(1) 中断是指系统资源遭到破坏并变得不能使用，这是对可用性的攻击。

(2) 截取是指未授权的实体得到了资源的访问权，这是对保密性的攻击，未授权实体可以是一个人、一个程序和一台计算机。

(3) 修改是指未授权的实体不仅得到了访问权，而且还篡改了资源，这是对完整性的攻击。

(4) 捏造是指未授权的实体向系统中插入伪造的对象，这是对真实性的攻击。

(5) 假冒是指一个实体假装成另一个实体。假冒攻击通常包括一种其他形式的主动攻击。重放涉及被动捕获数据单元及其后来的重新传送，以产生未经授权的效果。

(6) 修改消息意味着改变了真实消息的部分内容，或将消息延迟，或重新排序，导致未授权的操作。

(7) 拒绝服务是禁止对通信工具的正常使用或管理。

2) 安全攻击的分类

安全攻击可分为被动攻击和主动攻击，也可分为服务攻击与非服务攻击。

(1) 被动攻击和主动攻击

被动攻击的特点是偷听或监视传送。其目的是获得正在传送的信息。被动攻击有泄漏信息内容和通信量分析等。

主动攻击涉及修改数据流或创建错误流，它包括假冒、重放、修改消息和拒绝服务等。

(2) 服务攻击与非服务攻击

服务攻击(Application Dependent Attack)是针对某种特定网络服务的攻击。

非服务攻击(Application Independent Attack)不针对某项具体应用服务。往往利用协议或操作系统实现协议时的漏洞来达到攻击的目的，更为隐蔽。

### 5. 病毒

“病毒”指在计算机程序中插入的破坏计算机功能或者破坏数据，影响计算机使用并且能够自我复制(传染)的一组计算机指令或者程序代码。

计算机病毒的特点：计算机病毒是人为的特制程序，具有自我复制能力、很强的感染性、一定的潜伏性、特定的触发性和很大的破坏性。

病毒是能够通过修改其他程序而"感染"它们的一种程序，修改后的程序里面包含了病毒程序的一个副本，这样它们就能够继续感染其他程序。

在网络环境下，计算机病毒有不可估量的威胁性和破坏力，因此，计算机病毒的防范是网络安全性建设中的重要一环。网络反病毒技术包括预防病毒、检测病毒和清除病毒3种技术。

网络的主要特征是资源共享。一旦共享资源感染了病毒，网络各结点间信息的频繁传输会将计算机病毒传染到所共享的机器上，从而形成多种共享资源的交叉感染。病毒的迅速传播、再生、发作，将造成比单机病毒更大的危害，因此网络环境下计算机病毒的防治就显得更加重要了。

网络病毒的特点：

(1) 传播方式复杂：病毒入侵网络主要是通过电子邮件、网络共享、网页浏览、服务器共享目录等方式传播，病毒的传播方式多且复杂。

(2) 传播速度快：在网络环境下，病毒可以通过网络通信机制，借助于网络线路进行迅速传输和扩散。

(3) 传染范围广：网络范围的站点多，借助于网络中四通八达的传输线路，病毒可传播到网络的"各个角落"，乃至全球各地。

(4) 清除难度大：在网络环境下，病毒感染的站点数量多、范围广。只要有一个站点的病毒未清除干净，它就会在网络上再次被传播开来，传染其他站点，甚至是刚刚完成清除任务的站点。

(5) 破坏危害大：网络病毒将直接影响网络的工作，轻则降低速度，影响工作效率，重则破坏服务器系统资源，造成网络系统瘫痪，使众多工作毁于一旦。

(6) 病毒变种多：现在，网络环境的编程语言十分丰富，利用这些编程语言编制的计算机病毒也是种类繁杂。病毒容易编写，也容易修改、升级，从而生成许多新的变种。

(7) 病毒功能多样化：病毒的编制技术随着网络技术的普及和发展也在不断发展和变化。现代病毒又具有了蠕虫的功能，可以利用网络进行传播。有些现代病毒有后门程序的功能，它们一旦侵入计算机系统，病毒控制者可以从入侵的系统中窃取信息，进行远程控制。现代的计算机网络病毒具有了功能多样化的特点。

(8) 难于控制：病毒一旦在网络环境下传播、蔓延，就很难对其进行控制。

### 4.5.2　安全策略与安全管理

#### 1. 信息安全的组成

信息安全主要包括3个方面：物理安全、安全控制和安全服务。

物理安全是指从物理媒介层次上对存储和传输的信息加以保护，保护计算机网络设备、设施免遭地震、水灾、火灾等环境事故以及人为操作错误或各种计算机犯罪行为而导致的破坏。

安全控制是指在操作系统和网络通信设备上对存储和传输信息的操作和进程进行控制和管理，主要是在信息处理层次上对信息进行初步的安全保护。

安全服务是指在应用层对信息的保密性、完整性和来源真实性进行保护和认证,满足用户的安全需要,防止和抵御各种安全威胁和攻击。

#### 2. 安全策略

安全策略是指在一个特定的环境里,为保证提供一定级别的安全保护所必须遵守的规则。安全策略模型包括了建立安全环境的3个重要组成部分:威严的法律,先进的技术,严格的管理。

(1) 法律:安全的基础是社会法律、法规与手段,通过建立与信息安全相关的法律法规,使非法分子慑于法律,不敢轻举妄动。

(2) 技术:先进的安全技术是信息安全的根本保障,用户对自身面临的威胁进行风险评估,决定其需要的安全服务种类,选择相应的安全机制,然后集成先进的安全技术。

(3) 管理:各网络使用机构、企业和单位应建立相应的信息安全管理办法,加强内部管理,建立审计和跟踪体系,提高整体信息安全意识。

网络信息系统的安全管理主要基于3个原则。

① 多人负责原则。

② 任期有限原则。

③ 职责分离原则。

#### 3. 信息安全系统的设计原则

信息安全的实现是由技术、行政和法律共同保障的。确定具体信息系统的安全策略应遵循以下原则:

(1) 木桶原则:是指对信息均衡、全面地进行安全保护,提高整个系统的“安全最低点”的安全性能。

(2) 整体原则:是指有一套安全防护、监视和应急恢复机制。

(3) 有效与实用性原则:是指不能影响系统正常运行和合法用户的操作。

(4) 安全性评价原则:系统是否安全没有绝对的评价标准和衡量指标,只能决定于系统的用户需求和具体的应用环境。

(5) 等级性原则:是指安全层次和安全级别。

(6) 动态化原则:是指在整个系统内尽可能引入更多的可变因素,并具有良好的扩展性。

#### 4. 信息技术安全标准

网络安全单凭技术解决远远不够,还必须依靠政府与立法机构,通过制定与不断完善法律与法规来进行制约。目前,我国与世界各国都非常重视计算机、网络与信息安全的立法问题。从1987年开始,我国政府就相继制定与颁布了一系列行政法规:《电子计算机系统安全规范》(1987年)、《计算机软件保护条例》(1991年)、《计算机软件著作权登记办法》(1992年)、《中华人民共和国计算机信息与系统安全保护条例》(1994年)、《计算机信息系统保密管理暂行规定》(1998年)、《关于维护互联网安全决定》(2000年)等。国外关于网络与信息安全技术与法规的研究起步较早,一些重要的安全评估准则有:美国国防部和国家标准局的可信任计算机系统评估准则(TCSEC);欧洲共同体的信息技术安全评测准则(ITSEC);国际标准 ISO/IEC(CC);美国信息技术安全联邦准则(FC)等。

1) 美国国防部安全准则

美国国防部和国家标准局的可信任计算机系统评估准则(TCSEC)于 1983 年首次出版,称为橘皮书。随后对橘皮书做了补充,称为红皮书。红皮书将适用性拓展到网络环境,成为各国开发网络的安全评估准则。该准则定义了 4 类 7 个级别:A1、B1、B2、B3、C1、C2 及 D1,其中 A1 是最高安全级别。D1 是计算机安全级别的最低级,整个计算机系统不可信任,硬件和操作系统很容易被侵袭。D1 级的计算机系统有 DOS、Windows 3.x 及 Windows 95/98、Apple 的 System 7.x 等。

Windows NT 是达到 C2 级的操作系统。现在 TCSEC 已不再使用。

2) 欧洲准则

欧洲的信息技术安全评测准则(ITSEC)定义了 7 个评估级别,从低到高为 E0、E1、E2、E3、E4、E5、E6。

3) 国际通用准则

CC 是当前信息安全的最新国际标准。它是在 TCSEC、ITSEC、CTCPEC、FC 等信息安全标准的基础上综合形成的。相应的中国标准为 GB/T18336,简称为通用标准。2002 年,Windows 2000 成为第一个获得 EAL4 认证的操作系统。现在大家都遵循 CC。

CC 的评估等级从低到高分为 7 个等级:

(1) EAL1(功能测试级);

(2) EAL2(结构测试级);

(3) EAL3(系统测试和检查级);

(4) EAL4(系统设计、测试和复查级);

(5) EAL5(半形式化设计和测试级);

(6) EAL6(半形式化验证设计和测试级);

(7) EAL7(形式化验证设计和测试级)。

Windows 2000、Windows XP SP2 和 Windows Server 2003 都达到了 EAL4 级。

TCSEC 和 CC 的考察维度和要求不太一样,因此两个标准的级别可比性不大,但有人也对此做过比较,认为在保证性方面,CC 的 EAL4 相当于 TCSEC 的 B1。

### 5. 网络病毒的预防与清除

由于网络病毒通过网络传播,具有传播速度快、传染范围大、破坏性强等特点,因此建立网络系统病毒防护体系,采用有效的网络病毒预防措施和技术显得尤为重要。

网络管理人员和操作人员要在思想上有防病毒意识,以预防为主。防范病毒主要从管理措施和技术措施两方面入手。

1) 严格的管理

病毒预防的管理问题,涉及管理制度、行为规章和操作规程等。如机房或计算机网络系统要制定严格的管理制度;对接触计算机系统的人员进行选择和审查;对系统工作人员和资源进行访问权限划分;下载的文件要经过严格检查,接收邮件要使用专门的终端和账号,接收到的程序要严格限制执行等。遵守安全管理制度,可减少或避免计算机病毒的入侵。

2）技术措施

除了管理方面的措施外，采取有效的、成熟的技术措施防止计算机网络病毒的感染和蔓延也十分重要。针对病毒的特点，利用现有的技术和开发新的技术，使防病毒软件在与计算机病毒的抗争中不断得到完善，更好地发挥保护作用。

一些有效防病毒的管理和技术措施有：对新计算机系统用检测病毒软件检查已知病毒，用人工检测方法检查未知病毒。对新硬盘进行检测或进行低级格式化。对新购置的计算机软件要进行病毒检测；在保证硬盘无病毒的情况下，尽量由硬盘引导启动而不要用软盘启动。定期与不定期进行磁盘文件备份工作。要尽可能将数据和程序分别存放，使用曾在其他计算机上用过的没有写保护的 U 盘前，应进行病毒检测。应保留一张写保护的、无病毒的并带有各种命令文件的系统启动软盘，用于清除病毒和维护系统。

在网络服务器安装生成时，应将整个文件系统划分成多文件卷系统，要区分开系统、应用程序和用户独占的单卷文件系统。安装服务器时应保证没有病毒存在，即安装环境不能带病毒，而网络操作系统本身不感染病毒。在服务器上安装 LAN Protect 等防病毒系统。网络系统管理员应将系统卷设置成对其他用户为只读状态，屏蔽其他网络用户对系统卷除读取以外的其他所有操作，如修改、改名、删除、创建文件和写文件等权限。应由系统管理员，或由系统管理员授权进行在应用程序卷安装共享软件的操作。系统管理员经常对网络内的共享电子邮件系统、共享存储区域和用户卷进行病毒扫描，发现异常情况应及时处理，不使其扩散。系统管理员的口令应严格管理，为了防止泄漏，要定期或不定期地进行更换，保护网络系统不被非法存取、感染上病毒或遭受破坏。

3）网络病毒的清除

系统感染病毒后可采取以下措施进行紧急处理：

(1) 隔离：当某计算机感染病毒后，可将其与其他计算机进行隔离，即避免相互复制和通信。当网络中某结点感染病毒后，网络管理员必须立即切断该结点与网络的连接，以避免病毒扩散到整个网络。

(2) 报警：病毒感染结点被隔离后，要立即向网络系统安全管理人员报警。

(3) 查毒源：接到报警后，系统安全管理人员可使用相应防病毒系统鉴别受感染的机器和用户，检查那些经常引起病毒感染的结点和用户，并查找病毒的来源。

(4) 采取应对方法和对策：网络系统安全管理人员要对病毒的破坏程度进行分析检查，并根据需要决定采取有效的病毒清除方法和对策。如果被感染的大部分是系统文件和应用程序文件，且感染程度较深，则可采取重装系统的方法来清除病毒；如果感染的是关键数据文件，或破坏较严重时，可请防病毒专家进行清除病毒和恢复数据的工作。

(5) 修复前备份数据：在对被感染的病毒进行清除前，尽可能将重要的数据文件备份，以防在使用防毒软件或其他清除工具查杀病毒时，也将重要数据文件误杀。

(6) 清除病毒：重要数据备份后，运行查杀病毒软件，并对相关系统进行扫描。发现有病毒，立即清除。如果可执行文件中的病毒不能清除，应将其删除，然后再安装相应的程序。

(7) 重启和恢复：病毒被清除后，重新启动计算机，再次用防病毒软件检测系统是否还有病毒，并将被破坏的数据进行恢复。

### 6. 常见的网络防御查杀产品介绍

1）瑞星

其监控能力十分强大，但占用系统资源较大。瑞星采用第八代杀毒引擎，能够快速、彻底查杀各种病毒。再加上瑞星防火墙弥补网络监控缺陷。瑞星的网页监控疏而不漏。

2）金山毒霸

金山毒霸是金山公司推出的电脑安全产品，监控、杀毒全面、可靠，占用系统资源较少。其软件的组合版功能强大（毒霸主程序、金山清理专家、金山网镖），集杀毒、监控、防木马、防漏洞为一体。

3）江民

它具有良好的监控系统，与江民防火墙配套使用。监控效果非常出色，占用资源不是很大。

4）卡巴斯基

卡巴斯基是俄罗斯民用最多的杀毒软件。卡巴斯基有很高的警觉性，它会提示所有具有危险行为的进程或程序，因此很多正常程序会被提醒确认操作。只要使用一段时间把正常程序添加到卡巴斯基的信任区域就可以了。

5）诺顿

诺顿是一个被广泛应用的反病毒程序。除防毒外，还有防间谍等网络安全风险的功能。

6）NOD32

NOD32 是 ESET 公司的产品，不需要那些庞大的互联网安全套装，ESET NOD32 就可以针对肆虐的病毒威胁为用户提供快速而全面的保护，而且极易使用。

7）安全卫士 360

安全卫士 360 是奇虎公司推出的完全免费的安全类上网辅助工具软件，拥有木马查杀、恶意软件清理、漏洞补丁修复、电脑全面体检、垃圾和痕迹清理、系统优化等多种功能。

360 安全卫士软件硬盘占用很小，运行时对系统资源的占用也相对较低，是一款值得普通用户使用的较好的安全防护软件。

8）微点主动防御软件

是北京东方微点信息技术有限责任公司自主研发的具有完全自主知识产权的新一代反病毒产品，在国际上首次实现了主动防御技术体系。实现了用软件技术模拟反病毒专家智能分析判定病毒的机制，自主发现并自动清除未知病毒。

9）费尔托斯特安全

费尔托斯特安全（Twister Anti-TrojanVirus）是一款同时拥有反木马、反病毒、反 Rootkit 功能的强大防毒软件。支持右键扫描，支持对 ZIP、RAR 等主流压缩格式的全面多层级扫描。能对硬盘、软盘、光盘、移动硬盘、网络驱动器、网站浏览 cache、E-mail 附件中的每一个文件活动进行实时监控，资源占用率极低。先进的动态防御系统（FDDS）动态跟踪电脑中的每一个活动程序，智能侦测出其中的未知木马病毒，拥有极高的识别率。

10）超级巡警安全软件

中国第一款免费的杀毒引擎，完全兼容其他杀毒软件，系统资源占用小，可以很方便地给电脑上个双保险。

### 4.5.3 加密技术

加密技术是保护信息安全的主要手段之一，随着计算机网络技术的发展，通信安全越来越重要，加密技术得到了迅速发展。

#### 1. 密码学的基本概念

1）什么是密码学

密码学是研究编制密码和破译密码的科学，它包含两个分支——密码编码学和密码分析学。密码编码学是对信息进行编码实现隐蔽信息的一门科学；而密码分析学是分析研究密码变换的规律以破解密码获取情报的学问。两者相互独立，又相互促进。

信息传输中，要传输的消息称为“明文”；明文被变换成的隐蔽的形式称为“密文”。这种变换称为“加密”；加密的逆过程，即从密文中恢复出对应的明文的过程，称为“解密”。对明文进行加密时采用的一组变换规则（函数）称为“加密算法”。对密文解密时使用的变换规则（函数）称为“解密算法”。

在明文转换为密文或将密文转换为明文的算法中使用的函数所输入的参数称为“密钥”。

一般来说，加密算法和解密算法都是在一组密钥控制之下进行的，加密时使用的密钥称为“加密密钥”，解密时使用的密钥称为“解密密钥”。

2）密码系统的分类

密码系统通常从 3 个方面进行分类：

（1）按将明文转换成密文的操作类型可分为：置换密码和易位密码。

所有加密算法都是建立在置换和易位两个通用原则之上的。基本的要求是没有信息丢失。大多数系统都涉及多级置换和易位。

① 置换是指将明文的每一个元素（比特、字母、比特或字母的组合）映射成其他的元素。最古老的凯撒密码对于原始消息（明文）中的每一个字母都用该字母后的第 $n$ 个字母来替换，其中 $n$ 就是密钥。这种密码体制中只有 26 个密钥，破译者只需尝试 25 次，就可以破译。

② 易位只对明文字母重新排序，但不隐藏它们。即明文中的所有字母都可以从密文中找到，只是位置不一样。列易位密码是一种常用的易位密码，该密码的密钥是一个不含任何重复字母的单词或词语。

（2）按明文的处理方式分为：分组密码和序列密码。

① 分组密码又称为“块密码”，加密方式是首先将明文序列以固定长度进行分组，每一组明文用相同的密钥和加密函数进行运算。它每次处理一块输入元素，每个输入块生成一个输出块。

② 序列密码又称为“流密码”，加密过程是把报文、话音、图像、数据等原始信息转换成明文数据序列，然后将它同密钥序列进行逐位异或运算，生成密文序列发送给接收者。接收者用相同密钥序列进行逐位解密来恢复明文序列。序列密码的安全性主要依赖于密钥序列。

（3）按使用密钥的个数分为：对称密码体制和非对称密码体制。

① 如果发送方使用的加密密钥和接收方使用的解密密钥相同，或者从其中一个密钥易于得出另一个密钥，这样的系统就叫做对称的、单密钥或常规加密系统。

② 如果发送方使用的加密密钥和接收方使用的解密密钥不相同，从其中一个密钥难以推出另一个密钥，这样的系统就叫做不对称的、双密钥或公钥加密系统。

3）密码分析

试图发现明文或密钥的过程称为密码分析，也就是通常所说的密码破译，密码分析的过程通常包括：分析（统计所截获的消息材料）、假设、推断和证实等步骤。

加密的基本功能：一是实现身份认证，从而确保实体的安全；二是实现可信性和完整性，从而保护数据。

**2. 加密技术**

1）对称加密

对称加密也叫做常规加密、保密密钥或单密钥加密，是指通信双方对信息的加密和解密都使用相同的密钥，该方案有 5 个组成部分，如图 4.22 所示。

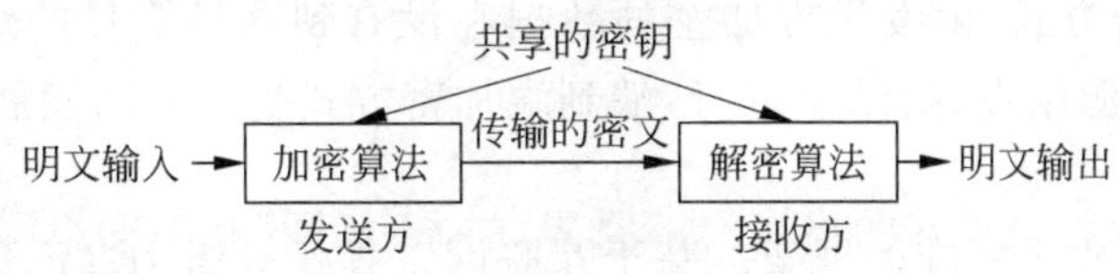


图 4.22　对称加密方案

2）公钥加密技术

公开密钥加密又称非对称加密，公钥是建立在数学函数基础上的，而不是建立在位方式操作上。更重要的是，公钥加密是不对称的，与只使用一种密钥的对称常规加密相比，它涉及两种独立密钥的使用。

公钥加密算法可用于保证数据完整性、数据保密性、发送者不可否认及发送者认证。

常用的公钥体制算法有：RSA 公钥体制、Elgamal 公钥体制和背包公钥体制。

公钥密码体制有两种基本模型，一种是加密模型，另一种是认证模型，如图 4.23 所示，其中图中(a)是加密模型，(b)是认证模型。

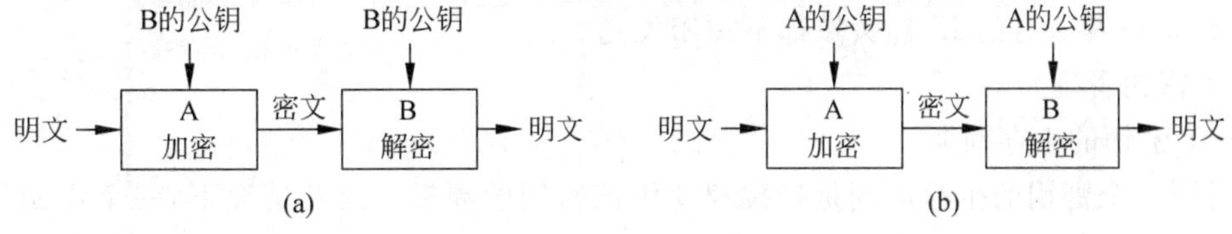


图 4.23　公钥密码体制模型

公钥加密的基本步骤：

(1) 每个用户都生成一对在加密和解密时使用的密钥。

(2) 每个用户都把他的公钥放在一个公共地方，如某个大家都能访问的文件中。用户自己的私钥自己妥善保管好。每个用户都要保证从别人那里得到的一个公钥集合——公钥环。

(3) 如果一方想要向另一方发送机密消息，可以用对方的公钥加密消息。

(4) 当另一方收到消息时，可以用自己的私钥进行解密。其他接收方不能解密消息，因

为只有消息接收方知道自己的私钥。

公钥密码体制有两个不同的密钥，它可以将加密功能和解密功能分开。一个密钥称为私钥，它被秘密保存。另一个密钥称为公钥，不需要保密。

加密文件的时候，用这一对密钥中的任何一个加密，都只能用另一个来解密。根据不同的加密方法可以得到数据保密和数字签名的效果。

3）网络中的加密技术

从通信网络的传输方面来看，数据加密技术还可以分为以下3类：链路加密方式、结点到结点加密方式和端到端加密方式。

（1）链路加密方式是一般通信网络采用的主要方式。它对网络上传输的数据报文进行加密。

（2）结点到结点加密方式是为了解决在结点中数据是明文的缺点，而在中间结点里装有加密、解密的保护装置。

（3）端到端加密方式，由发送方加密的数据在没有到达最终目的结点之前是不被解密的。加密、解密只在源结点、宿结点进行，端到端加密方式是未来的发展趋势。

4）IPSec

IPSec是一个开放式标准的框架。基于互联网工程任务组IETF开发的标准，IPSec可以在一个公共IP网络上确保数据通信的可靠性和完整性。

IPSec对应用系统透明且具有极强的安全性。IPSec有多种应用方式，采用IPSec网关是比较理想的选择，同时也易于部署和维护。IPSec引进了完整的安全机制，包括加密、认证和数据防篡改功能。

IPSec是给IP和上层协议提供安全的IP协议扩展。它最初是为IPv6标准而开发的，后来又支持IPv4。IPSec使用两个不同的协议——AH(Authentication Header)认证头标和ESP(Encapsulating Security Payload)封装安全净载，来确保通信的认证及完整性和机密性。它既可以保护整个IP数据报也可以只保护上层协议。数据传输分为隧道模式和传送模式。在隧道模式下，IP数据报被IPSec协议完全加密成新的数据报；在传输模式下，仅仅更高层协议帧(TCP、UDP、ICMP等)被放到加密后的IP数据报的ESP负载部分，源和目的IP地址以及所有的IP包头域都不加密发送。

5）密钥管理

（1）密钥的生存周期

所谓一个密钥的生存周期是指授权使用该密钥的周期。通常情况下，一个密钥的生存周期主要经历以下几个阶段：

① 产生密钥；

② 颁发密钥；

③ 启用密钥/停用密钥；

④ 替换密钥或更新密钥；

⑤ 撤销密钥和销毁密钥。

（2）保密密钥的分发

密钥分发技术是指将密钥发送到数据交换的两方，而其他人无法看到的地方。通常使用的密钥颁发技术有两种：KDC技术和CA技术。KDC（密钥颁发中心）技术可用于保密密钥的颁发，CA(证书权威机构)技术可用于公钥和保密密钥的颁发。

(3) 公钥的分发

公钥发放机制(PKI)是为电子商务等网上活动提供安全技术和安全服务的信息安全基础设施。提供证书发放、密钥存储、密钥恢复、密钥更新、公钥查询、验证身份、扩展程序接口等服务。PKI采用非对称加密技术，用一对密钥对数据进行加密与解密，以保证可靠的信息传输。这对密钥一个称做公钥，一个称做私钥。公钥大家都知道，任何人都可以在网上的公钥查询机构查得，是没有保密性的。私钥掌握在自己手中，只有自己知道，也是唯一的。

目前人们采用数字证书来颁发公钥。数字证书要求使用可信任的第三方，即CA(证书权威机构)，它是用户团体可信任的第三方，保证证书的有效性。

6) 数字签名

数字签名在ISO7498-2标准中定义为："附加在数据单元上的一些数据，或是对数据单元所做的密码变换，这种数据和变换允许数据单元的接收者用以确认数据单元来源和数据单元的完整性，并保护数据，防止被人(例如接收者)进行伪造"。

数字签名是利用公钥密码技术和其他密码算法生成一系列符号及代码组成的电子密码，把它附加在一个文档后面，代替书写签名和印章。用于确认发送者的身份和文档的完整性。

### 4.5.4 认证技术

病毒、黑客、网络钓鱼以及网页仿冒诈骗等恶意威胁，给在线交易的安全性带来了极大的挑战。据调查显示，美国每年由于网络诈骗，使得银行和消费者遭受的直接损失总计达数十亿美元。层出不穷的网络犯罪，引起了人们对网络身份的信任危机，如何证明"我是谁?"及如何防止身份冒用等问题成为人们关注的焦点。

认证技术主要解决网络通信过程中通信双方的身份认证问题。认证方式一般有账户名/口令认证、使用摘要算法的认证、基于PKI(公钥基础设施)的认证等。

目前，计算机网络系统中常用的身份认证方式主要有以下几种：

#### 1. 用户名/密码方式

用户名/密码是最简单也是最常用的身份认证方法。每个用户的密码是由用户自己设定的，只要能够正确输入密码，计算机就认为操作者是合法用户。由于密码是静态的数据，而每次验证使用的验证信息都是相同的，很容易被驻留在计算机内存中的木马程序或网络中的监听设备截获。因此，用户名/密码方式是极不安全的身份认证方式。

#### 2. 智能卡认证

智能卡是一种内置集成电路的芯片，芯片中存有与用户身份相关的数据，智能卡由专门的厂商通过专门的设备生产，是不可复制的硬件。登录时需将智能卡插入专用的读卡器读取其中的信息，以验证用户的身份。通过智能卡硬件不可复制来保证用户身份不会被仿冒。然而由于每次从智能卡中读取的数据是静态的，通过内存扫描或网络监听等技术很容易截取到用户的身份验证信息，因此也存在安全隐患。

### 3. 动态口令

动态口令技术是一种让用户密码按照时间或使用次数不断变化、每个密码只能使用一次的技术。采用叫做动态令牌的专用硬件，内置电源、密码生成芯片和显示屏，密码生成芯片运行专门的密码算法，根据当前时间或使用次数生成当前密码并显示在显示屏上。认证服务器采用相同的算法计算当前的有效密码。用户使用时只需要将动态令牌上显示的当前密码输入客户端计算机，即可实现身份认证。用户每次使用的密码都不相同，即使黑客截获了一次密码，也无法利用这个密码来仿冒合法用户的身份。

动态口令技术要求客户端与服务器端的时间或次数保持良好的同步，否则可能发生合法用户无法登录的问题。国内目前较为典型的技术有 VeriSign VIP 动态口令技术和 RSA 的动态口令。

### 4. USB Key 认证

基于 USB Key 的身份认证方式是近几年发展起来的一种方便、安全的身份认证技术。它采用软硬件相结合、一次一密的强双因子认证模式，很好地解决了安全性与易用性之间的矛盾。

### 5. 生物特征认证

生物特征认证采用生物识别技术，通过可测量的身体或行为等生物特征进行身份认证的一种技术。目前部分学者将视网膜识别、虹膜识别和指纹识别等归为高级生物识别技术；将掌型识别、脸型识别、语音识别和签名识别等归为次级生物识别技术；将血管纹理识别、人体气味识别、DNA 识别等归为“深奥的”生物识别技术。

生物识别技术具有传统的身份认证手段无法比拟的优点。采用生物识别技术，可不必再记忆和设置密码，使用更加方便。

目前，将生物识别在内的几种安全机制整合应用正在成为新的潮流。其中，较为引人注目的是将生物识别、智能卡、公匙基础设施(PKI)技术相结合的应用。

## 4.5.5 防火墙技术与入侵检测

### 1. 防火墙的基本概念

1）防火墙的定义

在网络中，所谓防火墙(Firewall)是指一种将内部网和公众访问网(如 Internet)隔离的技术。通过监测、限制、更改跨越防火墙的数据流，尽可能地对外部屏蔽网络内部的信息、结构和运行状况，以此来实现网络的安全保护。防火墙是一种计算机硬件和软件系统的集合。

防火墙是用来控制访问和实现安全策略的技术，包括服务控制、方向控制、用户控制和行为控制。目前服务控制用于确定在防火墙内外可以访问的因特网服务类型，方向控制可以确定服务请求的方向，用户控制用于控制防火墙的本地用户，行为控制用于控制如何使用某种特定的服务。

通常防火墙被建立在内部网和 Internet 之间的一个路由器或计算机上，该计算机也叫堡垒主机。它就如同一堵带有安全门的墙，可以阻止外界对内部网资源的非法访问和通行合法访问，也可以防止内部对外部网的不安全访问和通行安全访问。示意图如图 4.24 所示。

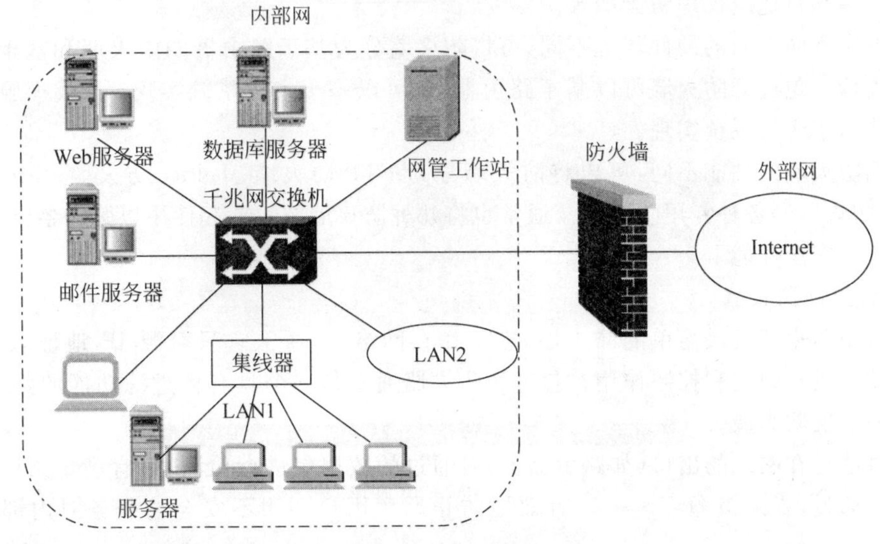


图 4.24　防火墙示意图

2）防火墙的功能

(1) 通过防火墙可以把未授权用户排除到受保护的网络之外，防止各种 IP 盗用和路由攻击。

(2) 防火墙可以采用监听和警报技术，以监视与安全相关的事情。

(3) 防火墙可以为几种与安全无关的 Internet 服务提供方便的平台。可以把本地地址映射成 Internet 地址，也可以用来监听或记录 Internet 的使用情况。

(4) 防火墙可以作为诸如 IPSec 的平台。通过使用隧道模式功能，用防火墙来实现虚拟专用网。

3）防火墙的优点

(1) 保护脆弱的服务；

(2) 控制对系统的访问；

(3) 集中的安全管理；

(4) 增强的保密性；

(5) 记录和统计网络利用数据以及非法使用数据；

(6) 策略执行。

4）防火墙的缺点

(1) 无法阻止绕过防火墙的攻击；

(2) 无法阻止来自内部的威胁；

(3) 无法防止病毒感染程序或文件的传输。

2. 防火墙的分类

根据防火墙的技术原理分类，有包过滤防火墙，代理服务器防火墙（应用级网关）、状态检测防火墙和自适应代理防火墙等。

根据实现防火墙的硬件环境不同，可将防火墙分为基于路由器的防火墙和基于主机系统的防火墙。包过滤防火墙可以基于路由器，也可以基于主机系统实现；而代理服务器防火墙只能基于主机系统实现。

根据防火墙的功能不同，可以将防火墙分为 FTP 防火墙、Telnet 防火墙、E-mail 防火墙、病毒防火墙等各种专用防火墙。通常也将几种防火墙技术一起使用以弥补各自的缺陷，增加系统的安全性能。

1）包过滤防火墙

包过滤防火墙是最简单的防火墙，它工作在网络层，通常它只对源 IP 地址和目的 IP 地址及端口具有识别和控制作用。包过滤防火墙通常是一个具有包过滤功能的路由器，因此又叫网络层防火墙。

包过滤是在网络的出口（如路由器上）对通过的数据包进行检测，只有满足条件的数据包才允许通过，否则被抛弃。可以有效地防止恶意用户利用不安全的服务对内部网进行攻击。

包过滤系统也存在一些缺点和局限性，除了在机器中配置包过滤规则比较困难；对包过滤规则的配置测试也麻烦外，还具有以下缺点：

① 不能防范黑客攻击。对于黑客来说，只需将源 IP 包改成合法 IP 即可轻松通过包过滤防火墙，进入内网，而任何一个初级水平的黑客都能进行 IP 地址欺骗。

② 不支持应用层协议。假如允许内网员工使用 HTTP 协议访问外网的网页，而不允许使用 FTP 协议去外网下载电影。对于这种情况包过滤防火墙就无能为力，因为它不认识数据包中的应用层协议，访问控制粒度太粗糙。

③ 不能处理新的安全威胁。对 TCP 层的控制有漏洞。如当它配置了仅允许从内到外的 TCP 访问时，一些以 TCP 应答包的形式从外部对内网进行的攻击仍可以穿透防火墙。

2）代理服务技术

随着因特网的发展产生了诸如 IP 地址耗尽、网络资源争用和网络安全等问题。

如果一个单位有几百台计算机连网，在上网访问时，一台主机访问了某个站点而另一台主机又访问同一个站点，如果是同时访问将出现网络资源争用的问题，如果是相继访问将出现增加本单位网络费用的问题。

另外，在一个单位中，某些部门的网络可能有安全性要求高的数据，而因特网上经常会有一些不安全的行为出现。如果每台主机都直接连到因特网上，势必会对内部网（Intranet）的安全造成严重的危害。

代理服务器（Proxy Server）可以缓解或解决如何快速地访问 Internet 站点，并提高网络的安全性问题。代理服务位于内部用户和外部服务之间。应用代理防火墙彻底隔断内网与外网的直接通信，内网用户对外网的访问变成防火墙对外网的访问，然后再由防火墙转发给内网用户。所有通信都必须经应用层代理软件转发。代理程序在幕后处理所有用户和 Internet 服务之间的通信。代理服务器就代表客户将请求转发给“真正”的服务器，并将服务器的响应返回给代理客户。原理示意如图 4.25 所示。

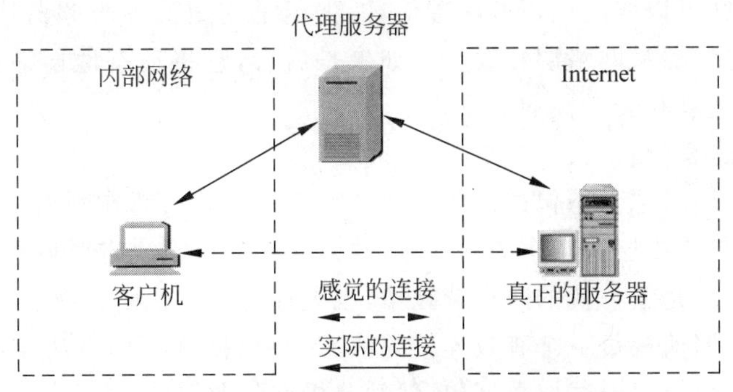


图 4.25　代理服务器的工作原理

当内部网的一个客户机访问了因特网上的某一站点后，代理服务器便将访问过的内容存入它的高速缓存(cache)中，如果内部网的其他客户机再访问同一个站点时，代理服务器便将它缓存中的内容传输给该客户机，这就使客户机能共享任何一个客户机所访问过的资源，从而提高了访问网站的速度和效率，同时减少网络传输流量，提高网络传输速度，节约访问时间，降低访问费用。

代理服务器只允许因特网的主机访问其本身，并有选择地将某些允许的访问传输给内部网。易于实现内部网的管理，限制访问地址。代理可以保护局域网的安全，起到防火墙的作用：对于使用代理服务器的局域网来说，在外部看来只有代理服务器是可见的，代理服务器为局域网的安全起到了屏障的作用。

对于使用局域网方式接入 Internet 的情况，使用代理服务器后，只需代理服务器上有一个合法的 IP 地址，LAN 内其他用户就可以使用内部 IP 地址，从而减少对 IP 地址的需求，这对缓解 IP 地址紧张很有用。

代理服务通常由两部分组成：服务器端程序和客户端程序，用户运行客户端程序，先登录至代理服务器，再通过代理服务器就可以访问相应的站点。

代理服务器的实现十分简单，只需在局域网的一台服务器上运行相应的服务器端软件，目前主要的服务器软件有 WinGate 公司的 WinGate Pro、微软公司的 Microsoft Proxy 等，目前绝大部分 Internet 的应用都可以通过代理方式实现。

应用代理防火墙不能支持大规模的并发连接，在对速度敏感的行业不能使用这类防火墙。另外，防火墙核心要求预先内置一些已知应用程序的代理，使得一些新出现的应用在代理防火墙内被无情地阻断，不能很好地支持新应用。

3) 自适应代理技术

自适应代理技术的出现让应用代理防火墙技术出现了新的转机，新型的自适应代理防火墙，本质上也属于代理服务技术。

自适应代理技术是在商业应用防火墙中实现的一种革命性的技术。组成这类防火墙的基本要素有两个：自适应代理服务器与动态包过滤器。它结合了代理服务防火墙安全性和包过滤防火墙的高速度等优点，在保证安全性的基础上将代理服务器防火墙的性能提高 10 倍以上。

在自适应代理与动态包过滤器之间存在一个控制通道。在对防火墙进行配置时，用户

仅仅将所需要的服务类型、安全级别等信息通过相应代理的管理界面进行设置就可以了。然后,自适应代理就可以根据用户的配置信息,决定是使用代理服务器从应用层代理请求,还是使用动态包过滤器从网络层转发包。如果是后者,它将动态地通知包过滤器增减过滤规则,满足用户对速度和安全性的双重要求。

4) 状态检测技术

状态检测防火墙又称动态包过滤防火墙。状态检测防火墙在网络层由一个检查引擎截获数据包,抽取出与应用层状态有关的信息,并以此作为依据决定对该数据包是接受还是拒绝。状态检测防火墙是新一代的防火墙技术,也被称为第三代防火墙。

状态检测防火墙监视每一个有效连接的状态,并根据这些信息决定网络数据包是否能通过防火墙。它在协议底层截取数据包,然后分析这些数据包,并且将当前数据包和状态信息与前一时刻的数据包和状态信息进行比较,从而得到该数据包的控制信息,来达到保护网络安全的目的。

状态检测防火墙克服了包过滤防火墙和应用代理服务器的局限性,能够根据协议、端口及源地址、目的地址的具体情况决定数据包是否可以通过。对于每个安全策略允许的请求,状态检测防火墙启动相应的进程,可以快速地确认符合授权标准的数据包,这使得本身的运行速度很快。

状态检测防火墙的安全特性是最好的,但其配置非常复杂,会降低网络效率。

### 3. 入侵检测系统概述

1) 入侵检测系统的概念和功能

入侵检测系统(Intrusion-Detection System,IDS)是一种对网络传输进行实时监视,在发现可疑传输时发出警报或者采取主动反应措施的网络安全设备。IDS 使网络安全管理员能及时地处理入侵警报,尽可能减少入侵对系统造成的损害。

IDS 可识别防火墙通常不能识别的攻击,如来自企业内部的攻击;在发现入侵企图后提供必要的信息;提示网络管理员有效地监视、审计并处理系统的安全事件。

入侵检测系统通常具有以下功能:监视用户和系统的运行状况,查找非法用户和合法用户的越权操作;对系统构造和弱点进行审计;对异常行为模式进行统计分析;评估重要系统和数据文件的完整性;对操作系统进行跟踪审计管理,并识别用户违反安全策略的行为。

2) 入侵检测系统原理

从宏观角度看,入侵检测的基本原理很简单。入侵检测与其他检测技术原理相同,即从收集到的一组数据中,检测出符合某一特点的数据。入侵者在攻击时会留下痕迹,这些痕迹与系统正常运行时产生的数据混合在一起。入侵检测的任务就是要从这样的混合数据中找出是否有入侵的痕迹,如果有入侵的痕迹,就产生报警信号。

3) 入侵检测的过程

入侵检测系统有两个重要组成部分:信息收集和检测技术。

入侵检测的第一步是信息收集,其收集内容包括系统、网络数据及用户活动的状态和行为。

入侵检测的第二步就是利用入侵检测技术对收集到的信息进行统计分析、安全审计和完整性分析等，检查入侵行为，并进行相应的恢复。

4）入侵检测的分类

入侵检测可分为实时入侵检测和事后入侵检测两种类型。

实时入侵检测是在网络连接过程中进行的，系统根据用户的历史行为模型、计算机中专家系统和神经网络模型对用户当前的操作进行判断，一旦发现入侵迹象，就立即断开入侵者与主机的连接，并收集证据和实施数据恢复。这个检测过程是循环进行的。

事后入侵检测是由网络管理人员进行的。他们具有网络安全的专业知识，根据计算机系统对用户操作所做的历史审计记录判断用户是否具有入侵行为，有则断开连接，并记录入侵证据，进行数据恢复。事后入侵检测是由管理员定期或不定期进行的，不具有实时性，因此防御入侵的能力也不如实时入侵检测。

IDS按输入数据的来源分为三种：

（1）基于主机的IDS：输入数据源于系统审计日志，一般只能检测该主机上发生的入侵；

（2）基于网络的IDS：输入数据源于网络的数据流，能检测该网段上发生的网络入侵；

（3）分布式IDS：是能同时分析来自主机系统审计日志和网络数据流的IDS，系统由多个部件组成，采用分布式结构。

基于主机的IDS的优点在于不仅能检测出本地入侵，而且可以检测出远程入侵，缺点则是对操作系统依赖性较大，检测的范围较小。

基于网络的IDS的优点则在于检测范围是整个网段，独立于主机的操作系统。

## 4.6　后续子项目

在本子项目中我们了解了如何利用无线路由器组建一个安全的无线局域网，而不论是在有线网络还是在无线网络中，各类为我们提供网络服务的服务器都是必不可少的，因此在子项目5中，我们会对常见的各类服务器的工作原理和部署过程进行学习。

# 子项目 5 部署网络服务器

## 5.1 子项目的提出

网络服务器是网络环境下为客户提供某种服务的专用计算机。网络服务器上需要安装服务器操作系统，通过配置服务器操作系统，可以实现特定网络服务功能，如文件服务器、Web 服务器、数据库服务器、邮件服务器等，其中邮件服务器、Web 服务器、FTP 服务器和 DNS 服务器是最常用的网络服务器，因此非常有必要设置一个子项目来完成这 4 种网络服务器的部署工作，它可以帮助学生了解各种网络服务的特点和工作原理，掌握部署常用网络服务器的方法，使学生能够更好地胜任网络管理员的工作。

## 5.2 子项目任务

### 5.2.1 任务要求

通过子项目 4 的实施，施工组配置无线路由器为教师的电脑提供了安全的无线连接，使其通过无线方式接入到实验室的局域网中。现在项目负责人根据总体项目的规划向各个施工组下达了第 5 个子项目的任务，即部署网络服务器。

网络实验室的服务器区共有三台服务器，分别为 DNS 服务器、Web 及 FTP 服务器和邮件服务器(WEB 和 FTP 服务器共用同一台服务器)，其中 Web 服务器用来发布学校或是学生制作的网站，FTP 服务器用于项目负责人向各队队长发布任务、共享资料等，邮件服务器负责提供邮件的收发服务，而 DNS 服务器则是用来为这些服务器提供域名解析服务。本子项目的任务即是实现这些服务器的功能。

### 5.2.2 任务分解和指标

项目负责人对子项目任务进行分解，提出具体的任务指标如下：

#### 1. 配置 DNS 服务器

配置 DNS 服务器使其能够为网站 www. xinxi. com、FTP 服务器 ftp. xinxi. com 以及

邮件服务器 email. xinxi. com 提供域名解析服务。

### 2. 部署 Web 服务器

在 Web 服务器上创建并配置网站 www. xinxi. com，主目录名称为 xinxi，默认首页的名称为 xinxiindex. htm，客户端可以通过 IE 浏览器访问该网站。

### 3. 部署 FTP 服务器

在 FTP 服务器上安装 FTP 服务，创建并配置 FTP 站点 ftp. xinxi. com，主目录名称为 xinxiftp，FTP 客户端通过 IE 浏览器访问该 FTP 站点，读取和复制文件夹中的内容，但不可以修改。为了保证安全，要求只允许 IP 地址在 192. 168. 8. 0 网段的计算机访问本 FTP 站点。

### 4. 部署邮件服务器

在邮件服务器上安装电子邮件服务，电子邮件域名为 xinxi. com。为每个施工组创建一个用户邮箱，邮箱名为“team 组号”，密码为“password 组号”。配置主机作为电子邮件客户端，配置 Outlook Express 发送和接收电子邮件。

## 5.3 实施项目的预备知识

本部分主要讲授实施子项目 5 的预备知识，包括域名服务、WWW 服务、邮件服务等方面的内容。

◆ **预备知识的重点内容：**

◇ 域名解析的过程；

◇ 邮件服务的原理和协议；

◇ FTP 和 WWW 的工作原理；

◇ 部署 DNS 服务；

◇ 部署 Web、FTP 服务；

◇ 部署邮件服务。

◆ **关键术语：**

DNS；递归查询；迭代查询；WWW；HTTP；HTML；电子邮件；SMTP；POP；FTP。

◆ **内容结构：**

本部分预备知识可以概括为 4 大部分，具体的内容结构如下：

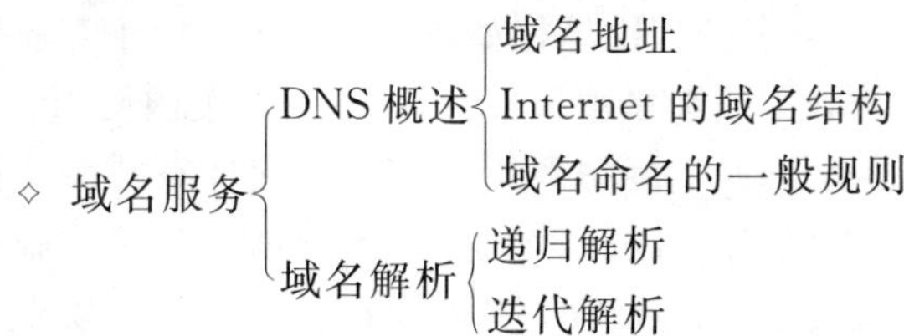

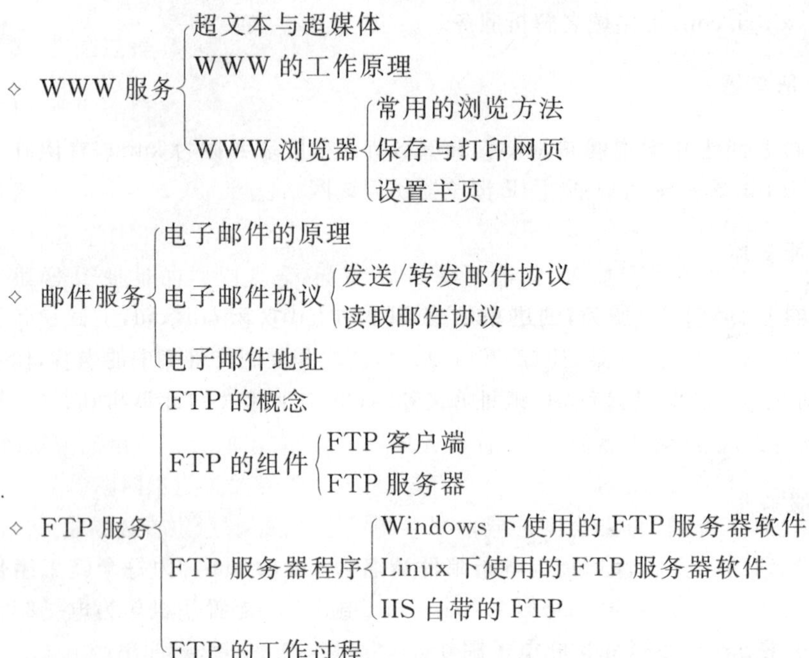


### 5.3.1　域名服务

#### 1. DNS 概述

1）域名地址

在 Internet 上，每台主机都有一个唯一的 IP 地址，然而，IP 地址比较难记忆，为直观地标识网上的每一台主机便于人们记忆，可以采用具有层次结构的域名作为主机标识。主机域名一般是由一系列用点隔开的字母数字标签组成的，比如：www.cctv.com。

虽然域名容易记忆，但计算机却仅能识别二进制的 IP 地址，为此必须有将域名映射成 IP 地址的系统，该系统称为域名系统（Domain Name System，DNS）。由域名地址转换到 IP 地址的转换过程称为域名解析（Name Resolution）。

2）Internet 的域名结构

Internet 的域名结构是由 TCP/IP 协议簇的域名系统定义的。域名系统也与 IP 地址的结构一样，采用典型的层次结构。域名可分为不同级别，包括顶级域名、二级域名等。顶级域名又分为两类：一是地理顶级域名，共有 243 个国家和地区的代码，例如.cn 代表中国、.jp 代表日本、.uk 代表英国等；另一类是类别顶级域名，最初有 7 个：.com（表示工商企业公司）、.net（表示网络提供商）、.org（表示非盈利组织）、.edu（美国教育）、.gov（美国政府部门）、.mil（美国军方）、.int（国际组织）。域名的层次结构如图 5.1 所示。由于互联网最初是在美国发展起来的，所以.gov，.edu，.mil 虽然都是顶级域名，但却仅在美国使用。

随着互联网的不断发展，新的顶级域名也根据实际需要不断被扩充到现有的域名体系中来。1997 年，增加了几个国际通用顶级域名：firm（公司企业）、store（销售公司或企业）、web（突出 WWW 活动的单位）、arts（突出文化、娱乐活动的单位）、rec（突出消遣、娱乐活动的单位）、info（提供信息服务的单位）、nom（个人）、biz（商业）。

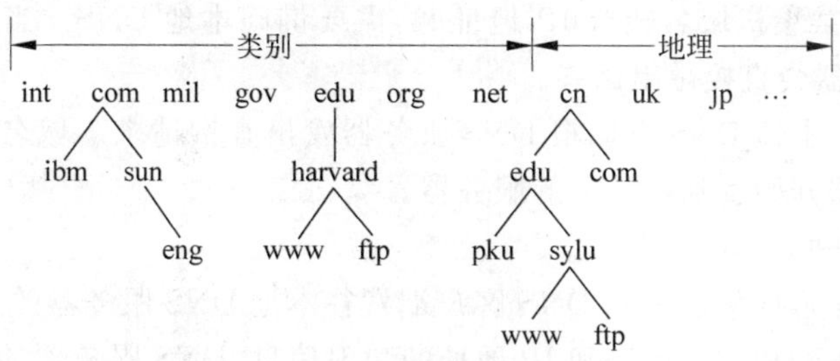


图 5.1 Internet 域名层次结构

二级域名是指顶级域名之下的域名，在国家顶级域名下，它是表示注册企业类别的符号。在我国，二级域名又分为类别域名和行政区域名两类。类别域名共 7 个，ac(科研机构)、com(工商金融企业)、edu(教育机构)、gov(政府部门)、net(互联网络服务)、org(非盈利组织)、mil(国防)。而行政区域名有 34 个，分别对应于我国各省、各自治区和直辖市。

国际域名由美国的互联网名称与数字地址分配机构 ICANN(The Internet Corporation for Assigned Names and Numbers)负责注册和管理；而中国国内域名则由中国互联网络信息中心(China Internet Network Information Center)，即 CNNIC 负责注册和管理。

3) 域名命名的一般规则

三级域名用字母(A～Z，a～z)、数字(0～9)和英文连词符“-”命名，各级域名之间用实点(.)连接，三级域名的长度不能超过 20 个字符。

Internet 主机域名的排列原则是低层的子域名在左面，而它们所属的高层域名在右面。Internet 主机域名的一般格式为：四级域名.三级域名.二级域名.顶级域名。

例如，主机域名：

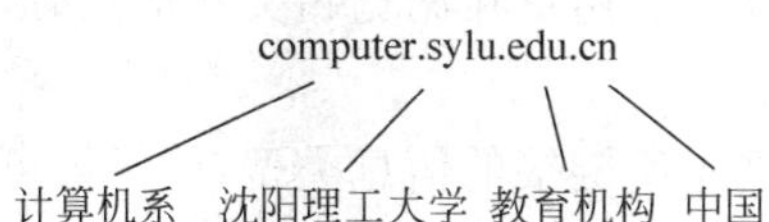


域名可以有多级，不管有几级域名，域名地址不能超过 255 个字符。

域名系统层次结构的优点是：各层内的各个组织在它们的内部可以自由选择域名，只需保证组织内域名的唯一性，而不需担心与其他组织内的域名冲突。

## 2. 域名解析

域名解析是指将域名转换成对应的 IP 地址的过程，它主要由 DNS 服务器来完成。DNS 使用了分布式的域名数据库，运行域名数据库的计算机称为 DNS 服务器。

每一个拥有域名的组织都必须有 DNS 服务器，以提供自己域内的域名到 IP 地址的映射服务。例如，××大学的 DNS 服务器的 IP 地址为 202.101.0.12，它负责进行 xx.edu.cn 域内的域名和 IP 地址之间的转换。在我们设定 IP 网路环境的时候，都要指出进行本主机域名映射的 DNS 服务器的地址。

DNS 服务器以层次型结构(和域名树相对应)分布在世界各地，每台 DNS 服务器只存储了本域名下所属各域的 DNS 数据。

当客户端要将某主机域名转成IP地址时，需要询问本地DNS。当数据库中有该域名记录时，DNS服务器会直接做出回答。

如果没有查到，本地DNS会向根DNS服务器发出查询请求。域名解析采用自顶向下的算法，从根服务器开始直到树叶上的服务器。

域名解析有两种方式：

(1) **递归解析**：递归解析是指DNS客户端发往本地DNS服务器的查询，要求服务器提供该查询的答案，找到相应的域名和IP地址的映射信息，DNS服务器的响应要么是查询到结果，要么是查询失败。

(2) **迭代解析**：本地DNS会向根DNS服务器发出查询请求，上层DNS服务器会将该域名的下一层DNS服务器的地址告知本地DNS服务器。本地DNS服务器随后向下一层DNS服务器查询中远方服务器回应查询。若该回应并非最后一层的答案，则继续往下一层查询，直到获得客户端所查询的结果为止。将结果回应给客户端。

### 5.3.2 WWW服务

WWW(World Wide Web)的中文名为万维网，它的出现是Internet发展中的一个里程碑。WWW服务是Internet上最方便与最受用户欢迎的信息服务类型，它的影响力已远远超出了专业技术范畴，并已进入电子商务、远程教育、远程医疗与信息服务等领域。

#### 1. 超文本与超媒体

要想了解WWW，首先要了解超文本(Hypertext)与超媒体(Hypermedia)的基本概念，因为它们是WWW的信息组织形式，也是WWW实现的关键技术之一。

在WWW系统中，信息是按超文本方式组织的。用关键字(称为"热字")将文档中的不同部分或与不同的文档链接起来。用户在浏览超文本信息时，可以选中其中的"热字"，通过链接跳转浏览其指定的信息。

超媒体进一步扩展了超文本所链接的信息类型，超媒体可以通过这种集成化的方式，将多种媒体的信息联系在一起。用户不仅能从一个文本跳到另一个文本，而且可以激活一段声音，显示一个图形，甚至可以播放一段动画或视频。在目前市场上，流行的多媒体电子书籍大都采用这种方式。例如，在一个介绍动物的多媒体网页中，当读者单击屏幕上显示的老虎图片或文字时，可以播放一段关于老虎的动画或视频。

#### 2. WWW的工作原理

WWW是以超文本标记语言(HyperText Markup Language，HTML)与超文本传输协议(HyperText Transfer Protocol，HTTP)为基础，提供面向Internet服务的信息浏览系统。

WWW采用了客户机/服务器模式，客户端程序是标准的浏览器程序。

WWW的工作原理有三要素：WWW服务器、WWW浏览器及两者之间的传输协议HTTP。它的工作原理如图5.2所示。

Web页由HTML语言来编制，在Web页间可建立超文本链接以便于浏览，文件名后缀为.htm或.html。

信息资源以网页(Web页)的形式存储在WWW服务器中，并以Web页的形式显示及

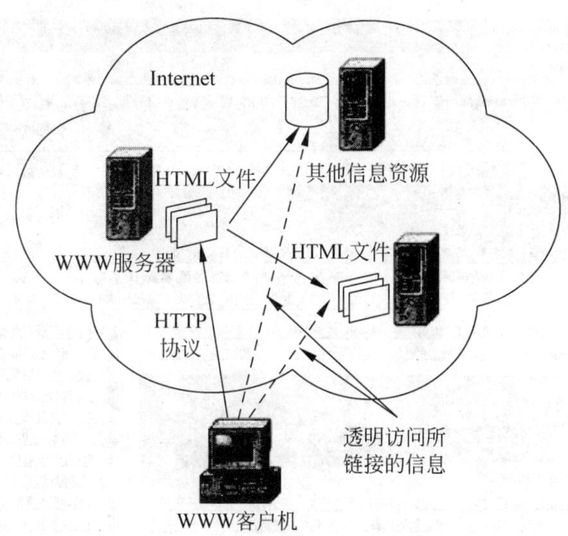


图 5.2　WWW 服务的工作原理

互相链接。用户指定一个 URL,通过浏览器向 WWW 服务器发出请求；WWW 服务器根据客户端请求将保存在 WWW 服务器中的 URL 指定的页面发送给客户端；客户端的浏览器程序将 HTML 文件解释后显示在用户的屏幕上,然后断开与服务器的连接。我们可以通过页面中的链接,方便地访问位于其他 WWW 服务器中的页面,或是其他类型的网络信息资源。

这种模式称为浏览器/服务器(Browser/Server,B/S)模式。和传统的 C/S 相比,B/S 是一种平面型多层次的网状结构,其最大的特点是与软硬件平台的无关性。

HTTP 是超文本传输协议,信息是明文传输,使用的端口为 80。为保障 Internet 上数据传输的安全,Netscape 研发了 HTTPS(Secure Hypertext Transfer Protocol,安全超文本传输协议),它是基于 HTTP 开发的,使用 SSL (Secure Socket Layer)安全套接字层数据加密技术,在客户计算机和服务器之间交换信息。数据在发送前要先经过加密,在接收时,先解密再处理。确保数据在网络传输过程中不会被截取及窃听。简单来说,它是 HTTP 的安全版。HTTPS 使用的端口是 443。

### 3. WWW 浏览器

WWW 浏览器是用来浏览 Internet 上网页的客户端软件。浏览器在接收到 WWW 服务器发送的网页后对其进行解释,最终将图、文、声并茂的画面呈现给用户。WWW 浏览器为用户提供了寻找 Internet 上内容丰富、形式多样的信息资源的便捷途径。

现在的 WWW 浏览器的功能非常强大,利用它可以访问 Internet 上的各类信息。可以通过浏览器来播放声音、动画与视频,使得 WWW 世界变得更加丰富多彩,搜狐首页如图 5.3 所示。

目前,最流行的浏览器软件主要有 Microsoft 公司的 IE(Internet Explorer)、火狐浏览器 FireFox、傲游浏览器 Maxthon Browser、苹果电脑操作系统的 Safari 浏览器等。

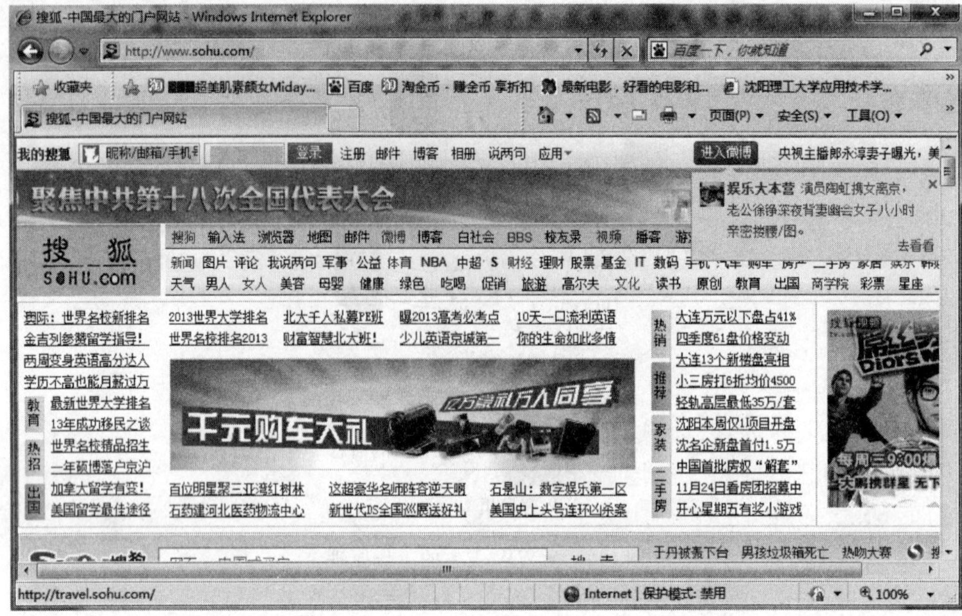


图 5.3　搜狐首页

### 4. 主页

主页（Home Page）是指个人或机构的基本信息页面，主页是通过 Internet 了解一个单位、企业或政府部门的重要手段。

主页一般包含以下几种基本元素：

（1）文本（Text）：最基本的元素，就是通常所说的文字。

（2）图像（Image）：WWW 浏览器能识别 gif、jpg、swf 等多种图像格式。

（3）表格（Table）：类似于 Word 中的表格，表格单元内容一般为字符类型。

（4）超链接（Hyper Link）：HTML 中的重要元素，用于将 HTML 元素与其他网页相连。

### 5. URL

在 Internet 中有许多 WWW 服务器，而每台服务器中又存有很多网页。对每一网页可使用统一资源定位符（URL，Uniform Resource Locator），俗称“网址”，进行标识。之所以称为统一，是因为它们是采用了相同的基本语法格式来描述信息资源的字符串。

标准的 URL 由 4 部分组成：

<协议>://<主机域名>/[路径]/[文件名]

（1）协议（或称为服务方式），有 http、ftp、telnet、news 等；

（2）存有该资源的主机域名；

（3）主机上资源的路径；

（4）文件名（有时也包括端口号）。

第一部分和第二部分之间用“://”符号隔开，第二部分和第三部分用“/”符号隔开。第二部分是不可缺少的，第一部分和第三部分有时可以省略。当访问 WWW 服务器时，第一部分可省略。

例如，沈阳理工大学的网址（WWW 服务器主页文件的 URL）为：

```
http://www.sylu.edu.cn/sylgdx_new/default.php
```

其中，http://指出使用 HTTP 协议，www.sylu.edu.cn 指出要访问的服务器的主机域名，/sylgdx_new/default.php 是要访问的主页的路径与文件名。

PHP 是超级文本预处理语言（Hypertext Preprocessor）的缩写。PHP 是一种完全免费的在服务器端执行的嵌入 HTML 文档的脚本语言。PHP 是生成动态网页的工具之一。

如果用户希望访问某台服务器中的某个 Web 页，只要在浏览器的地址栏中输入该页面的 URL，便可以浏览到该页面。

### 6. 浏览器的基本用法

将计算机连入 Internet 后，通过 Internet Explorer 浏览器，可以方便地浏览 Internet 上的 WWW 资源。

1）常用的浏览方法

（1）直接在 URL 地址栏中输入网址

如果知道某网站的网址，可以在 URL 地址栏中输入网址（例如清华大学的网址：http://www.tsinghua.edu.cn），然后按 Enter 键。这时，会进入“清华大学”网站首页。

在 URL 地址栏中输入某个网址时，可以利用 IE 的“自动完成”功能，只要输入那些曾经输入过的网址的关键字，IE 浏览器就会自动显示出相应的网址以供选择。

（2）使用 URL 地址栏的下拉菜单

如果要打开曾经访问过的网站网址，可以单击 URL 地址栏右侧的下拉按钮，在弹出的下拉菜单中选择网址，然后按 Enter 键，将会打开相应的站点。

（3）使用超链接打开网页

超链接的存在使得在 Internet 中浏览资源非常容易。无论采用文本还是图形作为超链接，当鼠标指针移动至网页上的超链接位置时，鼠标指针会变为一个手形的图标。用鼠标单击这个超链接，就可以打开其所链接的网页。

如果要在新窗口中打开某个超链接，只需将鼠标移到这个超链接位置，然后单击鼠标右键，并在弹出的快捷菜单中选择“在新的窗口中打开”选项。

（4）使用工具栏中的按钮

IE 浏览器的工具栏中有几个快捷按钮可以方便地访问本次浏览中访问过的网页。单击“后退”、“前进”按钮，可以在已经访问过的网页间跳转；单击“主页”按钮，就可以打开浏览器设置的开始主页。

（5）使用和管理收藏夹

可将喜欢的当前网站保存在收藏夹中，以后可从收藏夹中打开该网站。

2）保存与打印网页

在“文件”菜单中，选择“保存”或“打印”命令，可以将站点的网页保存在硬盘中，也能将网页打印出来。

3）设置主页

在IE浏览器中，将你希望进入IE就看到的第一个网页称为"主页"。单击浏览器上的"工具"菜单项，选择"Internet选项"，打开"Internet选项"窗口，如图5.4所示，在"常规"选项卡中的主页地址栏中，输入希望打开该浏览器时就显示的Web页的URL，如百度的网址www.baidu.com，或者单击"使用当前页"按钮，则当前主页的URL会自动出现在主页地址栏中。

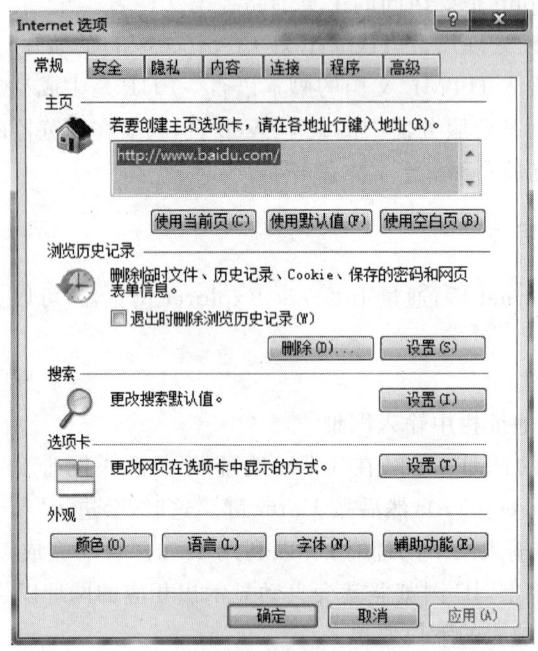


图5.4　设置主页界面

### 5.3.3　邮件服务

电子邮件(Electronic Mail,E-mail)是因特网上重要的信息服务方式，它为世界各地的因特网用户提供了一种极其快速、经济的通信和交换信息的方法。传输的信件和附件可以在对方计算机上进行编辑。E-mail已成为利用率最高的因特网应用。

#### 1. 电子邮件的原理

电子邮件的基本原理：在通信网上设立"电子信箱系统"，系统的硬件是一个高性能、大容量的邮件服务器。在该服务器的硬盘上为申请邮箱的用户划分一定的存储空间作为用户的"信箱"，存储空间包含存放所收信件、编辑信件以及信件存档三部分空间，系统为每个用户确定一个用户名和可以自己随意修改的口令，以便用户使用自己的邮箱。用户使用口令开启自己的信箱，并进行编辑、发信、读信、转发、存档等操作。

发送方通过发送邮件客户程序，将编辑好的电子邮件向邮件服务器发送。

邮件服务器功能类似"邮局"识别邮件接收者的地址，并向该地址的邮件服务器发送邮件。接收方的邮件服务器将邮件存放在接收者的电子信箱内，并告知接收者有新邮件到来。

接收者连接到服务器，打开自己的电子信箱后，就会看到服务器的通知，进而通过接收邮件客户程序,来查收邮件。

因特网中的邮件服务器通常24小时正常工作。用户可以不受时间、地点的限制,通过计算机和邮件应用程序来发送和接收电子邮件。原理如图5.5所示。

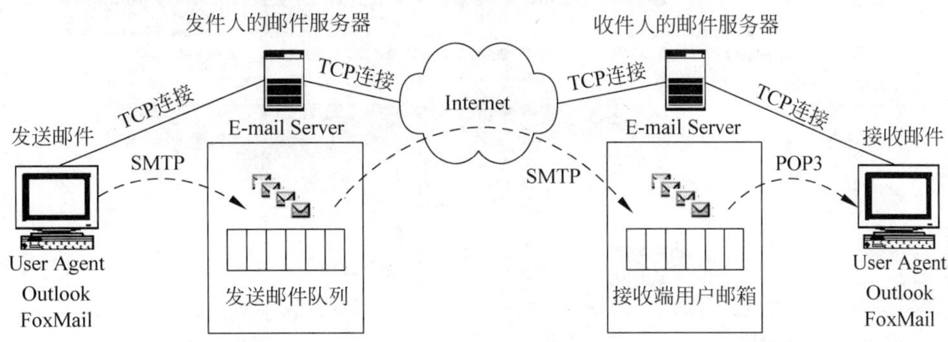


图5.5　E-mail传递、接收原理

### 2. 电子邮件协议

1) 发送/转发邮件协议

(1) SMTP(Simple Mail Transfer Protocol)简单邮件传输协议

SMTP是TCP/IP协议的一部分,它规定了电子邮件的信息格式和传输处理方法。

(2) MIME(Multipurpose Internet Mail Extension)多用途互联网邮件扩展协议

MIME说明了如何使消息在不同邮件系统内进行交换。MIME格式灵活,它允许邮件中包含任意类型的文件。MIME消息可以包含文本、图像、声音、视频以及其他应用程序的特定数据。

2) 读取邮件协议

(1) POP3(Post Office Protocol)邮局协议第3版

POP是用户代理从远程邮箱中读取电子邮件的一种协议,它主要用于电子邮件的接收,使用TCP的110端口,当客户机需要服务时,用户代理软件将与POP3服务器建立连接。首先确认客户机提供的用户名和密码。在认证通过以后,便从远程邮箱中读取电子邮件,存放在用户的本地机上,以便以后阅读。在完成操作以后,进入更新状态,将做了删除标记的邮件从服务器端删除。

(2) IMAP4(Internet Message Access Protocol 4)Internet邮件访问协议第4版

IMAP用于访问存储在邮件服务器系统内的电子邮件和电子公告板信息。IMAP允许用户远程访问保存在IMAP服务系统内的邮件,不需要将电子邮件复制到某台具体的计算机上,允许多台计算机访问这个邮箱,并查看同一封邮件的内容。

### 3. 电子邮件地址

每个电子邮箱都有唯一的地址,称做E-mail地址。E-mail地址由用户名和邮箱所在邮件接收服务器的域名两部分组成,用连接符@来进行分隔。

例如,电子邮件地址zhang3@sohu.com中的zhang3是用户名,sohu.com是邮件服务器域名。

通常人们是在某些知名网站上，申请一个免费邮箱，登录这个邮箱，可以写邮件、发送邮件和接收邮件、建立自己的博客、建立相册，建立网盘等，搜狐邮箱登录界面如图 5.6 所示。

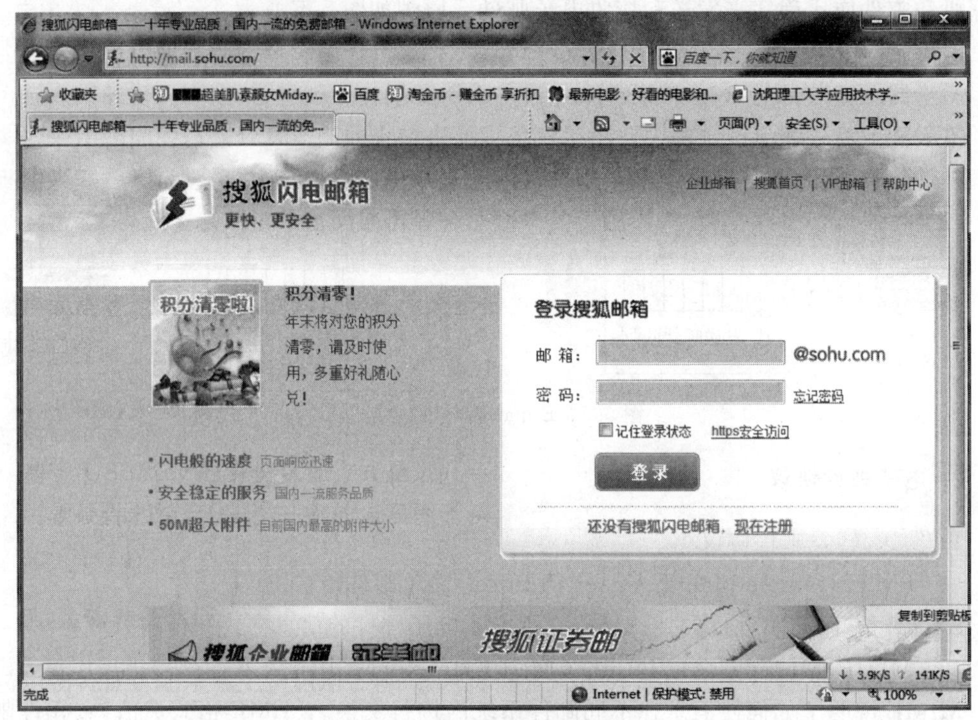


图 5.6　搜狐邮箱登录界面

### 5.3.4　FTP 服务

一般来说，用户联网的首要目的就是实现信息共享，文件传输是信息共享非常重要的内容之一。Internet 上早期实现传输文件，并不是一件容易的事，我们知道 Internet 是一个非常复杂的计算机环境，连接在 Internet 上的计算机已有上千万台，而这些计算机可能运行不同的操作系统，有运行 UNIX 的服务器，也有运行 Windows 的 PC 和运行 MacOS 的苹果机等，而各种操作系统之间的文件交流问题，需要建立一个统一的文件传输协议，这就是所谓的 FTP。基于不同的操作系统有不同的 FTP 应用程序，而所有这些应用程序都遵守同一种协议，这样用户就可以把自己的文件传送给别人，或者从其他的用户环境中获得文件。

#### 1. FTP 的概念

FTP 的全称是 File Transfer Protocol，即文件传输协议，它基于 TCP 协议，用于在计算机间传送文件。

#### 2. FTP 的组件

1) FTP 服务器

FTP 服务器，则是在互联网上提供存储空间的计算机，它们依照 FTP 协议提供服务。简单地说，支持 FTP 协议的服务器就是 FTP 服务器。

在 Internet 上有许多 FTP 服务器，这些服务器提供了数量繁多的文件，诸如公共软件、免费软件、文本文件、图形文件等，以供用户下载。

2）FTP 客户端

所有访问 FTP 服务器的计算机都可以看做是 FTP 客户端。用户需要注册才能登录 FTP 服务器，有的 FTP 服务器允许匿名（Anonymous）登录。

把文件从客户端传送到服务器称为“上载”（Upload）；把文件从服务器传送到客户端称为“下载”（Download）。

### 3. FTP 的工作过程

与大多数 Internet 服务一样，FTP 也是一个客户端/服务器系统。用户通过一个支持 FTP 协议的客户端程序，连接到在远程主机上的 FTP 服务器程序。用户通过客户端程序向服务器程序发出命令，服务器程序执行用户所发出的命令，并将执行的结果返回到客户端。比如说，用户发出一条命令，要求服务器向用户传送某一个文件的一份拷贝，服务器会响应这条命令，将指定文件送至用户的机器上。客户端程序代表用户接收到这个文件，将其存放在用户目录中。

### 4. FTP 服务器程序

1）Windows 下使用的 FTP 服务器软件

（1）Serv-U

Serv-U 是一种被广泛运用的 FTP 服务器端软件，支持 3x/9x/ME/NT/2K/2000/XP 等全 Windows 系列。可以设定多个 FTP 服务器、限定登录用户的权限、登录主目录及空间大小等，功能非常完备。它具有非常完备的安全特性，支持 SSL FTP 传输，支持在多个 Serv-U 和 FTP 客户端通过 SSL 加密连接保护数据安全等。

Serv-U 是目前众多的 FTP 服务器软件之一。通过使用 Serv-U，用户能够将任何一台 PC 设置成一个 FTP 服务器，这样，用户或其他使用者就能够使用 FTP 协议，通过在同一网络上的任何一台 PC 与 FTP 服务器连接，进行文件或目录的复制、移动、创建和删除等。

（2）FileZilla_Server

FileZilla_Server 是一款经典的开源 FTP 解决方案，包括 FileZilla 客户端和 FileZilla-Server。其中，FileZilla-Server 的功能比起商业软件 FTP Serv-U 毫不逊色。无论是传输速度还是安全性方面，都是非常优秀的一款 FTP 服务器端软件。

2）Linux 下使用的 FTP 服务器软件

VSFTP 是一个基于 GPL 发布的类 UNIX 系统上使用的 FTP 服务器软件，它的全称是 Very Secure FTP，从此名称可以看出，编制者的初衷是代码的安全。

安全性是编写 VSFTP 的初衷，除了这与生俱来的安全特性以外，高速与高稳定性也是 VSFTP 的两个重要特点。

在速度方面，使用 ASCII 代码的模式下载数据时，VSFTP 的速度是 Wu-FTP 的两倍，如果 Linux 主机使用 2.4.＊的内核，在千兆以太网上的下载速度可达 86MB/s。

在稳定方面，VSFTP 就更加出色，VSFTP 在单机（非集群）上支持 4000 个以上的并发用户同时连接，根据 Red Hat 的 FTP 服务器的数据，VSFTP 服务器可以支持 15 000 个并

发用户。

3）IIS 自带的 FTP 的使用

在 Windows Server 2003 中安装 IIS 的同时即可以安装 FTP 服务，然后通过配置实现 FTP 服务器的功能。

## 5.4 子项目实施

### 5.4.1 部署 DNS 服务器

#### 1. 任务指标

要求施工组在 DNS 服务器上安装 DNS 服务，并配置 DNS 服务器使其能够为网站 www.xinxi.com、FTP 服务器 ftp.xinxi.com 以及邮件服务器 email.xinxi.com 提供域名解析服务。

#### 2. 设备需求

DNS 服务器一台：操作系统为 Windows Server 2003。

#### 3. 实施过程

1）硬件连接

利用直连网线将 DNS 服务器和服务区的交换机的快速以太网端口 1 相连，启动交换机和 DNS 服务器。

2）设置 IP 地址

根据 IP 地址的规划要求，设置 DNS 服务器的 IP 地址为 192.168.8.194，子网掩码为 255.255.255.224，默认网关为 192.168.8.193，首选 DNS 服务器地址为 192.168.8.194，具体如图 5.7 所示。

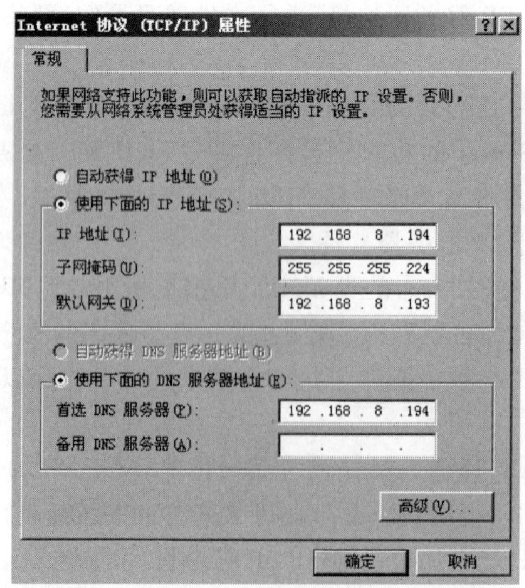


图 5.7　DNS 服务器的 IP 地址界面

3）安装和配置 DNS 服务

（1）单击“开始”→“管理工具”→“管理您的服务器”，打开“管理您的服务器”界面，如图 5.8 所示。

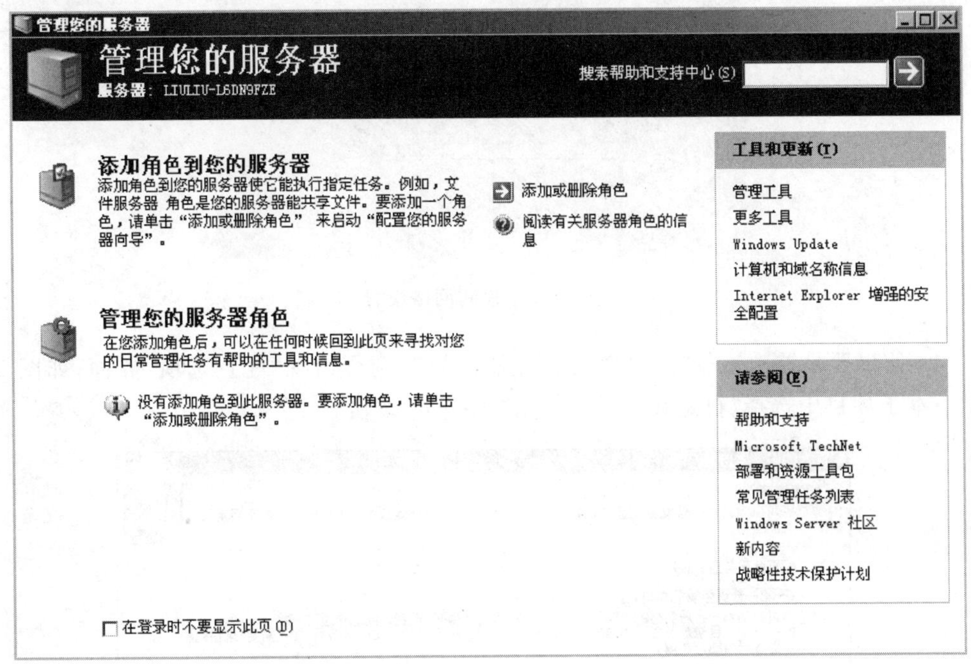


图 5.8　“管理您的服务器”界面

（2）单击“添加或删除角色”，会弹出“配置您的服务器向导”的预备步骤界面，如图 5.9 所示，本界面主要是帮助确认是否完成了准备工作，如硬件连接、安装盘等。

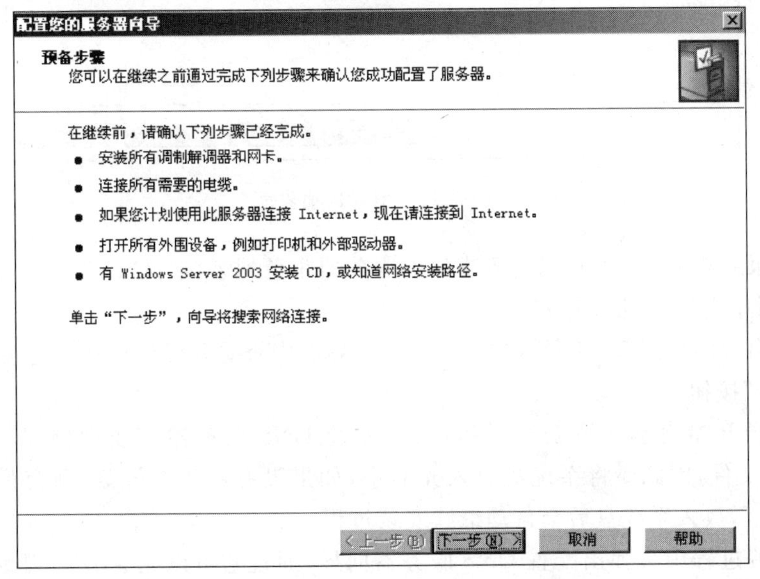


图 5.9　“配置您的服务器向导”的预备步骤界面

(3) 直接单击“下一步”按钮后会出现检测网络设置的界面,如图 5.10 所示。

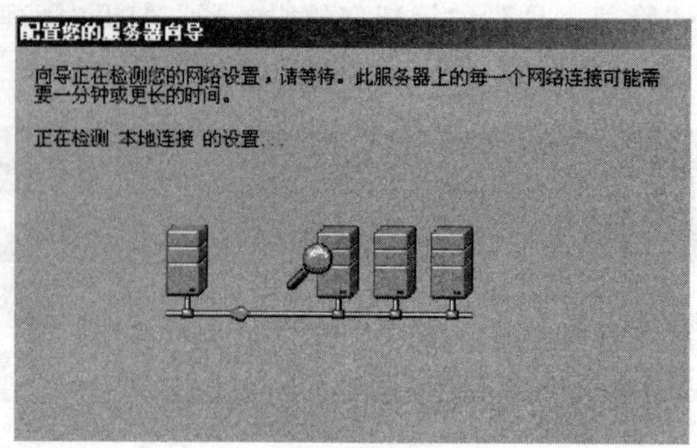


图 5.10　检测网络设置

(4) 如果要是首次运行“配置您的服务器向导”,则会出现“配置选项”界面,如图 5.11 所示。本子项目中选择“自定义配置”,单击“下一步”按钮。

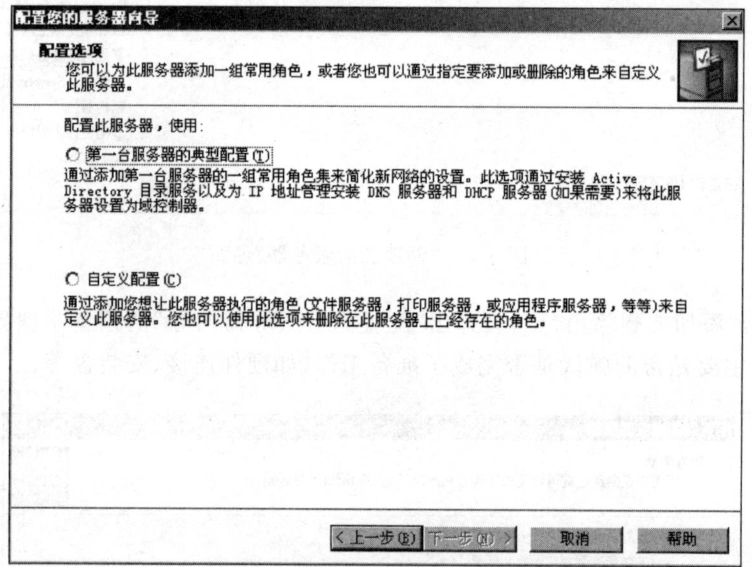


图 5.11　配置选项界面

(5) 在服务器角色界面可以看到支持的服务器角色列表,选择“DNS 服务器”,如图 5.12 所示,选中后单击“下一步”按钮。

(6) 在出现的如图 5.13 所示的“选择总结”界面中查看并确认选择的选项,没有错误则单击“下一步”按钮。

(7) 向导开始自动完成安装过程,由于安装 DNS 服务器需要用到 Windows Server 2003 的系统文件,因此要将系统盘放入光驱中,如果没有放入系统盘,则会弹出如图 5.14 所示的提示框,放入系统盘后会自动继续安装过程。

(8) 安装过程中会弹出配置 DNS 服务器向导,通过它可以完成 DNS 服务器的基本配置,欢迎界面如图 5.15 所示,在本界面中直接单击“下一步”按钮即可。

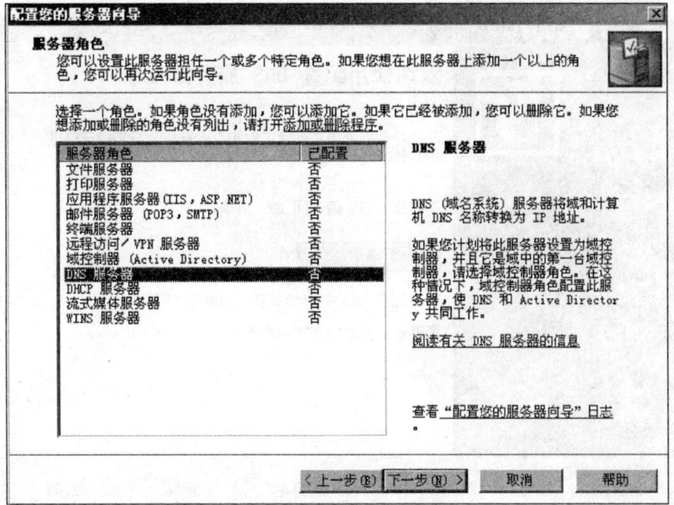


图 5.12　服务器角色选择界面

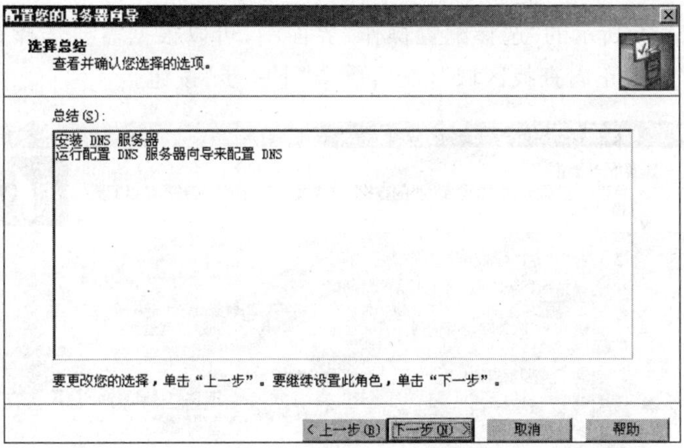

图 5.13　“选择总结”界面

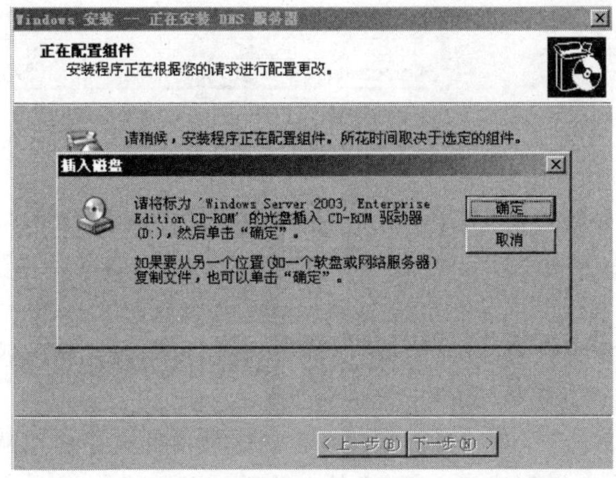


图 5.14　插入系统盘提示界面

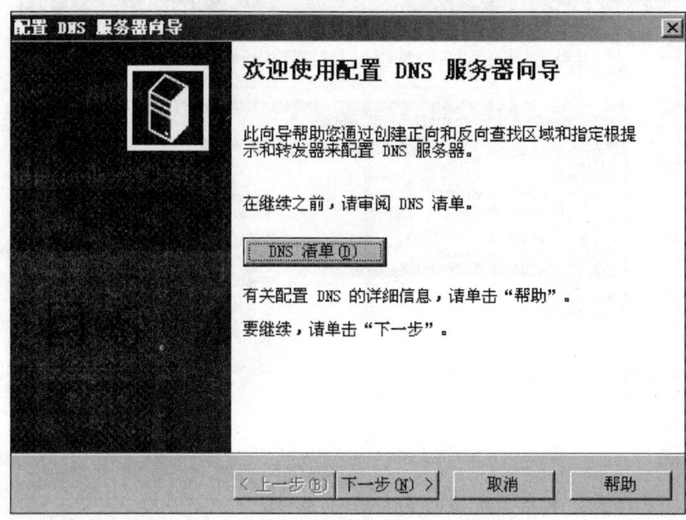


图 5.15　配置 DNS 服务器向导欢迎界面

(9) 在如图 5.16 所示的“选择配置操作”界面中，可以根据需要选择查找区域的类型，本子项目中选择“创建正向查找区域”，而后单击“下一步”按钮。

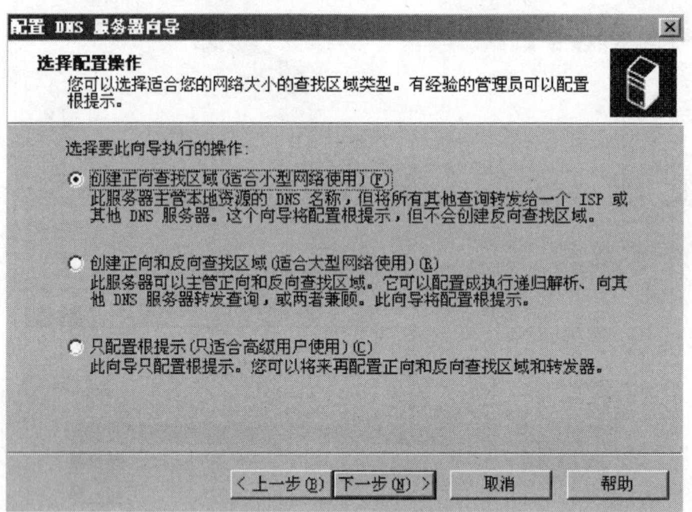


图 5.16　选择配置操作界面

(10) 弹出“主服务器位置”界面，在本界面中可以选择由哪个 DNS 服务器维护这个正向查找区域，本子项目中选择“这台服务器维护该区域”，如图 5.17 所示，然后单击“下一步”按钮。

(11) 在如图 5.18 所示的“区域名称”界面中，我们可以设置新区域的名字，本子项目中的区域名称为 xinxi.com，输入后单击“下一步”按钮。

(12) 弹出“区域文件”界面后可以创建一个新区域文件或是使用从其他 DNS 服务器复制的文件，本子项目中选择创建新文件，文件名为默认的 xinxi.com.dns，具体如图 5.19 所示，然后单击“下一步”按钮。

配置 DNS 服务器向导
主服务器位置
您可以选择在哪里为您的网络资源维护 DNS 数据。
哪个 DNS 服务器维护您的主要正向查找区域?
这台服务器维护该区域(T)
该向导帮助您创建一个主要正向查找区域。
ISP 维护该区域，一份只读的次要副本常驻在这台服务器上(A)
该向导帮助您创建一个附属正向查找区域。
有关维护 DNS 服务器区域的详细信息，请单击“帮助”。
< 上一步(B)
下一步(N) >
取消
帮助

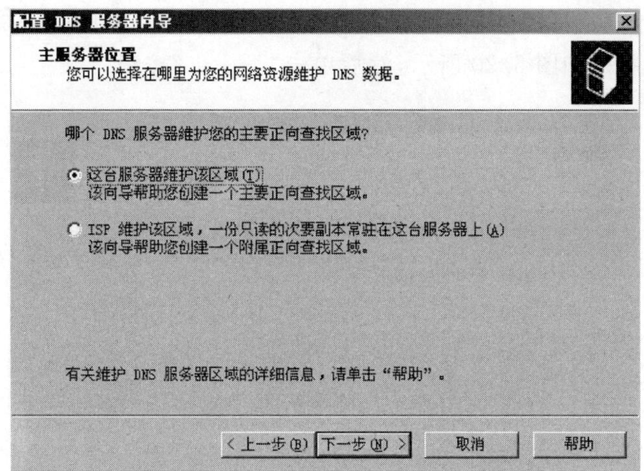

图 5.17　主服务器位置界面

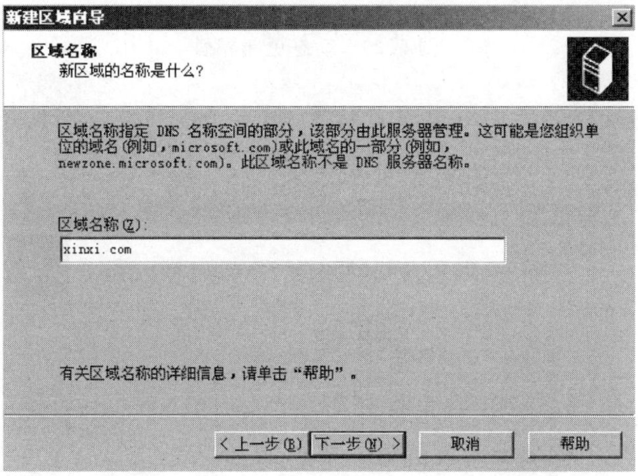

新建区域向导
区域名称
新区域的名称是什么?
区域名称指定 DNS 名称空间的部分，该部分由此服务器管理。这可能是您组织单位的域名(例如，microsoft.com)或此域名的一部分(例如，newzone.microsoft.com)。此区域名称不是 DNS 服务器名称。
区域名称(Z):
xinxi.com
有关区域名称的详细信息，请单击“帮助”。
< 上一步(B)
下一步(N) >
取消
帮助

图 5.18　区域名称界面

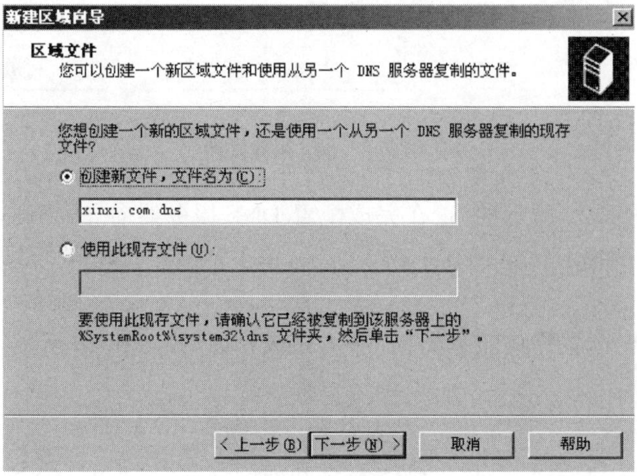

新建区域向导
区域文件
您可以创建一个新区域文件和使用从另一个 DNS 服务器复制的文件。
您想创建一个新的区域文件，还是使用一个从另一个 DNS 服务器复制的现存文件?
创建新文件，文件名为(C):
xinxi.com.dns
使用此现存文件(U):
要使用此现存文件，请确认它已经被复制到该服务器上的 %SystemRoot%\system32\dns 文件夹，然后单击“下一步”。
< 上一步(B)
下一步(N) >
取消
帮助

图 5.19　区域文件界面

(13) 在动态更新界面可以选择本区域接受的更新方式,本子项目中可以选择“允许非安全和安全动态更新”,如图 5.20 所示,然后单击“下一步”按钮。

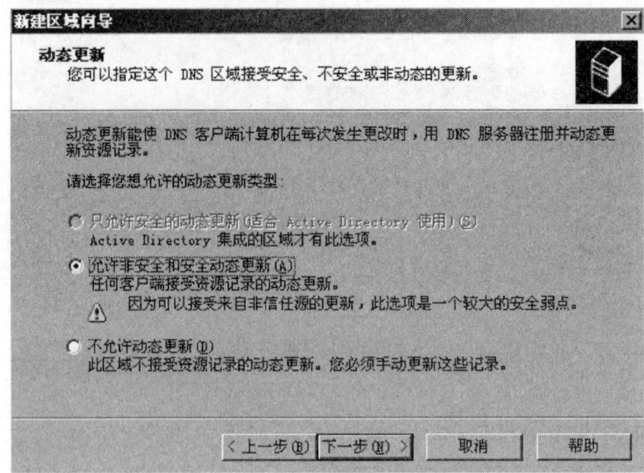


图 5.20　动态更新界面

(14) 在弹出的转发器界面可以设置转发器,本子项目中无需使用转发器,因此选择“否,不向前转发查询”,具体如图 5.21 所示,然后单击“下一步”按钮。

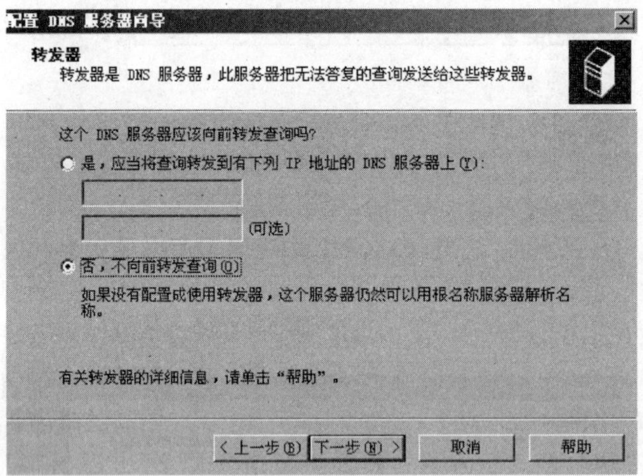


图 5.21　转发器界面

(15) 弹出如图 5.22 所示的“正在完成配置 DNS 服务器向导”界面,单击“完成”后会出现一个关于根提示的提示信息,如图 5.23 所示,单击“确定”按钮即可退回到“配置您的服务器向导”界面。

(16) 最后出现“配置您的服务器向导”的完成界面,如图 5.24 所示,单击“完成”按钮后退出。

4) 新建主机记录

(1) 单击“开始”→“管理工具”→DNS,打开如图 5.25 所示的 DNS 控制台界面。

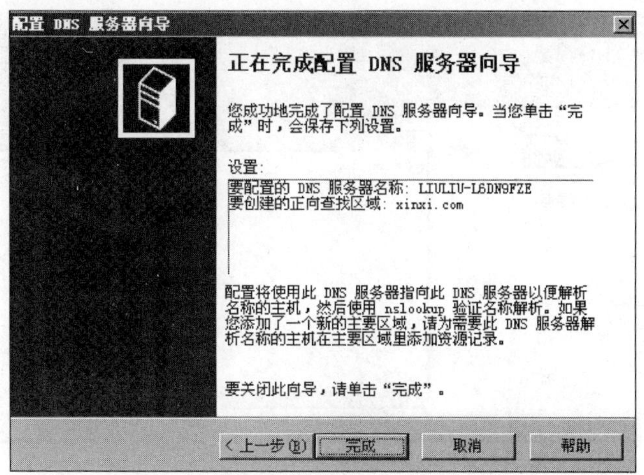


图 5.22　完成配置 DNS 服务器向导界面

图 5.23　根提示对话框

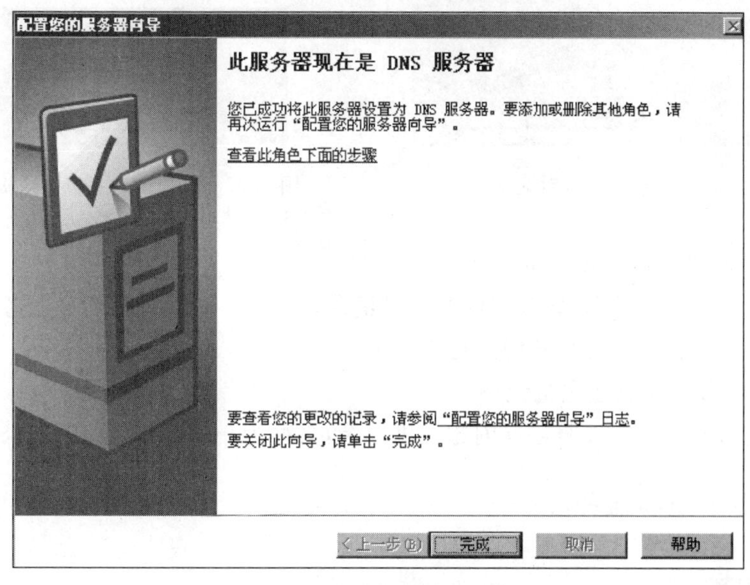


图 5.24　完成界面

(2) 为 Web 服务器创建主机记录

展开“正向查找区域”，单击 xinxi.com，在右侧的空白处右击，选择“新建主机”，弹出如图 5.26 所示的新建主机对话框，输入名称：www，IP：192.168.8.195，单击“添加主机”后会出现如图 5.27 所示的提示信息。

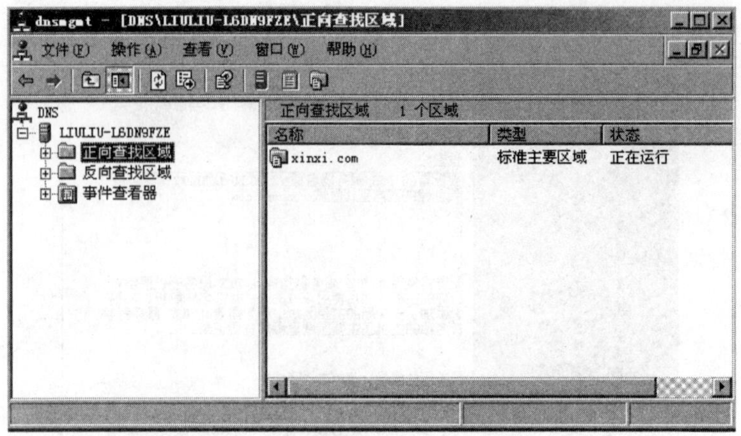


图 5.25　DNS 控制台界面

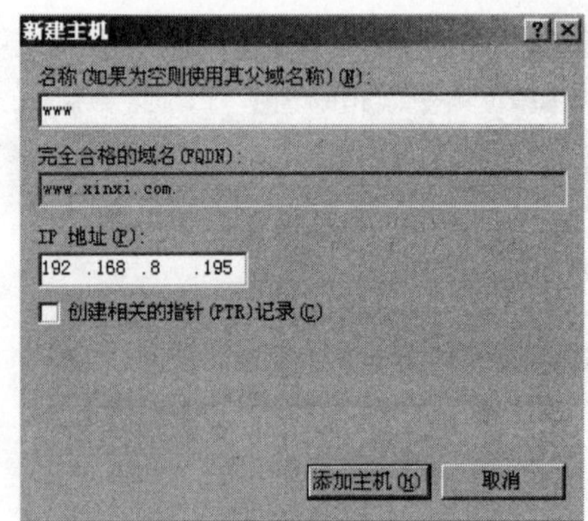


图 5.26　新建主机对话框

图 5.27　成功创建主机记录提示信息

(3) 为 FTP 服务器创建主机记录

采用相同的方法为 FTP 服务器创建主机记录，名称为 ftp，由于 FTP 服务器和 Web 服务器共用同一台服务器，因此 IP 仍然是 192.168.8.195。

(4) 为邮件服务器创建主机记录

采用相同的方法为邮件服务器创建主机记录，名称为 email，IP 为 192.168.8.196。

### 5.4.2　部署 Web 服务器

#### 1. 任务指标

在 Web 服务器上创建并配置网站 www.xinxi.com，主目录名称为 xinxi，默认首页的名称为 xinxiindex.htm，客户端可以通过 IE 浏览器访问该网站。

#### 2. 设备需求

Web 服务器一台：操作系统为 Windows Server 2003。

### 3. 实施过程

1）硬件连接

利用直连网线将Web服务器和服务器区的交换机的快速以太网端口2相连，启动Web服务器。

2）设置IP地址

根据IP地址的规划要求，设置Web服务器的IP地址为192.168.8.195，子网掩码为255.255.255.224，默认网关为192.168.8.193，首选DNS服务器地址为192.168.8.194。

3）安装IIS

（1）单击"开始"→"管理工具"→"管理您的服务器"，打开"管理您的服务器"界面，单击"添加或删除角色"，会弹出"配置您的服务器向导"的预备步骤界面，直接单击"下一步"按钮后会出现检测网络设置的界面。

（2）如果是首次运行"配置您的服务器向导"，则会出现"配置选项"界面，此处选择"自定义配置"，单击"下一步"按钮。在服务器角色界面可以看到支持的服务器角色列表，选择"应用程序服务器"后单击"下一步"按钮。

（3）在接下来的应用程序服务器选项界面可以选择是否安装一些Web服务器工具，本子项目中将两个复选框都选中，如图5.28所示，然后单击"下一步"按钮。

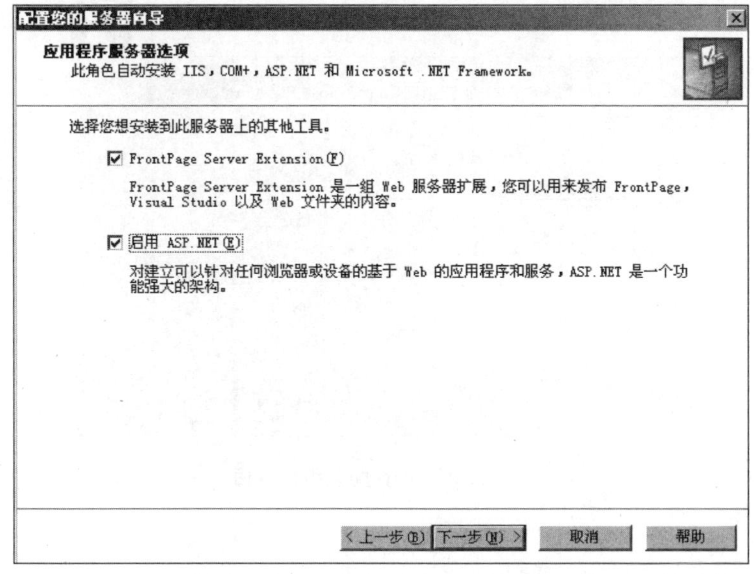


图5.28　应用程序服务器选项界面

（4）在"选择总结"界面可以查看并确认你选择的选项，界面如图5.29所示，单击"下一步"按钮继续。

（5）接下来会出现"Windows组件向导"界面，等待配置组件的完成，界面如图5.30所示。

（6）最后出现完成界面，如图5.31所示，单击"完成"按钮退出。

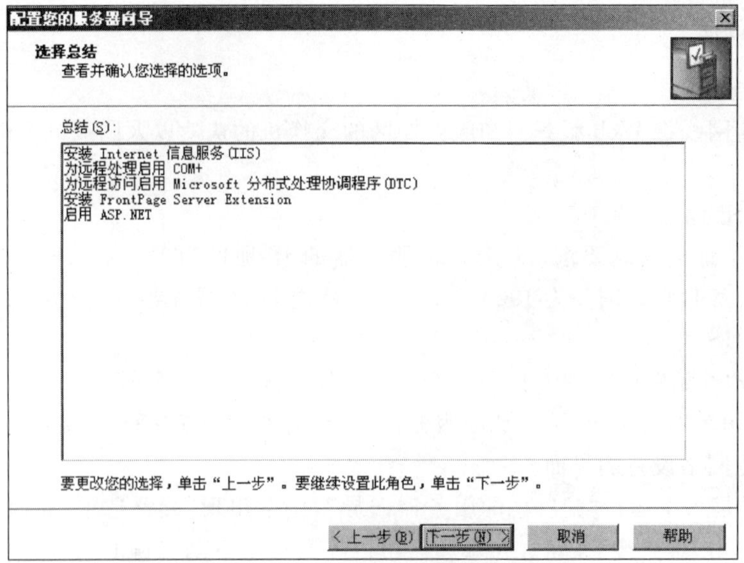


图 5.29　选择总结界面

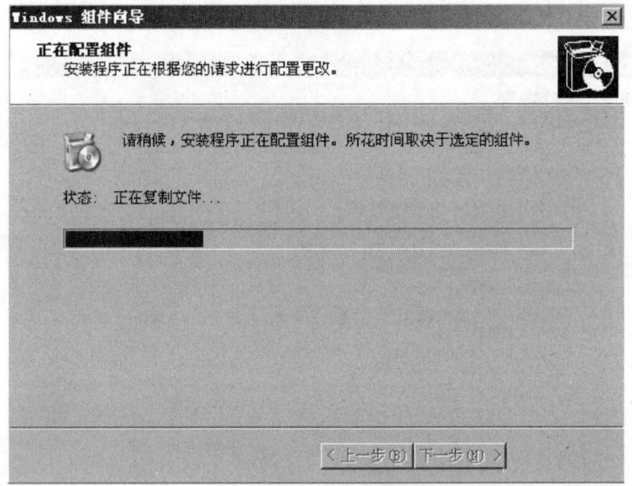


图 5.30　正在配置组件界面

4）创建主目录

C 盘下新建文件夹名为 xinxi，在该文件夹下创建一个网页名为 xinxiindex.htm，网页内容为“信息系网络实验室网站”。

5）创建网站

(1) 单击“开始”→“管理工具”→“Internet 信息服务管理器”，打开 IIS 的控制台界面，如图 5.32 所示。

(2) 展开左侧列表，右键单击“网站”，选择“新建”→“网站”，弹出“网站创建向导”，在欢迎界面上直接单击“下一步”按钮。

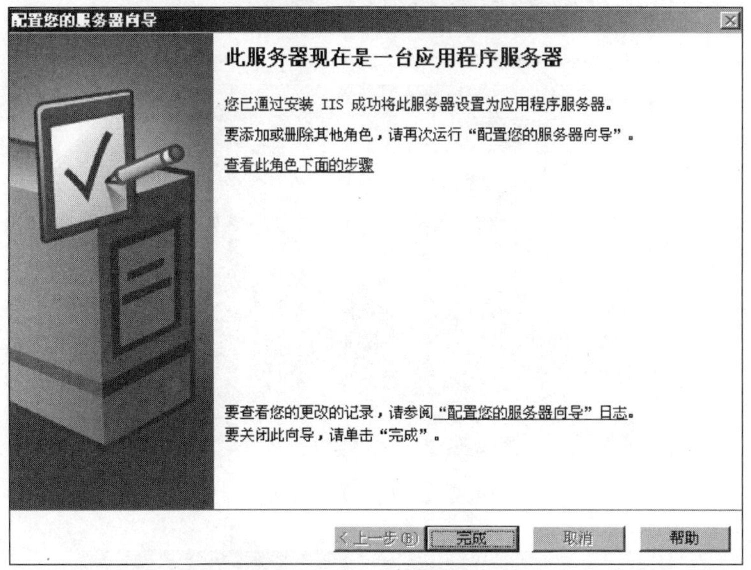


图 5.31　安装 Web 服务完成界面

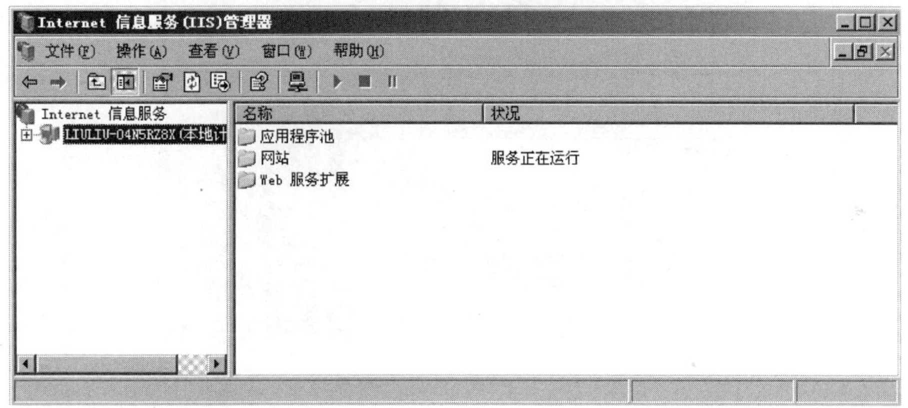


图 5.32　IIS 控制台界面

(3) 在如图 5.33 所示的网站描述界面中可以输入用于帮助管理员识别网站的描述信息，本子项目中输入“信息网络实验室”，然后单击“下一步”按钮。

(4) 在 IP 地址和端口设置界面中，根据本子项目的要求，设置网站 IP 地址为 192.168.8.195，网站端口号为 80，网站的主机头为 www.xinxi.com，如图 5.34 所示，设置完成后单击“下一步”按钮。

(5) 在出现的如图 5.35 所示的网站主目录界面中，设置主目录的路径为 C 盘下的 xinxi 文件夹，选中“允许匿名访问网站”，然后单击“下一步”按钮。

(6) 在网站访问权限界面可以设置此网站的访问权限，本子项目中选中“读取”和“允许脚本”，如图 5.36 所示，单击“下一步”按钮继续。

(7) 最后在弹出的“网站创建向导”完成界面中单击“完成”按钮退出即可。

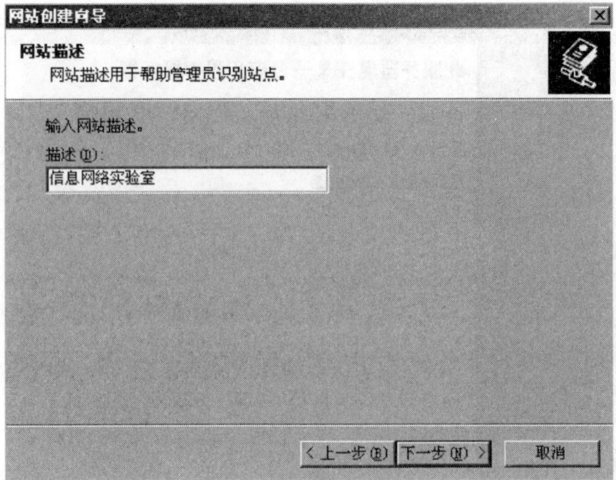


图 5.33　网站描述界面

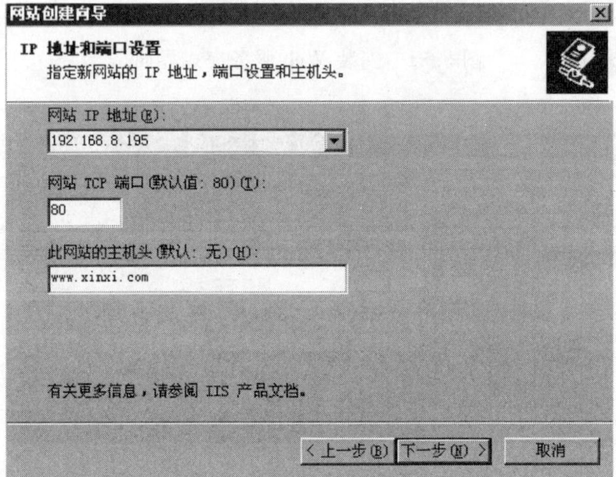


图 5.34　IP 地址和端口设置界面



图 5.35　网站主目录界面

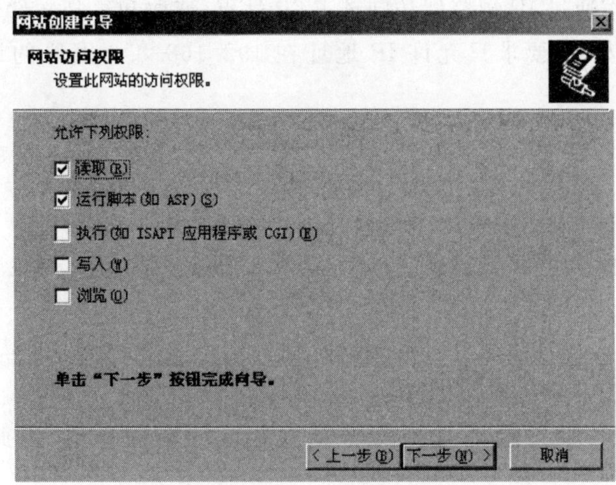


图 5.36　网站访问权限界面

6）修改默认文档

右键点击“信息网络实验室”网站，选择“属性”，在弹出的网站属性界面中选择“文档”选项卡，单击“添加”，在弹出的如图 5.37 所示的对话框中输入默认文档的名字 xinxiindex.htm，单击“确定”按钮后回到上一级界面，单击“确定”后退出。

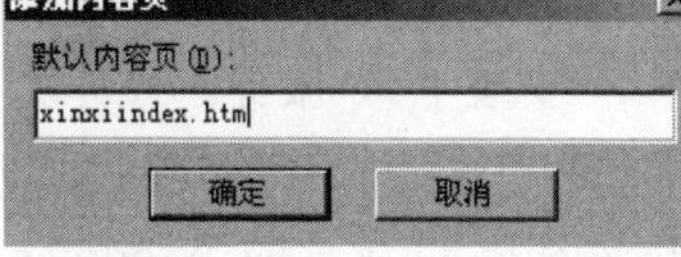


图 5.37　添加内容页界面

**4. 测试**

在其他主机上打开 IE 浏览器，输入网站名称 www.xinxi.com 后会显示主页内容，如图 5.38 所示。

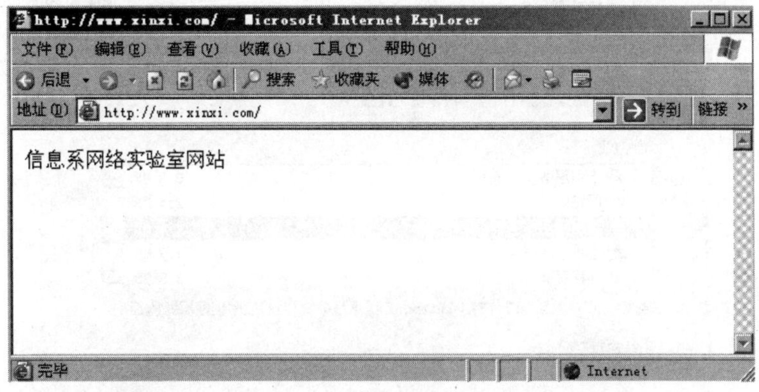


图 5.38　网站首页

### 5.4.3　部署 FTP 服务器

**1. 任务指标**

在 FTP 服务器上安装 FTP 服务，创建并配置 FTP 站点 ftp.xinxi.com，主目录名称为

xinxiftp，FTP客户端通过IE浏览器访问该FTP站点，读取和复制文件夹中的内容，但不可以修改。为了保证安全，要求只允许IP地址在192.168.8.0网段的计算机访问本FTP站点。

**2. 设备需求**

FTP服务器一台：操作系统为Windows Server 2003。本子项目中FTP服务器和Web服务器共用同一台服务器。

**3. 实施过程**

1）硬件连接

本子项目中FTP服务器和Web服务器共用同一台服务器，因此无需额外的硬件连接。

2）设置IP地址

本子项目中FTP服务器和Web服务器共用同一台服务器，因此无需额外的IP地址设置。

3）创建主目录

在C盘下创建文件夹xinxiftp作为FTP站点的主目录，在该文件夹下创建一个“资料分享”文件夹。

4）安装FTP服务

（1）单击“开始”→“控制面板”→“添加或删除程序”，单击“添加/删除Windows组件”，打开如图5.39所示的Windows组件向导界面。

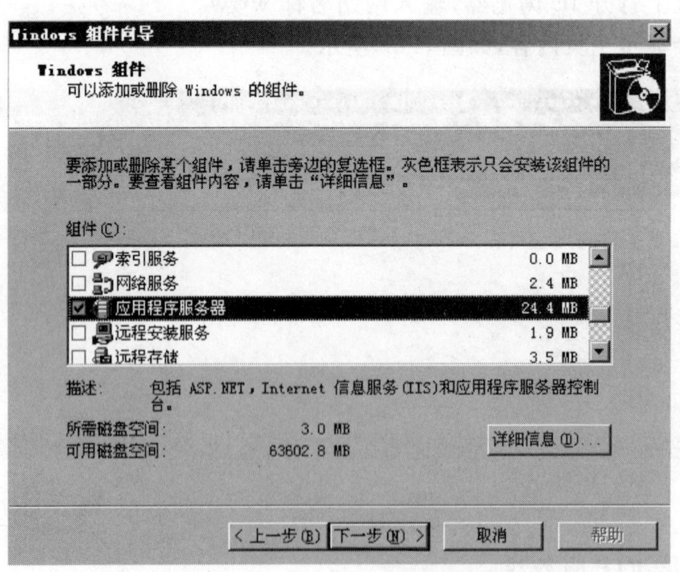


图5.39　Windows组件向导界面

（2）选中“应用程序服务器”，单击“详细信息”，打开如图5.40所示的“应用程序服务器”界面。

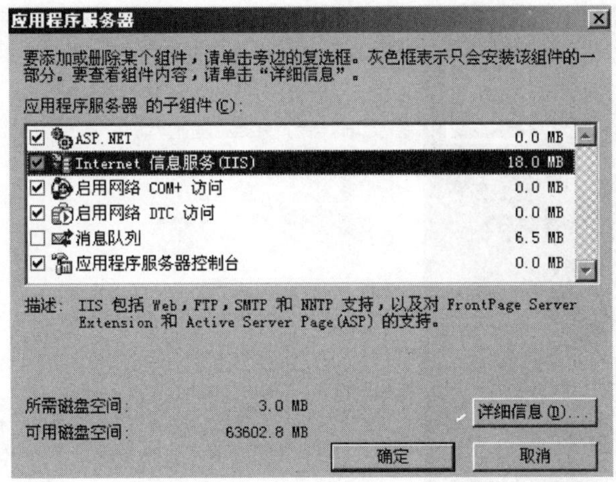


图 5.40　应用程序服务器界面

(3) 选中"Internet 信息服务(IIS)"，单击"详细信息"，打开如图 5.41 所示的"Internet 信息服务(IIS)"界面。

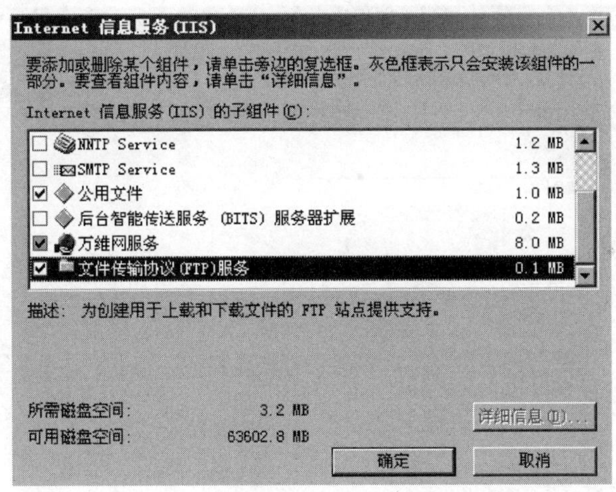


图 5.41　Internet 信息服务(IIS)界面

(4) 选中"文件传输协议(FTP)服务"，单击"确定"按钮返回上一级界面，再次单击"确定"返回上一级界面，单击"下一步"按钮。

(5) 需要几秒钟安装 Windows 组件，安装完成后弹出"完成 Windows 组件向导"界面，如图 5.42 所示，单击"完成"按钮退出。

5) 创建 FTP 站点

(1) 单击"开始"→"管理工具"→"Internet 信息服务管理器"，展开左侧列表，右键单击"FTP 站点"→"新建"→"FTP 站点"，打开"FTP 站点创建向导"，在首页上直接单击"下一步"按钮。

(2) 在"FTP 站点描述"界面中输入关于 FTP 站点的描述信息，本子项目中为"信息网络实验室 FTP"，如图 5.43 所示，然后单击"下一步"按钮。

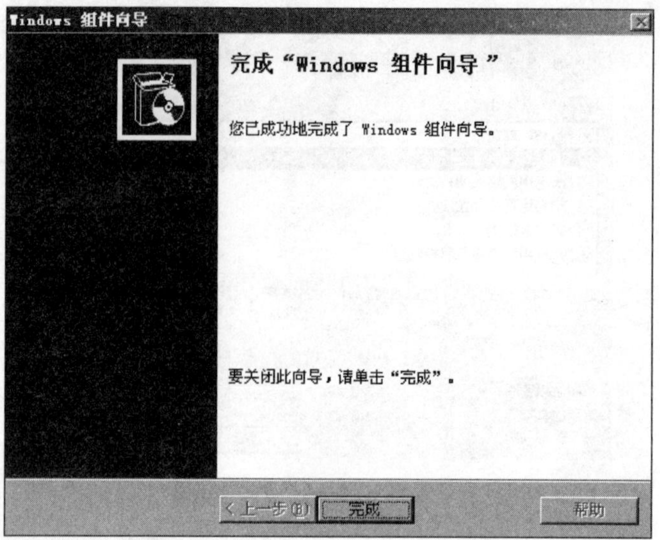


图 5.42　完成 Windows 组件向导界面

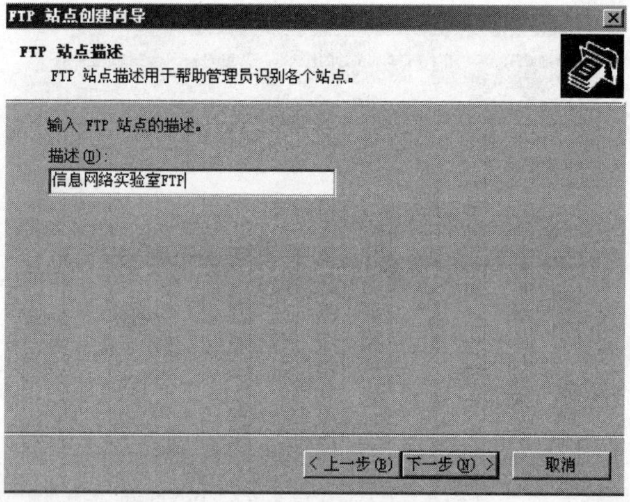


图 5.43　FTP 站点描述界面

(3) 在 IP 地址和端口设置界面中，根据本子项目的要求，设置 FTP 站点的 IP 地址为 192.168.8.195，端口号为 21，如图 5.44 所示，设置完成后单击“下一步”按钮。

(4) 在 FTP 用户隔离界面中可以将 FTP 用户限制到他们自己的 FTP 主目录，本子项目中选择“不隔离用户”，如图 5.45 所示，单击“下一步”按钮。

(5) 在 FTP 站点主目录界面中，选择 C 盘下的 xinxiftp 文件夹作为主目录，如图 5.46 所示，然后单击“下一步”按钮继续。

(6) 在如图 5.47 所示的 FTP 站点访问权限界面中，可以设置此 FTP 站点的访问权限，本子项目中选择“读取”，单击“下一步”按钮。

(7) 在 FTP 站点创建向导的完成界面单击“完成”按钮退出。

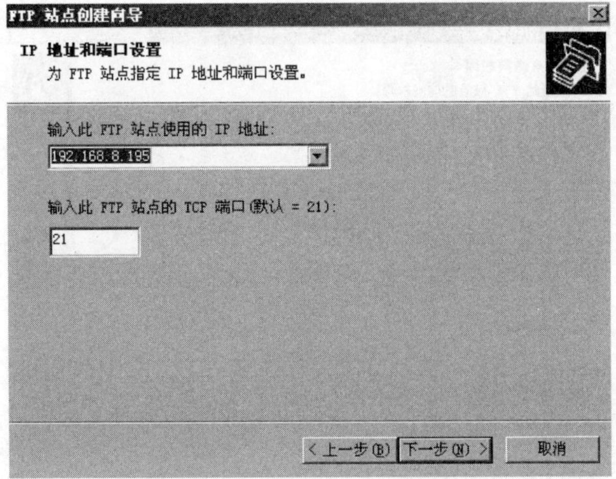


图 5.44　IP 地址和端口设置界面

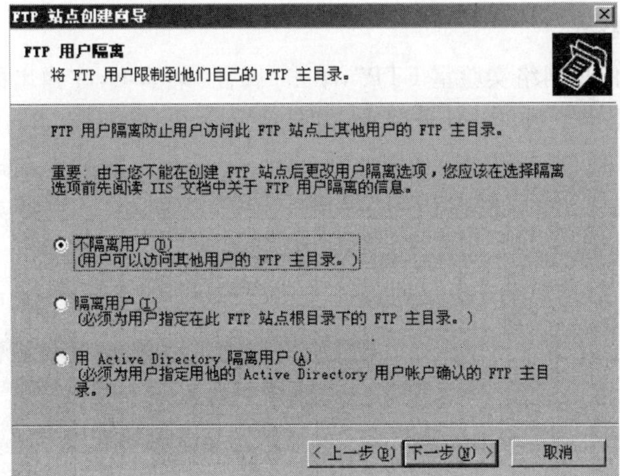


图 5.45　FTP 用户隔离界面

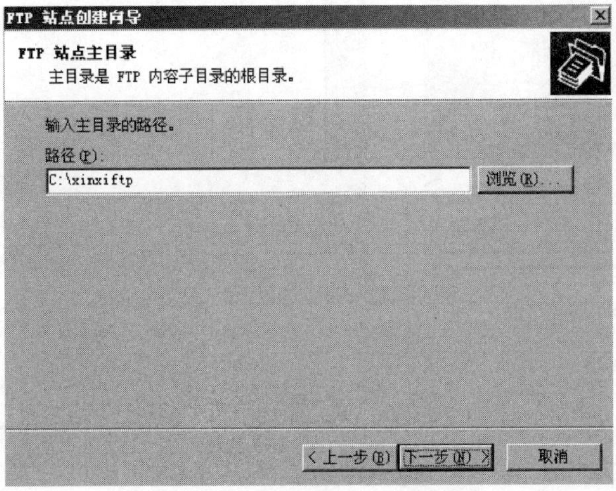

图 5.46　FTP 站点主目录界面

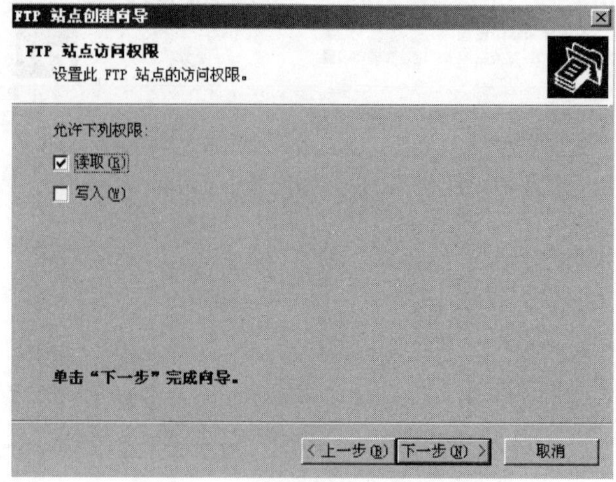


图 5.47　FTP 站点访问权限界面

6）设置目录安全性

（1）右键单击“信息网络实验室 FTP”，单击“属性”菜单项，在弹出的界面中选择“目录安全性”选项卡，根据本子项目的任务要求，需要设置除了 192.168.8.0 网段的主机外，其他 IP 地址的主机无法访问本 FTP 站点，因此在 TCP/IP 地址限制栏中选择“拒绝授权”，然后单击“添加”按钮，在弹出的“授权访问”界面中选择类型为“一组计算机”，网络标识为 192.168.8.0，子网掩码为 255.255.255.0，如图 5.48 所示。

（2）单击“确定”后退回上一级界面，最终的配置如图 5.49 所示，单击“确定”后退出。

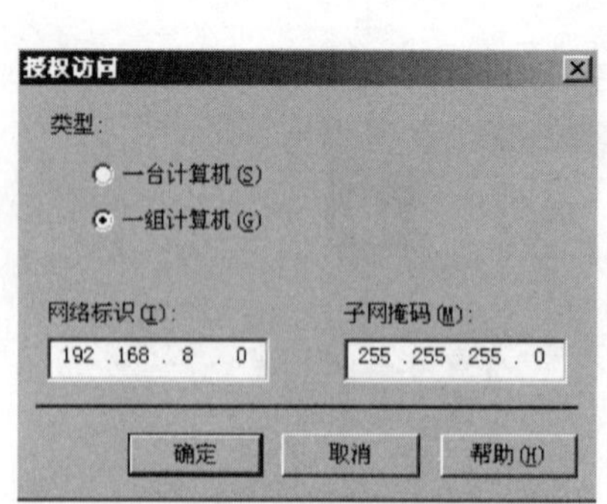


图 5.48　授权访问界面

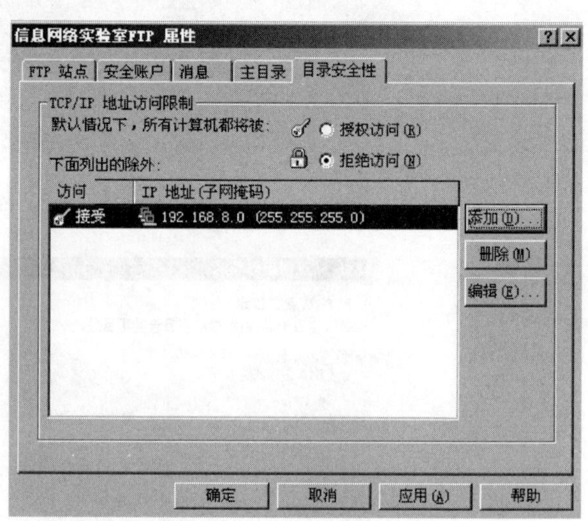


图 5.49　目录安全性界面

**4. 测试**

在其他主机上打开 IE 浏览器，输入网站名称 ftp.xinxi.com 后可以打开站点主目录，如图 5.50 所示。

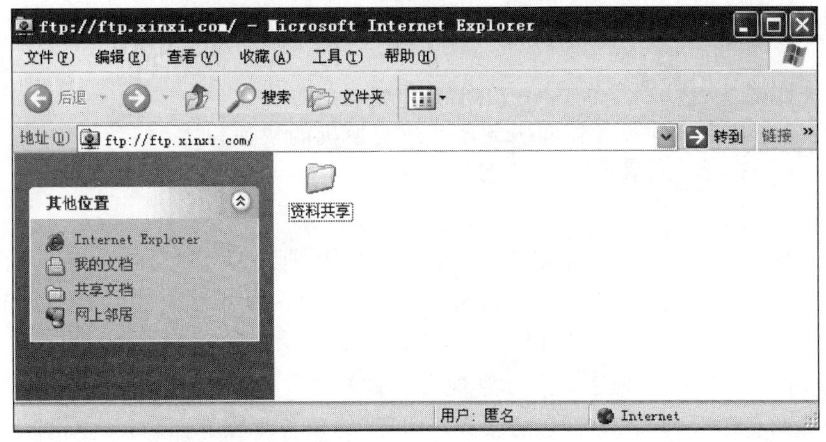


图 5.50 访问 FTP 站点

用户可以将主目录中的内容复制出来,但无法修改,尝试修改会弹出如图 5.51 所示的提示信息。

如果目录安全性设置中的未被授权的用户访问该 FTP 站点,则会弹出如图 5.52 所示的提示信息。

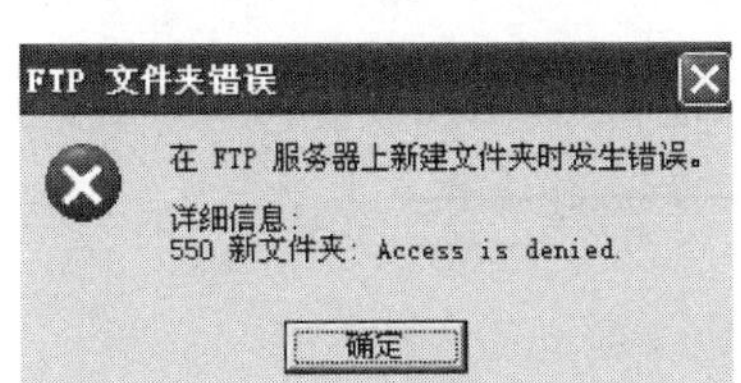


图 5.51 修改文件的错误提示

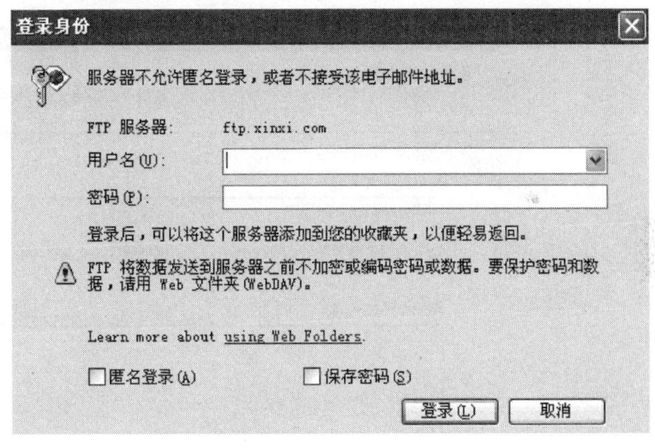


图 5.52 未授权用户登录提示对话框

### 5.4.4 部署邮件服务器

#### 1. 任务指标

在邮件服务器上安装电子邮件服务,电子邮件域名为 xinxi.com。为每个施工组创建一个用户邮箱,邮箱名为"team 组号",密码为"password 组号"。配置主机作为电子邮件客户端,配置 Outlook Express 发送和接收电子邮件。

#### 2. 设备需求

邮件服务器一台:操作系统为 Windows Server 2003。

邮件客户端一台:操作系统为 Windows XP。

### 3. 实施过程

1）硬件连接

利用直连网线将邮件服务器和服务器区的交换机的快速以太网端口 3 相连，启动邮件服务器。

2）设置 IP 地址

根据 IP 地址的规划要求，设置 Web 服务器的 IP 地址为 192.168.8.196，子网掩码为 255.255.255.224，默认网关为 192.168.8.193，首选 DNS 服务器地址为 192.168.8.194。

3）安装邮件服务

(1) 单击“开始”→“管理工具”→“管理您的服务器”，打开“管理您的服务器”界面，单击“添加或删除角色”，会弹出“配置您的服务器向导”的预备步骤界面，直接单击“下一步”按钮后会出现检测网络设置的界面。

(2) 如果是首次运行“配置您的服务器向导”，则会出现“配置选项”界面，此处选择“自定义配置”，单击“下一步”按钮。在服务器角色界面可以看到支持的服务器角色列表，选择“邮件服务器”后单击“下一步”按钮。

(3) 在弹出的“配置 POP3 服务”界面中选择身份验证方式为“本地 Windows 验证”，电子邮件域名为 xinxi.com，如图 5.53 所示。信息输入完成后单击“下一步”按钮。

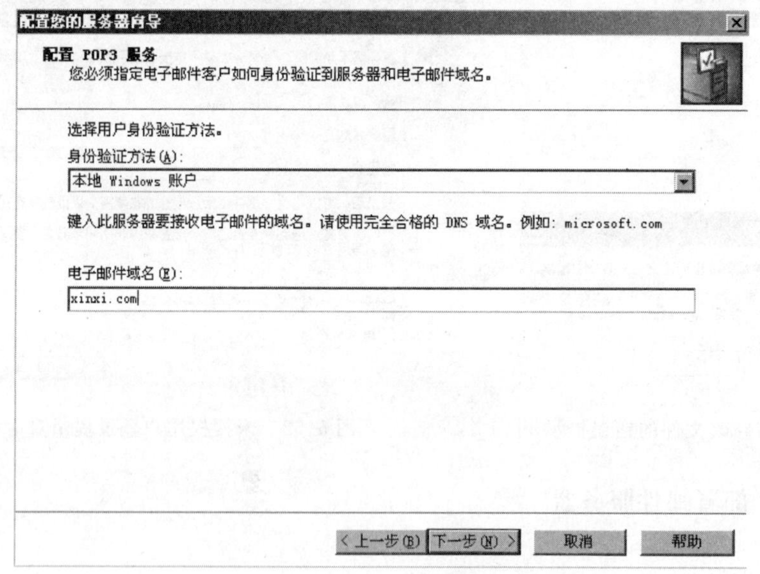


图 5.53　配置 POP3 服务界面

(4) 在“选择总结”界面中可以查看并确认选择的选项，没有问题则直接单击“下一步”按钮。

(5) 需要几秒钟完成安装过程，安装完成后会弹出如图 5.54 所示的提示信息。

4）创建邮箱

下面以为施工 1 组创建邮箱为例介绍创建邮箱的过程。

(1) 单击“开始”→“管理工具”→“POP3 服务”，打开如图 5.55 所示的 POP3 服务控制台界面。

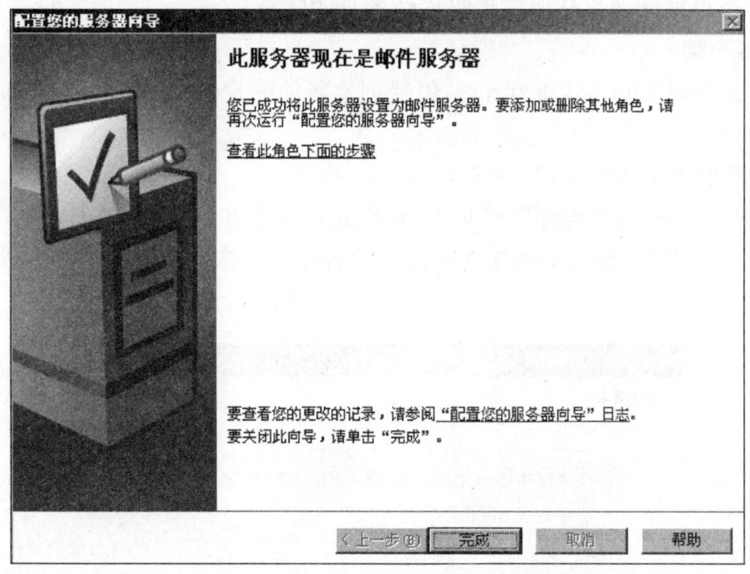


图 5.54　安装邮件服务完成界面

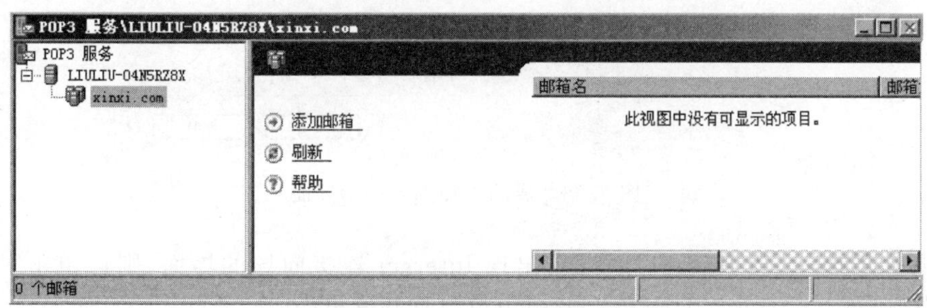


图 5.55　POP3 服务控制台界面

(2) 单击“添加邮箱”，在弹出的对话框中输入邮箱名，如施工 1 组的邮箱名为 team1，密码为 password1，如图 5.56 所示，填写完成后单击“确定”按钮，弹出成功添加的提示信息，如图 5.57 所示，单击“确定”按钮退出。

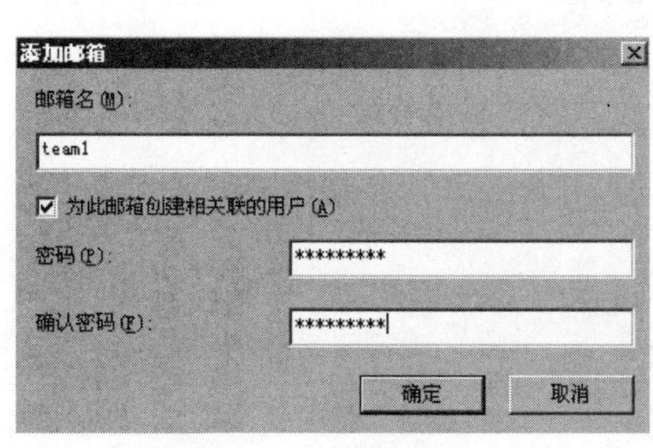


图 5.56　添加邮箱界面

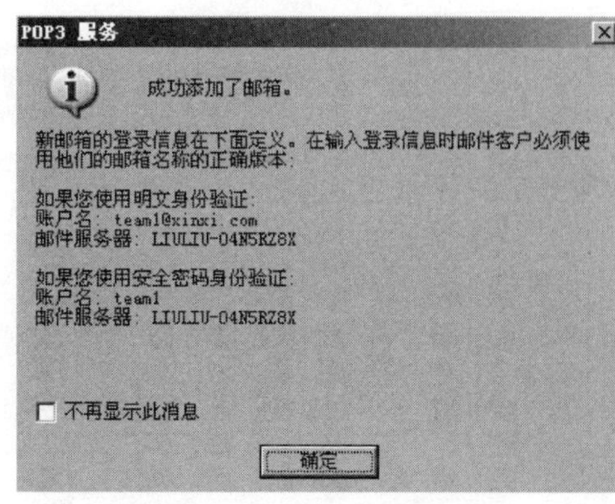


图 5.57　成功添加邮箱提示界面

按照上述过程再分别为其他施工组创建各自的邮箱。

5）配置客户端

在客户端上配置 Outlook Express，包括创建新的账户、发送邮件、接收邮件，验证邮箱是否能正常工作。

（1）添加新的电子邮件账户

① 单击"开始"→"所有程序"→Outlook Express，弹出如图 5.58 所示的 Internet 连接向导的"您的姓名"界面，输入发送邮件时的显示名称，如"施工 1 组"，填写完成后单击"下一步"按钮继续。

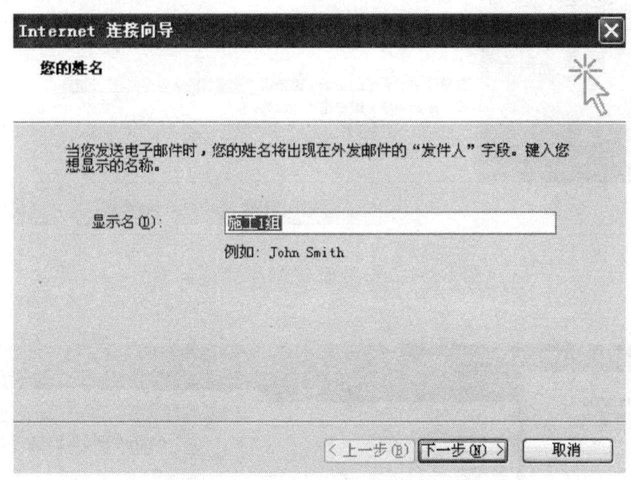


图 5.58　成功添加邮箱提示界面

如果打开 Outlook Express 时没有出现 Internet 连接向导的界面，则再单击"工具"→"账户"→"邮件"→"添加"→"邮件"，此时也可以打开该界面。

② 在 Internet 电子邮件地址界面中输入施工 1 组的邮箱地址：team1@xinxi.com，如图 5.59 所示，然后单击"下一步"按钮继续。

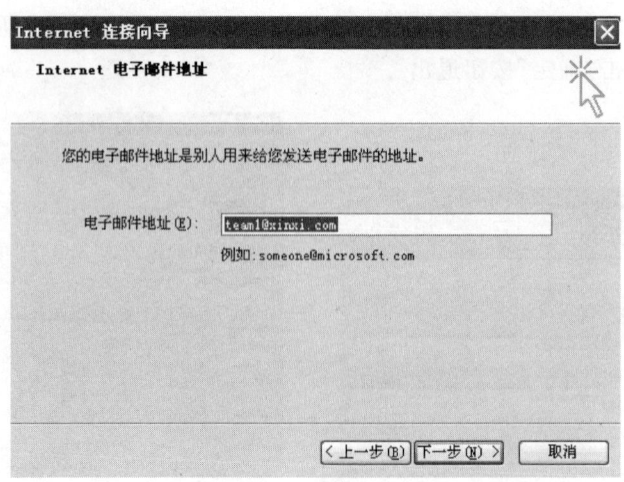


图 5.59　电子邮件地址界面

③ 在电子邮件服务器名界面中，邮件接收服务器选择“POP3”服务器，接收邮件和发送邮件的服务器均为：email. xinxi. com。填写后如图 5.60 所示，单击“下一步”按钮继续。

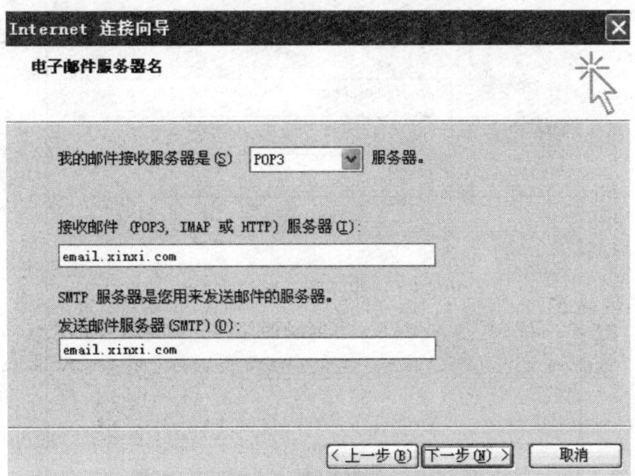


图 5.60　电子邮件服务器名界面

④ 在如图 5.61 所示的 Internet Mail 登录界面中，输入施工 1 组邮箱的账户名为 team1@xinxi. com，密码为 password1，完成后单击“下一步”按钮。

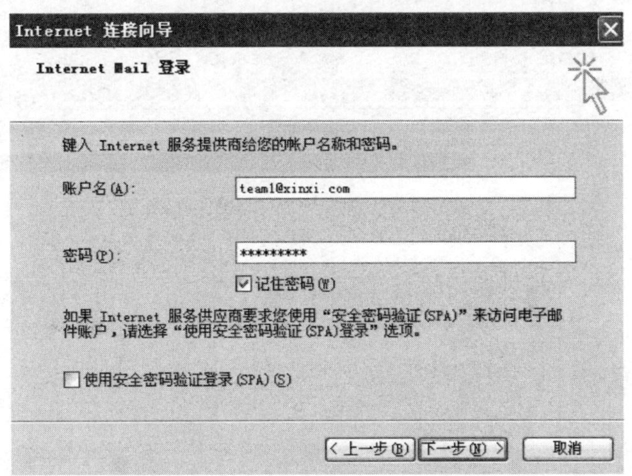


图 5.61　Internet Mail 登录界面

⑤ 在最后出现的完成界面中单击“完成”按钮退出即可。

(2) 发送邮件

在 Outlook Express 界面中单击“创建邮件”，弹出新邮件界面，输入收件人：team1@xinxi. com，主题：测试邮件，内容：测试邮件，如图 5.62 所示，然后单击“发送”将邮件发送出去。

(3) 接收邮件

在 Outlook Express 界面中单击“发送/接收”，在收件箱即会出现一个新邮件，如图 5.63 所示。单击该邮件可以查看邮件内容。

图 5.62　发送邮件界面

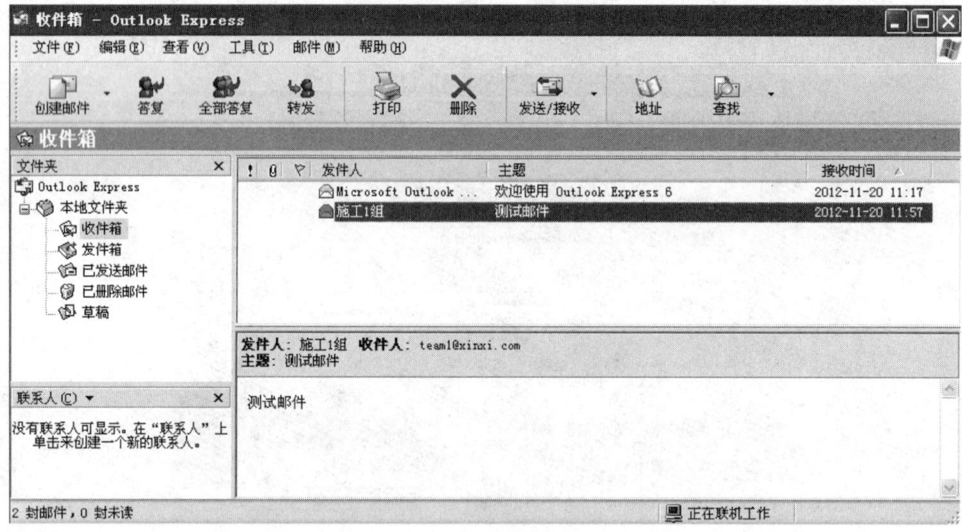


图 5.63　接收新邮件

## 5.5　扩展知识

### 5.5.1　搜索引擎

搜索引擎指自动从因特网搜集信息，经过整理，提供给用户进行查询的系统。

**1. 搜索引擎的工作原理**

搜索引擎的工作原理大致可以分为：

1）搜集信息

搜索引擎的信息搜集基本都是自动的。搜索引擎利用称为网络蜘蛛（Spider）的自动搜索机器人程序按搜索条件对每一个网页进行搜索。

2）整理信息

搜索引擎整理信息的过程称为“建立索引”。搜索引擎不仅要保存搜集起来的信息，还要将它们按照一定的规则进行编排，以便能迅速找到所要的资料。

3）接受查询

用户向搜索引擎发出查询，搜索引擎接受查询并向用户返回资料。目前，搜索引擎返回主要是以网页链接的形式提供的，通常搜索引擎会在这些链接下提供一小段来自这些网页的摘要信息以帮助用户判断此网页是否含有自己需要的内容。

用户在使用搜索引擎之前需知道搜索引擎网站名，不同的搜索引擎性能不同，搜索结果也不同。使用搜索引擎，用户只需要知道自己要查找什么。当用户将自己要查找信息的关键字输入到搜索框中，单击“搜索”按钮后，搜索引擎会返回给用户包含该关键字内容的网页标题链接热字及相关摘要信息，并提供指向该站点的链接，用户通过这些链接便可以获取所需的信息。

**2．搜索方法**

1）选择搜索字

选择正确的搜索字词是找到所需信息的关键。例如，想查找有关黄山的一般信息，可以搜索“黄山”，搜索符合模糊查找的方式。

2）搜索不区分大小写

不论如何输入，所有字母都会被认为是小写的。例如，搜索 FTP 和 ftp 效果是一样的。

3）否定字词

如果需要查找的是 ftp 相关内容，而不是 ftp 软件，可以用减号排除软件项，注意，必须在减号之前加一个空格。如：ftp—软件

4）或（OR）操作

用大写的 OR 表示逻辑“或”操作。搜索 A OR B，表示在搜索的网页中，要么有 A，要么有 B，要么同时有 A 和 B。例如：搜索“计算机 OR 网络”。

5）与（AND）操作

在默认情况下，只返回包含所有搜索字词的网页。在字词之间无须添加 AND。如“计算机”和“网络”之间，无须加 AND。如果要进一步限制搜索，则只需加入更多字词。字词输入的顺序会影响搜索结果。

6）通配符

有些搜索引擎支持通配符号，如“＊”代表一个字符串。例如，“以＊治国”，表示搜索第一个为“以”，后两个为“治国”的短语，中间的“＊”可以为任何字符。

7）搜索引擎忽略的字符以及强制搜索

Google、搜狗引擎对一些网络上出现频率极高的英文单词（如 i、com、www、“的”等）以及一些符号（如“＊”等），做忽略处理。

例如，搜索关于 www 原理的一些历史资料。若搜索关键字为“www 的原理”。结果，因为“www 的”使用过于频繁，没被列入搜索范围，只搜索了“原理”。如果要对忽略的关键字进行强制搜索，则需要在该关键字前加上“＋”号。搜索关键字为“＋www＋的原理”。

8）对要搜索的网站进行限制

如果搜索的结果想局限于某个具体网站可使用“site:”关键字。例如：搜索中文教育科研网站（edu. cn）上关于升学、录取的页面。利用 Google 搜索引擎搜索关键字为“升学录取 site:edu. cn”，如图 5. 64 所示。

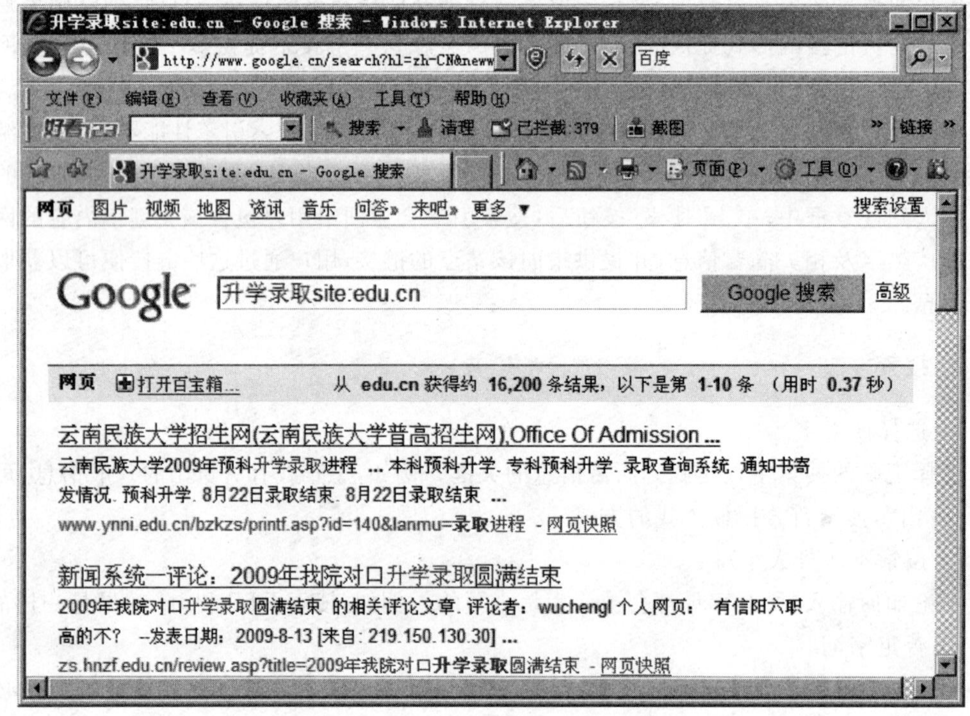


图 5. 64　Google 搜索引擎

9）在某类文件中查找信息

Google 能检索许多类型的文件，如. xls、. ppt、. doc、. rtf、WordPerfect 文档、Lotusl-2-3 文档、Adobe 的. pdf 文档和 ShockWave 的. swf 文档（Flash 动画）等。使用“filetype:”来限制在哪种类型的文件中检索。

例如，查找如何使用搜索引擎的 Word 文档。搜索关键字为“如何使用搜索引擎 filetype:doc”，如图 5. 65 所示。

10）图片搜索

在 Google 首页单击“图片”就进入了 Google 的图片搜索界面 images. Google. cn。在搜索图片关键字栏内输入描述图像内容的关键字，就会搜索到大量的相关图片。

给出的搜索结果有一个直观的缩略图及对该缩略图的简单描述，如图像文件名称以及大小等。

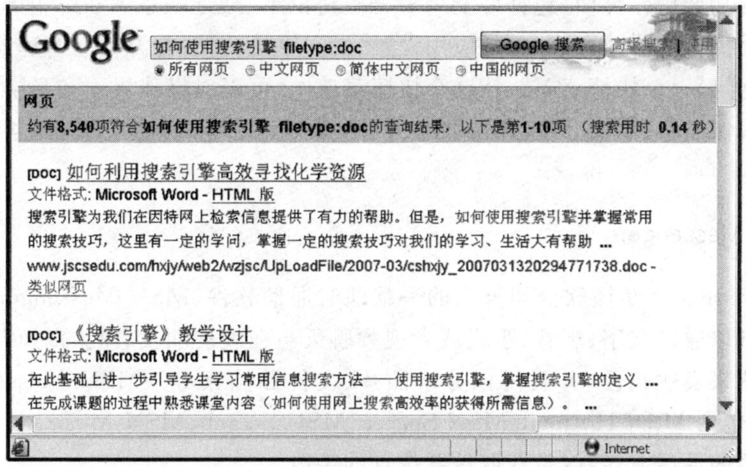


图 5.65　搜索 Word 文档举例

### 5.5.2　其他网络服务

#### 1. 因特网即时通信软件概述

即时通信(Instant Messenger,IM)软件是一个终端服务软件,允许两人或多人利用网络来即时传递文字、文件、语音与视频。相对于传统的电话、E-mail 等通信方式,即时通信不仅节省费用,而且效率更高。例如,企业即时通信系统可以随时查看各部门在线人员、沟通各分支机构、即时传输文件、举行远程视频会议以及群发手机短信等。

1996 年 Mirabilis 公司推出了第一个即时通信软件 ICQ。此后,即时通信软件迅速发展,国内的 QQ、POPO、UC 及国外的 MSN 等即时通信软件不仅支持实时消息传输,还能够支持文件传输,语音、视频会谈和文件共享等功能。

目前国内腾讯 QQ 是使用最广泛的网络聊天工具,MSN 的市场占有率排在第二位。

#### 2. 网络寻呼 QQ

腾迅 QQ 是深圳市腾讯计算机系统有限公司开发的即时通信软件。它支持在线聊天、视频电话、点对点断点续传文件、共享文件、网络硬盘和 QQ 邮箱等多种功能,并且可以与移动通信终端等多种通信方式相连。

启动 QQ 以后,屏幕右下角的系统托盘处会出现一个企鹅图标。单击该企鹅图标,就会弹出操作面板,如图 5.66 所示。操作界面大致由三个区域构成:最上端显示的是基本用户信息,包括头像、用户状态、打开拍拍购物网、QQ 信箱、电子钱包、迷你首页、更改外观等;中间的主区域由多个选项卡构

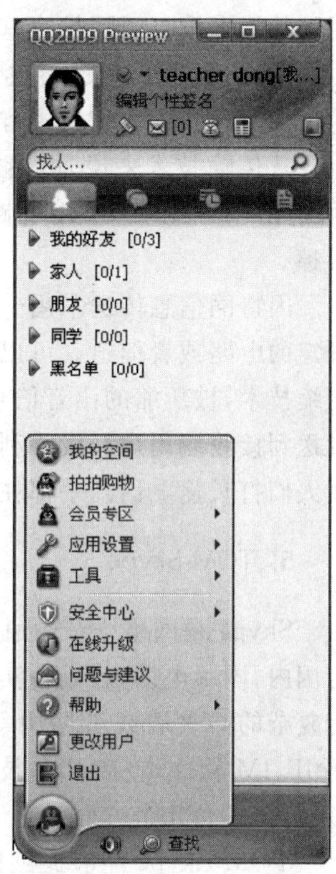


图 5.66　QQ 界面

成 QQ 的主要功能操作界面，包括好友列表、群/讨论组、最近联系人和邮箱等；最下方是系统菜单和常用操作的快捷方式，包括应用设置、发送手机短信、打开消息管理器、查找等。右击面板，可以弹出一个快捷菜单。在这个快捷菜单中，可以对操作界面和联络列表进行一些修改（比如，头像显示、添加分组、添加联系人、隐藏黑名单等）。右击头像，也可以弹出类似的快捷菜单。

### 3. MSN Messenger

MSN Messenger 是微软公司推出的一款即时通信软件，MSN Messenger 有 26 种语言版本。用户可以通过文字、声音、手机或者视频聊天与在线的朋友、家人以及同事聊天，用眨眼图和动态图来表达自己，并且可以分享照片、文件和搜索等。MSN. Messenger 与 MSN 的其他服务（包括 MSN Hotmail、MSN Spaces、MSN Search、MSN Music）共同为用户提供了与他人联系的灵活方式，以及获取重要信息的手段。

### 4. IP 电话

IP 电话（Internet Protocol Phone）又称 VoIP（Voice over Internet Protocol）、宽带电话或网络电话，是一种通过互联网或其他使用 IP 技术的网络，使用 TCP/IP 网络协议并通过发送数据包来传送实时话音的应用技术。通过 Gateway（网关）、Gatekeeper（关守）来将 IP 网与 PSTN 网连接起来，实现电话对电话、电话对 PC 用户、PC 用户对电话以及 PC 用户对 PC 用户的实时语音通话。用户可以和用普通电话一样，通过拨一特定的号码，接通网关利用因特网来拨打国际长途电话，其通话费用要远远低于国际长途电话费用。

IP 电话的关键技术包括语音压缩技术、静噪抑制技术、回声抵消技术、语音抖动处理技术、语音优先技术、IP 包分割技术与 VoIP 前向纠错技术等。

从传输技术来说，电话网采用电路交换方式，即电话通信的电路接通以后，电话用户就占用一个信道。采用电路交换方式的线路利用率很低，至少有 50%以上的时间被浪费掉。

因特网信息传送采用分组交换方式。在网络中以存储—转发方式来进行传送，不占用固定的电路或者信道。可以在一个信道上提供多条信息通路。传送信息时通常还采用数据压缩技术，被压缩的语音信息分组在到达目的地后再进行复原，合成原来的语音信号，最后发送到接收端用户。线路利用率提高许多倍，这也是 IP 电话费用大大降低的重要原因。现在人们打长途电话几乎都在使用 IP 电话。

### 5. TOM-Skype

Skype 是网络语音沟通工具。它可以免费高清晰与其他在线用户语音对话，也可以拨打国内、国际电话，还具备实时传讯 IM 所需的其他功能，比如传文件、文字聊天等。无须进行复杂的防火墙或者路由等设置，Skype 就可以顺利安装轻松使用。Skype 优于传统的 VoIP、IM 软件，包括 P2P 技术、穿透防火墙、安全加密、简易的操作与强大的功能、节省网络资源、跨平台几个方面。

TOM-Skype 能够提供良好的语音通话效果，无延迟、断续和杂音等现象。可以确保多人通话的清晰度和自由度，端对端的加密机制确保了信息安全，开放应用程序接口使用户之间的交流变得更加流畅，界面风格清新自然、设置简单、去除广告等设计使得 TOM-Skype 的功能更加趋向实用。Skype 界面如图 5.67 所示。

图 5.67 Skype 界面

### 6. 远程登录

Telnet 远程登录服务实际上是用户使用 Telnet 命令，将用户计算机仿真成一个输入终端，登录到远程具有快速处理能力的计算机上。用户在自己的终端上输入待处理的数据，传到远程计算机上进行处理，最后将结果返回给本地终端，显示在屏幕上。

为了适应异构环境，Telnet 协议定义了数据和命令在因特网上的传输方式，即网络虚拟终端(Network Virtual Terminal，NVT)方式。

### 7. 网络新闻组

Usenet 是 Uses Network 的缩写。是全世界最大的电子布告栏系统，是一项通过网络交换信息的服务，它由个人向新闻服务器投递的新闻邮件组成。可以把 Usenet 看成是一个有组织的电子邮件系统，不过在这里传送的电子邮件不再是发给某一个特定的用户，而是全世界范围内的新闻组服务器。在这个布告栏上任何人都可以贴布告，也可以下载其中的布告。

每个新闻组都有一个特殊主题。新闻组不提供其使用成员的名单，任何人都可以加入新闻组，也可以向新闻组投递新闻或阅读其中的新闻。Usenet 是讨论性质的，这使得新闻组就像一个世界性的聊天广场，其话题覆盖了令人难以置信的各种主题，在这里你会发现你所能想到的任何聊天话题。目前 Usenet 支持大约上万个新闻组，如微软新闻组 news://msnews.microsoft.com。

Usenet 新闻系统主要由传输、处理、用户界面三部分组成。负责新闻组的发送、接收、传输和处理等管理任务的实现部分称为新闻服务器。新闻服务器还负责与相邻的新闻服务器交换信息。用户界面部分负责将新闻服务器上的新闻组整理出来，以方便用户阅读。完成这些功能的软件称为新闻阅读器。可以使用 Outlook Express 做阅读器。

### 8. 电子公告板

电子公告板系统(Bulletin Board System，BBS)，具有执行下载数据、上传数据、阅读新闻、与其他用户交换消息等功能。许多 BBS 由站长在业余时间进行维护，一些 BBS 提供收费服务。

早期的 BBS 与一般街头和校园内的公告板性质相同，只不过是通过计算机来传播或者

获得消息。近年来,BBS 的功能得到了很大扩展。

大多数 BBS 站点基于因特网的 Telnet 协议。在服务器端,采用 Maple BBS 或者 FireBird BBS 系统。用户端通过 Telnet 软件登录服务器、阅读发表文章或发送邮件等操作,通过仿真的 ZMODEM 协议来上传或者下载数据。现在有许多 BBS 站采用 HTTP 协议,在 URL 栏输入网址即可进入站点。如水木清华的网址为 http://www.newsmth.net。

BBS 水木清华网站如图 5.68 所示。

图 5.68 BBS 水木清华网站

### 9. 网络电视

网络电视(Interactive Personality TV,IPTV)是一种集因特网、多媒体、通信和内容传递等多种技术于一体,向家庭用户提供包括数字直播电视在内的多种交互式服务的崭新技术。用户可以利用计算机、网络机顶盒加上普通电视机、视频手持机和公共交通中的移动电视终端等多种方式来享受网络电视服务。网络电视能够很好地适应当今网络的飞速发展趋势,充分有效地利用各种网络资源。

网络电视主要是利用宽带有线电视网等基础设施,以家用电视机作为主要终端,通过因特网协议来提供包括电视节目在内的多种数字媒体服务,主要特点包括:

(1) 用户可以获得高质量(接近 DVD 水平的)的数字媒体服务;

(2) 用户有非常大的自由度来选择宽带 IPN 上各种网站提供的视频节目;

(3) 实现媒体提供者与媒体消费者的实质性互动;

(4) 为网络发展商和节目提供商提供了广阔的新兴市场。

## 5.6 后续子项目

通过本子项目的实施，我们不但理解了常见网络服务的原理、功能等理论知识，并能根据要求实现Web服务、DNS服务、FTP服务以及邮件服务的配置，使其为网络用户提供相应的网络服务。在之前的几个子项目中，各施工组实现了各自信息岛中主机的互通，那么这些主机的IP地址是如何规划出来的呢？不同信息岛中的主机又是如何实现互通的呢？这些问题我们将在子项目6中给出答案。

# 子项目 6　子网互联

## 6.1　子项目的提出

对于大型的局域网来说，整个网络中成千上万台的计算机都在一个子网中，不仅毫无安全可言，也会因为无法分割广播域而无法隔离广播风暴，因此往往需要划分成多个子网。不同子网中的主机间不能直接通信，必须通过路由器或是三层交换机转发才能实现。子网划分以及子网间的互联是网络方向学生必须掌握的知识之一，因此在本子项目中安排了子网划分及子网互联的内容帮助学生掌握这部分知识。

## 6.2　子项目任务

### 6.2.1　任务要求

通过子项目 3 的实施，各个施工组已经完成了本组负责的信息岛范围的局域网的组建，实现了信息岛内各台主机之间的通信，但各个信息岛之间无法互通，为了实现各个信息岛的互通，现在项目负责人向各个施工组下达了最后一个子项目的任务，即配置三层交换机实现子网互通。

在本子项目中，施工组成员需要掌握子网划分的方法和步骤，掌握实现子网互通的方法，并且要登录到三层交换机的控制台界面对其进行配置，利用其实现子网互联。

### 6.2.2　任务分解和指标

项目负责人对子项目任务进行分解，提出具体的任务指标如下：

(1) 完成三层交换机和各台二层交换机之间的硬件连接。

(2) 根据网络实验室的需求完成子网划分和 IP 地址规划，要求每个信息岛都处于不同的子网中。

(3) 配置三层交换机实现各个子网互联，即实施不同信息岛内主机的相互通信。

## 6.3 实施项目的预备知识

本部分主要讲授实施子项目 6 的预备知识，包括网络互联基础知识、划分子网、利用三层交换机实现子网互联等方面的内容。

◆ **预备知识的重点内容：**

◇ 路由器和三层交换机的原理、对比；

◇ 划分子网的思路和步骤；

◇ 构造超网的步骤；

◇ CIDR；

◇ VLAN 的划分方法；

◇ 配置三层交换机实现子网互联。

◆ **关键术语：**

网络互联；路由器；路由表；三层交换机；子网；超网；CIDR；VLAN

◆ **内容结构：**

本部分预备知识可以概括为三大部分，具体的内容结构如下：

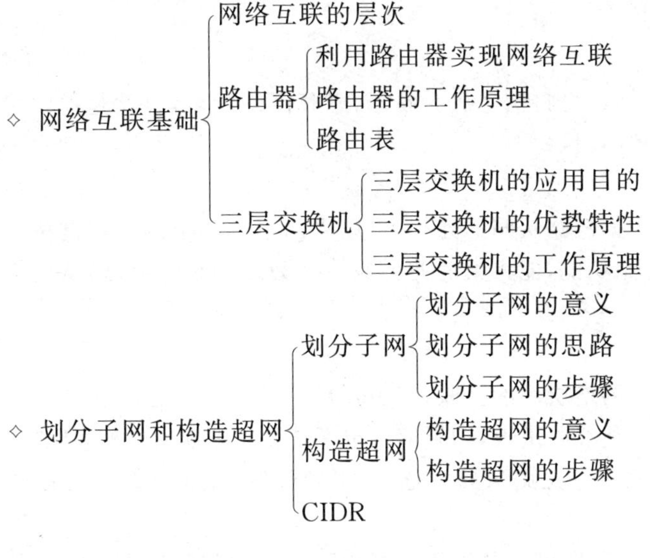


◇ 配置思科三层交换机实现子网互联
- 虚拟局域网技术
  - VLAN 的定义
  - VLAN 的优点
  - VLAN 的划分
- 三层交换机的管理方法
- 涉及的配置命令

### 6.3.1 网络互联基础

随着网络技术的快速发展，独立的网络已远远不能满足人们的需要，人们希望在不同网络的用户之间进行数据交换、实现资源共享。网络互联技术由此产生并逐渐发展起来。目前，计算机网络往往由很多不同类型的网络互联而成，全球规模最大、最开放的 Internet 就

是由众多网络相互连接而成的。它的成功以及飞速发展，都说明了计算机网络互联越来越被现代社会所需要，计算机网络互联技术也越来越引起人们的关注和重视。

### 1. 网络互联概述

在网络刚出现的时候，很多大型的计算机公司推出的网络，使用了不同的网络体系和网络协议。这给网络连接和网络与网络之间结点的通信造成了很大的不便。为此，国际标准化组织 ISO 于 1985 年发布了开放式系统互连参考模型 OSI/RM。希望所有的网络系统遵照此标准，消除不同系统之间因体系不同而造成的通信障碍，在不同的网络系统间能够进行互相通信。

网络互联，是指两个以上的计算机网络，通过各种方法或多种通信设备相互连接起来，构成更大的网络系统，实现更大范围的资源共享和信息交流。

### 2. 网络互连的层次

根据 OSI 参考模型的层次划分，互联的两个计算机系统的对等层间可以相互通信，因此网络互联存在着互联层次的问题。网络互联按层次可以分为：物理层间互联、数据链路层间互联、网络层间互联、高层间互联。网络间的连接设备可以分为中继器、网桥、交换机、路由器和网关。

1）物理层间的互联

中继器能完成物理层间的互联，可将信号放大整形，延长网络距离，也就是把比特流从一个物理网段传输到另一个物理网段。

2）数据链路层间的连接

网桥和二层交换机能完成数据链路层间的连接，可以将两个或多个网段用网桥或二层交换机连接起来，它们具有帧过滤功能，能将大的冲突域划分为多个小冲突域，从而提高了网络的性能。

3）网络层间互联

路由器和三层交换机能进行网络层间的互联，路由器或三层交换机在接收到一个数据包时，取出数据包中的网络地址，查找路由表，如果信息包不是发向本地网络的，那么就由相应的端口转发出去。网络层互联主要是解决路由选择、拥塞控制、差错处理与分段技术等问题。

用路由器实现网络层互联时，互联网络的网络层及以下各层协议可以不相同。如果网络层协议不同，则需使用多协议路由器（Multi Protocol Router）进行协议转换。

4）高层互联

在七层参考模型中网络层以上的互联属于高层互联，实现高层互联的设备是网关。一般来说，高层互联使用的网关很多是应用层网关（Application Gateway）。

### 3. 互联网与因特网

我们会经常看到以下两个意义不同的名词，即 internet 和 Internet。

以小写字母“i”开始的 internet 是一个通用名词，它泛指由多个计算机网络互联而成的网络，即互连网或互联网。

以大写字母“I”开始的 Internet 则是一个专用名词，它指当前全球最大的、开放的、由众多网络相互连接而成的特定计算机网络，即因特网。它前身是美国的 ARPANET，统一采用 TCP/IP 协议簇。

1) Intranet

Intranet 又称为企业内部网，是利用 Internet 技术建立的企业内部网络。采用 TCP/IP 作为通信协议，利用 Web 作为标准信息平台，用防火墙把内部网和 Internet 分开。

2) Extranet

Extranet 又称为企业外联网，是利用公共网络实现企业和其贸易伙伴的内部网络互联的安全专用网络。

### 6.3.2　路由器

#### 1. 通过路由器实现网络互联

在互联的网络中，具有相同网络号的主机之间可以直接进行通信，网络号不同的主机间不能直接通信，即使将它们用网桥或二层交换机连接在一起，也不能彼此通信。两个网络之间的通信必须通过路由设备转发才能实现。

路由器不仅能像交换机一样隔离冲突域，而且还能检测出广播数据包，并丢弃广播包来隔离广播域，这样减小了冲突的概率，有效地扩大了网络的规模。

#### 2. 路由器的相关理论

路由器是在网络层上实现多个网络互联的设备。路由器利用网络层定义的“逻辑”地址(即 IP 地址)来区别不同的网络，实现网络的互联和隔离，保持各个网络的独立性。路由器只转发 IP 数据报，不转发广播消息，而把广播消息限制在各自的网络内部。

1) 路由器的特征

(1) 路由器工作在网络层。当它接收到一个数据包时，就检查其中的 IP 地址，如果目标的地址和源地址网络号相同就不理会该数据包；如果两地址不同，就将数据包转发出去。

(2) 路由器具有路径选择能力。在互联网中，从一个结点到另一个结点，可能有许多路径，选择通畅快捷的路径，会大大提高通信速度，减轻网络系统通信负荷，节约网络系统资源，这是集线器和二层交换机所不具备的性能。

(3) 路由器能够连接不同类型的局域网和广域网。不同类型的网络传送的数据单元——帧(Frame)的格式和大小可能不同。数据从一种类型的网络传输至另一种类型的网络时，必须进行帧格式转换。

2) 路由表

路由器选择最佳路径的策略即路由算法是路由器的关键。路由器的各种传输路径的相关数据存放在路由表(Routing Table)中，表中包含的信息决定了数据转发的策略。路由表中保存着网络的标志信息、经过路由器的个数和下一个路由器的地址等内容。路由表可以是由系统管理员固定设置好的，也可以由系统动态调整。

(1) 静态路由表

由系统管理员事先设置好的固定的路由表称为静态(Static)路由表，一般是在系统安装

时根据网络的配置情况设定的，它不会随网络结构的改变而改变。

(2) 动态路由表

动态(Dynamic)路由表是路由器根据路由选择协议(Routing Protocol)提供的功能，自动学习和记忆网络运行情况而自动调整的路由表，能自动计算数据传输的最佳路径。

路由器通常依靠所建立及维护的路由表来决定如何转发。一般路由器中路由表的每一项至少有这样的信息：目标地址、网络掩码、下一跳地址及距离(Metric)。

Metric：是路由算法用以确定到达目的地的最佳路径的计量标准。常用的 Metric 为经由的最小路由器个数(跳数)。

3) 路由器工作过程

路由器有多个端口，不同的端口连接不同的网络，各网络中的主机通过与自己网络相连接的路由器端口把要发送的数据帧发送到路由器上。

路由器转发 IP 数据报时，只根据 IP 数据报目的 IP 地址的网络号部分，查找路由表，选择合适的端口，把 IP 数据报发送出去。

路由器在收到一个数据帧时，在网络层能够根据子网掩码很快将地址中的网络号提取出来，使用 IP 地址中的网络号来查找路由表。

若目的 IP 地址的网络号与源 IP 地址的网络号一致，该路由器将丢弃此数据帧。

如果某端口所连接的是目的网络，就直接把数据包通过端口送到网络上，否则，选择默认网关，用来传送不知道往哪儿传送的 IP 数据报。

这样一级一级地传送，IP 数据报最终将被送到目的地，送不到目的地的 IP 数据报则会被网络丢弃。

图 6.1 是一个路由器应用的简单例子，有 4 个网络通过 3 个路由器连接在一起。

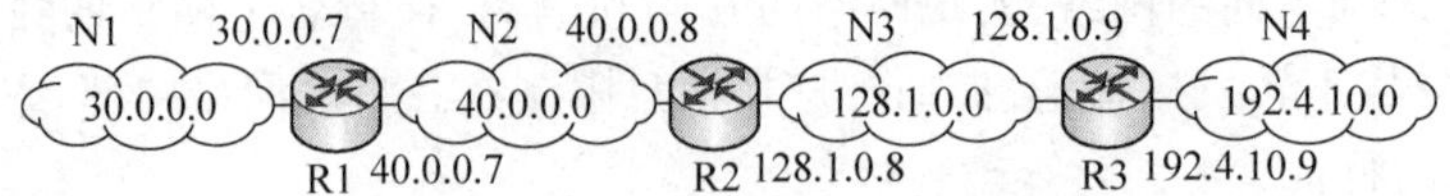


图 6.1　3 个路由器连接 4 个局域网示例

以路由器 R2 的路由表为例，如表 6.1 所示。若目的站在网络 1(N1)中，则下一跳路由器应为 R1，其 IP 地址为 40.0.0.7，距离为 2。路由器 R2 和 R1 由于同时连接在网络 2(N2)上，因此从路由器 R2 经网络 2 将数据包转发到路由器 R1。若目的站点在网络 2 或网络 3 (N3)中，由于 R2 同时连接在网络 2 和网络 3 上，因此只要目的站在这两个网络上，都可直接交付，距离为 1。同理，若目的站点在网络 4(N4)中，则路由器 R2 应经网络 3 将数据包转发给 IP 地址为 128.1.0.9 的路由器 R3，距离为 2。

**表 6.1　路由器 R2 的路由表**

| 目的地址 | 掩　码 | 距　离 | 下一跳路由器 |
|---|---|---|---|
| 30.0.0.0 | 255.0.0.0 | 2 | 40.0.0.7 |
| 40.0.0.0 | 255.0.0.0 | 1 | 直接 |
| 128.1.0.0 | 255.255.0.0 | 1 | 直接 |
| 192.4.10.0 | 255.255.255.0 | 2 | 128.1.0.9 |

**注意：**

(1) 在同一个局域网上的主机和路由器的 IP 地址中的网络号必须是一样的。

(2) 路由器总是具有两个或两个以上的 IP 地址。即路由器的每一个接口都有一个不同网络号的 IP 地址。

(3) 路由器也可采用默认路由，因此，通过下一跳路由器的 IP 地址就可唯一地确定转发端口，以减少路由表所占用的空间和搜索路由表所用的时间。

(4) 其距离以驿站计，与信宿网络直接相连的路由器规定为 1 个驿站，相隔 1 个路由器为 2 个驿站……

(5) 在 Internet 上，路由器间数据的传输是依靠在网络层获取到的数据包中目的 IP 地址中的网络号进行的，所以，人们称 Internet 上传输的是 IP 数据报。

### 6.3.3　三层交换机

#### 1. 什么是三层交换机

三层交换机就是具有部分路由器功能的交换机，三层交换机最重要的目的是加快大型局域网内部的数据交换，所具有的路由功能也是为这个目的服务的，能够做到一次路由、多次转发。对于数据包转发等规律性的过程由硬件高速实现，而像路由信息更新、路由表维护、路由计算、路由确定等功能，则由软件实现。三层交换技术就是二层交换技术＋三层转发技术。传统交换技术是在 OSI 网络标准模型第二层——数据链路层进行操作的，而三层交换技术是在网络模型中的第三层实现了数据包的高速转发，既可实现网络路由功能，又可根据不同网络状况做到最优网络性能。

#### 2. 应用目的

1) 网络骨干少不了三层交换

要说三层交换机在诸多网络设备中的作用，用“中流砥柱”形容并不为过。在校园网、城域教育网中，从骨干网、城域网骨干、汇聚层都有三层交换机的用武之地，尤其是核心骨干网一定要用三层交换机，否则整个网络成千上万台的计算机都在一个子网中，不仅毫无安全可言，也会因为无法分割广播域而无法隔离广播风暴。

采用传统的路由器，虽然可以隔离广播，但是性能又得不到保障。而三层交换机的性能非常高，既有三层路由的功能，又具有二层交换的网络速度。二层交换基于 MAC 寻址，三层交换则是转发基于第三层地址的业务流；除了必要的路由决定过程外，大部分数据转发过程由二层交换处理，提高了数据包转发的效率。

三层交换机通过使用硬件交换机构实现了 IP 的路由功能，其优化的路由软件使得路由过程效率提高，解决了传统路由器软件路由的速度问题。因此可以说，三层交换机具有“路由器的功能、交换机的性能”。

2) 连接子网少不了三层交换

同一网络上的计算机如果超过一定数量(通常在 200 台左右，视通信协议而定)，就很可能会因为网络上产生大量的广播而导致网络传输效率低下。为了避免在大型交换机上进行广播所引起的广播风暴，可将网络进一步划分为多个虚拟网(VLAN)。但是这样做将导致

一个问题：VLAN之间的通信必须通过路由器来实现。然而传统路由器也难以胜任VLAN之间的通信任务，因为相对于局域网的网络流量来说，传统的普通路由器的路由能力太弱。而且千兆级路由器的价格也是非常难以接受的。如果使用三层交换机上的千兆端口或百兆端口连接不同的子网或VLAN，就在保持性能的前提下，经济地解决了划分子网之后子网之间必须依赖路由器进行通信的问题，因此三层交换机是连接子网的理想设备。

### 3. 优势特性

除了优秀的性能之外，三层交换机还具有一些传统的二层交换机没有的特性，这些特性可以给校园网和城域教育网的建设带来许多好处，列举如下：

1）高可扩充性

三层交换机在连接多个子网时，子网只是与第三层交换模块建立逻辑连接，不像传统外接路由器那样需要增加端口，从而保护了用户对校园网、城域教育网的投资。并满足学校3～5年网络应用快速增长的需要。

2）高性价比

三层交换机具有连接大型网络的能力，功能基本上可以取代某些传统路由器，但是价格却接近二层交换机。现在一台百兆三层交换机的价格只有几万元，与高端的二层交换机的价格差不多。

3）内置安全机制

三层交换机可以与普通路由器一样，具有访问列表的功能，可以实现不同VLAN间的单向或双向通信。如果在访问列表中进行设置，可以限制用户访问特定的IP地址，这样学校就可以禁止学生访问不健康的站点。

访问列表不仅可以用于禁止内部用户访问某些站点，也可以用于防止校园网、城域教育网外部的非法用户访问校园网、城域教育网内部的网络资源，从而提高网络的安全。

4）适合多媒体传输

教育网经常需要传输多媒体信息，这是教育网的一个特色。三层交换机具有QoS（服务质量）的控制功能，可以给不同的应用程序分配不同的带宽。

例如，在校园网、城域教育网中传输视频流时，就可以专门为视频传输预留一定量的专用带宽，相当于在网络中开辟了专用通道，其他的应用程序不能占用这些预留的带宽，因此能够保证视频流传输的稳定性。而普通的二层交换机就没有这种特性，因此在传输视频数据时，就会出现视频忽快忽慢的抖动现象。

另外，视频点播（Video on Demand，VOD）也是教育网中经常使用的业务。但是由于有些视频点播系统使用广播来传输，而广播包是不能实现跨网段的，这样VOD就不能实现跨网段进行；如果采用单播形式实现VOD，虽然可以实现跨网段，但是支持的同时连接数就非常少，一般几十个连接就占用了全部带宽。而三层交换机具有组播功能，VOD的数据包以组播的形式发向各个子网，既实现了跨网段传输，又保证了VOD的性能。

5）计费功能

在高校校园网及有些地区的城域教育网中，很可能有计费的需求，因为三层交换机可以识别数据包中的IP地址信息，因此可以统计网络中计算机的数据流量，可以按流量计费，也可以统计计算机连接在网络上的时间,按时间进行计费。而普通的二层交换机就难以同时做到这两点。

第三层交换机,是直接根据第三层网络层 IP 地址来完成端到端的数据交换的。

**4. 工作原理**

假设主机 A 和主机 B 通过一台三层交换机相连,网络结构如图 6.2 所示。

图 6.2　网络结构图

比如主机 A 要给 B 发送数据,已知目的 IP,那么 A 就用子网掩码取得网络地址,判断目的 IP 是否与自己在同一网段。

如果在同一网段,但不知道转发数据所需的 MAC 地址,A 就发送一个 ARP 请求,B 返回其 MAC 地址,A 用此 MAC 封装数据包并发送给交换机,交换机启用二层交换模块,查找 MAC 地址表,将数据包转发到相应的端口。

如果目的 IP 地址显示不是同一网段的,那么 A 要实现和 B 的通信,在流缓存条目中没有对应 MAC 地址条目,就将第一个正常数据包发送向一个缺省网关,这个缺省网关一般在操作系统中已经设好,对应第三层路由模块,所以可见对于不是同一子网的数据,最先在 MAC 表中存放的是缺省网关的 MAC 地址;然后就由三层模块接收到此数据包,查询路由表以确定到达 B 的路由,将构造一个新的帧头,其中以缺省网关的 MAC 地址为源 MAC 地址,以主机 B 的 MAC 地址为目的 MAC 地址。通过一定的识别触发机制,确立主机 A 与 B 的 MAC 地址及转发端口的对应关系,并记录进流缓存条目表,以后的 A 到 B 的数据,就直接交由二层交换模块完成。这就是通常所说的"一次路由、多次转发"。

表面上看,第三层交换机是第二层交换器与路由器的结合,然而这种结合并非简单的物理结合,而是各取所长的逻辑结合。其重要表现是,当某一信息源的第一个数据流进行第三层交换后,其中的路由系统将会产生一个 MAC 地址与 IP 地址的映射表,并将该表存储起来,当同一信息源的后续数据流再次进入交换环境时,交换机将根据第一次产生并保存的地址映射表,直接从第二层由源地址传输到目的地址,不再经过第三路由系统处理,从而消除了路由选择时造成的网络延迟,提高了数据包的转发效率,解决了网间传输信息时路由产生的速率瓶颈。所以说,第三层交换机既可完成第二层交换机的端口交换功能,又可完成部分路由器的路由功能。即第三层交换机的交换机方案,实际上是一个能够支持多层次动态集成的解决方案,虽然这种多层次动态集成功能在某些程度上也能由传统路由器和第二层交换机搭载完成,但这种搭载方案与采用三层交换机相比,不仅需要更多的设备配置、占用更大的空间、设计更多的布线和花费更高的成本,而且数据传输性能也要差得多,因为在海量数据传输中,搭载方案中的路由器无法克服路由传输速率瓶颈。

### 6.3.4 划分子网

#### 1. 划分子网的意义

分类 IP 地址的设计不够合理：

第一，IP 地址空间的利用率低。每一个 A 类地址网络可连接的主机数目超过 1 千万，每一个 B 类地址网络可连接的主机数也超过 6.5 万。然而有些网络对连接在网络上的计算机数目有限制，根本达不到这样大的数目。例如，10Base-T 以太网规定的最大结点数只有 1024。这样的以太网若使用一个 B 类地址就浪费了 6 万多个 IP 地址，而其他单位的主机又无法使用这些被浪费的地址。IP 地址的浪费，使 IP 地址空间资源过早地被用完。

第二，两级 IP 地址不够灵活。有时一个单位虽然计算机数不多，但几个部门都想拥有独立的网络。如何解决此问题呢？

1991 年有人提出在 IP 地址中增加一个“子网号字段”，使两级 IP 地址变为三级 IP 地址，这样较好地解决了上述问题，且使用起来也很灵活。这种做法叫做划分子网或子网寻址。

#### 2. 三级 IP 地址

未划分子网前 IP 地址是二级的，网络号＋主机号，划分子网后要将原来的主机号部分分成两部分，子网号＋主机号，因此变成三级 IP 地址，网络号＋子网号＋主机号，具体结构如图 6.3 所示。

图 6.3　三级结构的 IP 地址

#### 3. 子网划分的思路

划分子网的方法是从网络的主机号部分的高位借用若干个比特作为子网号 Subnet-id，而主机号也就相应减少了若干个比特。于是两级 IP 地址在本单位内部就变为三级 IP 地址：网络号、子网号和主机号。

划分子网只是将 IP 地址的本地部分再划分，并不改变 IP 地址的因特网部分。

根据因特网标准协议[RFC 950]文档，在划分子网时，子网号不能全取“1”和“0”。若子网号全为“0”，代表上一级网络的网络地址；子网号全为“1”，用于向子网广播。随着无分类域间路由选择 CIDR 的使用，现在全 1 和全 0 的子网号也可以使用了，但一定要弄清楚使用的路由器是否支持这种较新的用法。

子网号比特位越多，子网的数目越多，但每个子网上可连接的主机数却越少。因此要根据网络的具体情况来选择。对于子网中主机数要考虑留有一个网关地址。

### 4. 子网掩码

IP 地址划分子网后从二级变成三级，掩码也变成子网掩码。

掩码中全 1 的部分对应网络号部分，全 0 的部分对应主机号部分。

子网掩码中全 1 的部分不仅对应网络号部分，还对应子网号部分，全 0 的部分对应划分后的主机号部分。

### 5. 子网划分的步骤

1）利用子网数来划分

在划分子网前必须先搞清楚要划分的子网数目，以及每个子网内所包含的主机数目，然后按以下基本步骤进行计算：

第 1 步，$2^n-2 \geqslant$ 子网数(如果可以用全 0 和全 1 的子网号，则把 −2 去掉)。

第 2 步，取得子网数二进制的位数($n$)。

第 3 步，将划分后的地址原有的网络号部分和子网号部分各位置成二进制的 1，主机号对应各位全用 0 表示，求出子网掩码。

第 4 步，计算每个子网中最多容纳的计算机数。

第 5 步，确定子网号。

第 6 步，在子网号部分前加上原来的网络号，构成子网络号。

第 7 步，确定每个子网中可供分配的 IP 地址范围。

为了便于理解，现举例说明如下：

**【例 6-1】** 现在假如要将一 C 类 IP 地址 198.195.10.0 划分成 5 个子网，求各子网的网络号。

第 1 步，$2^n-2 \geqslant 5$。

第 2 步，求出子网号位数为三位，即 $n=3$。

第 3 步，原有网络位为 24 位，子网位为 3 位，因此子网掩码为 27 个 1，5 个 0，即 255.255.255.224。

第 4 步，C 类地址，主机号部分有 8 位二进制数，取出 3 位后还剩 5 位，5 位二进制数能分给 30 台计算机做地址(去掉主机号的全“0”和全“1”两种情况)。

第 5 步，确定子网号：3 位二进制数有如下 8 种排列法：000，001，010，011，100，101，110，111。去除全 0 和全 1 两种情况，还余 6 种排列，在其后加上主机号的 5 位全 0 表示子网号部分。

第 6 步，在子网号部分前加上原来的网络号，构成子网络号。

| 最后 1 字节 | 子网号部分 | 子网络号 |
|---|---|---|
| 00100000 | 32 | 198.195.10.32 |
| 01000000 | 64 | 198.195.10.64 |
| 01100000 | 96 | 198.195.10.96 |
| 10000000 | 128 | 198.195.10.128 |
| 10100000 | 160 | 198.195.10.160 |
| 11000000 | 192 | 198.195.10.192 |

第 7 步,求每个子网中可供分配的 IP 地址范围主要是求出每个子网的主机号位上能有多少种排列组合,去除全 0 和全 1 两种组合,其他每种组合都是一个可供分配的 IP 地址。现在以 198.195.10.32 子网为例来介绍具体的计算机过程。

子网 198.195.10.32 的主机位数为 5 位,排列组合分别为 00000、00001、00010 一直到 11111,去掉全 0 和全 1 两个特殊地址,留下 00001 到 11110,和前面的子网号 001 组合起来,本子网可供分配的 IP 地址范围是从 198.195.10.33～198.195.10.62。

2) 利用主机数来计算

利用主机数来计算子网络号的方法与上类似,基本步骤如下:

第 1 步,$2^M-2\geqslant$最多主机数。

第 2 步,确定主机号的二进制位数 $M$。

第 3 步,将划分后的地址原有的网络号部分和子网号部分各位置成二进制的 1,主机号对应各位全用 0 表示,求出子网掩码。

第 4 步,从分类的 IP 的主机号部分除去前步计算出的主机号的位数,剩余即为子网号可用的二进制位数。

第 5 步,子网号后的主机号部分用 0 补齐,确定子网号。

第 6 步,在子网号部分前加上原来的网络号,构成子网络号。

第 7 步,确定每个子网中可供分配的 IP 地址范围。

**【例 6-2】** 若某单位的网络号为 195.168.1.0,现有 100 台计算机需要连网,每个子网内的主机数不少于 40 台,如何划分子网,各子网的网络地址是多少?

经过分析,主机数最多的子网中,最多有 60 台计算机。60 台计算机(再留出 1 个网关地址和全 0、全 1 的 2 个地址)。

第 1 步,$2^M-2\geqslant 60$。

第 2 步,确定主机号的二进制位数 $M=6$。

第 3 步,原有网络位为 24 位,子网位为 2 位,因此子网掩码为 26 个 1,6 个 0,即 255.255.255.192。

第 4 步,分类的 IP 的主机号部分为 8 位,除去前一步计算出的主机号的位数 6,剩余即为子网号可用位数为 2 位。

第 5 步,子网号后的主机号部分用 0 补齐,即 01000000 和 10000000,子网号部分的值分别为 64 和 128。

第 6 步,将原网络号部分写在左边,构成完整的网络地址,如图 6.4 所示。

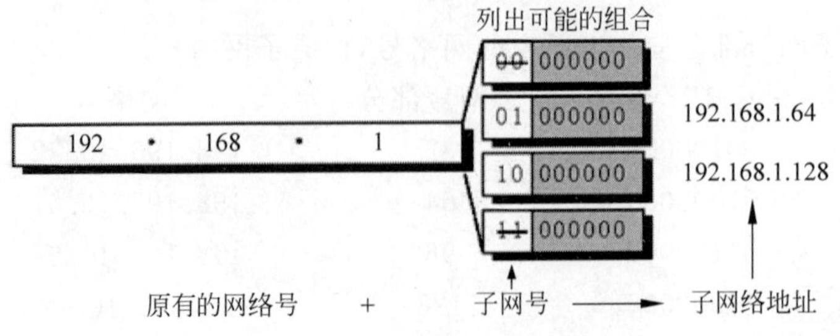


图 6.4 确定子网的网络地址

两个子网的网络地址分别为 192.168.1.64 和 192.168.1.128。

第 7 步，求每个子网中可供分配的 IP 地址范围主要是求出每个子网的主机号位上能有多少种排列组合，去除全 0 和全 1 两种组合，其他每种组合都是一个可供分配的 IP 地址。现在以 192.168.1.64 这个子网为例来介绍具体的计算机过程：

子网 192.168.1.64 的主机位数为 6 位，排列组合分别为 000000、000001、000010 一直到 111111，去掉全 0 和全 1 两个特殊地址，留下 000001 到 111110，和前面的子网号 01 组合起来，本子网可供分配的 IP 地址范围是从 192.168.1.65 到 192.168.1.126。

### 6.3.5　构造超网

#### 1. 构造超网的意义

超网(Super Net)是和子网相对应的说法，它是将多个小的相邻的网络地址(C 类地址)合并为一个大的网络地址。采用超网的原因是 B 类地址由于 Internet 的快速发展很快被用完，大量的 C 类地址由于容量太小而使用不便，如何用多个 C 类地址代替 B 类地址就成为一个现实问题，于是超网应运而生。

通过构造超网还可以简化路由表。

#### 2. 构造超网的步骤

第 1 步，将多个要构造超网的 IP 地址转换成二进制的形式(为了减少计算量，不完全一致的部分可以先不转换成二进制，只转换不完全相同的部分)。

第 2 步，找出多个 IP 地址完全相同的位数作为新的网络地址部分。

第 3 步，将剩下的部分作为新的主机地址部分，将主机地址部分全设置为 0，求出新的超网的网络地址。

**【例 6-3】** 某大学的 IP 地址范围是由 16 个 C 类地址 202.102.96.1～202.102.111.254 聚集而成的，求出超网的网络地址。

**解**：列出所有的 IP 地址，202.102 是共有部分，不必变动，将 IP 的第 3 个字节转换成二进制数。在第 3 个字节中找出共有的部分 0110，如下所示：

| | | |
|---|---|---|
| 202.102.96.1 | 202.102. 0110 | 0000 00000001 |
| … | | |
| 202.102.97.1 | 202.102. 0110 | 0001 00000001 |
| … | | |
| 202.102.111.254 | 202.102. 0110 | 1111 11111110 |

将 16 个地址中完全相同的部分作为新的网络号部分，剩下的作为新的主机号部分，本例中的新网络地址部分为前 20 位，新主机地址部分为后 12 位，将新的主机号地址置成全 0，该超网的网络号为：202.102.96.0；掩码为：11111111 11111111 11110000 00000000 (255.255.240.0)。

这样，原本不在一个 C 类网络中的地址 202.102.98.4 和 202.102.100.80 就在同一超网中了。

子网编址的发明节省了大量的 IP 地址空间,超网编址的出现又解决了 B 类地址空间即将用完的紧迫问题。

超网主要用在路由器的路由表上,没有使用超网时,路由器必须把大网络里多个路由信息逐个通告,实现超网后,只需通告一个路由信息就可以了,大大减轻了路由器的负担。并不是任意的地址组都可以这样做,例如 16 个 C 类网络 201.67.71.0~201.67.87.0 就不能形成一个统一的网络。注意:起始边界的网络号必须是 2 的倍数幂。

### 6.3.6 无分类编址 CIDR

#### 1. 网络前缀

不论是子网还是超网,其网络号主要取决于掩码中 1 的个数,如果在给出主机 IP 地址的同时,给出网络号的位数,即“网络前缀”(network-prefix),就可以代替分类地址中的网络号和子网号,而不用管 IP 的分类问题,也不用管它是子网还是超网,简化了 IP 地址的表示。

1993 年,Fuller 等人提出了一种 IP 地址的分配和路由信息集成的策略,称为无类别域间路由(Classless Inter-Domain Routing,CIDR)。“无类别”的意思是现在的选择路由决策是基于整个 32 位 IP 地址的掩码操作,而不管其 IP 地址是 A 类、B 类或是 C 类,都没有什么区别。现在 CIDR 已成为因特网建议标准协议。

#### 2. CIDR 最主要的特点

CIDR 消除了传统的 A 类、B 类和 C 类地址以及划分子网的概念,可以更加有效地分配 IPv4 的地址空间。

CIDR 使用“斜线记法”(slash notation),又称为 CIDR 记法,即在 IP 地址后面加上一个斜线“/”,然后写上网络前缀(这个数值对应于三级编址中子网掩码中比特 1 的个数)。

**【例 6-4】** 解释 128.14.46.34/20 的含义。

**解**:表示在这个 32 位的 IP 地址中,前 20 位表示网络号(前缀),而后面的 12 位为主机号。

将点分十进制的 IP 地址写成二进制时才能看清楚网络前缀和主机号。例如,上述地址 10000000 00001110 00101110 00100010 的前 20 位是 10000000 00001110 0010(网络号),而后面的 12 位是 1110 00100010(主机号)。

CIDR 将网络前缀都相同的连续的 IP 地址组成“CIDR 地址块”(相当于子网中主机 IP 地址范围)。

128.14.32.0/20 表示的地址块共有 $2^{12}$ 个地址(因为斜线后面的 20 是网络前缀的位数,所以主机号的位数是 12,因而地址数就是 $2^{12}$),而该地址块的起始地址是 128.14.32.0。在不需要指出地址块的起始地址时,也可将这样的地址块简称为“/20 地址块”。上面的地址块的最小地址和最大地址是:

最小地址　128.14.32.0　　10000000 00001110 0010 0000 00000000

最大地址　128.14.47.255　10000000 00001110 0010 1111 11111111

这两个主机号为全 0 和全 1 的地址一般并不使用。通常只使用在这两个地址之间的地址。

当见到斜线记法表示的地址时，一定要根据上下文弄清它是指一个单个的 IP 地址还是指一个地址块。

由于一个 CIDR 地址块可以表示很多地址，所以在路由表中就利用 CIDR 地址块来查找目的网络。这称为路由聚合(route aggregation)，使路由表中的一个项目可以表示很多个原来传统分类地址的路由。路由聚合有利于减少路由器之间的路由选择信息的交换，从而提高了整个因特网的性能。

### 3. 掩码

CIDR 虽然不使用子网，但仍使用"掩码"这一名词(不叫子网掩码)。对于/20 地址块，它的掩码是：11111111 11111111 11110000 00000000(20 个连续的 1)。斜线记法中的数字就是掩码中 1 的个数。

**【例 6-5】** 一个主机的 IP 地址是 202.112.14.137/27，计算这个主机所在子网络地址和广播地址。

**解**：根据掩码，本 IP 地址中前 27 位为网络地址位，后 5 位为主机地址位，网络地址是将主机位全部置成 0，广播地址是将主机位全部置成 1。

| | | | |
|---|---|---|---|
| IP： | 202.112.14. 1 0 0 | 0 1 0 0 1 | |
| 掩码： | 255.255.255.1 1 1 | 0 0 0 0 0 | |
| 网络地址： | 202.112.14. 1 0 0 | 0 0 0 0 0 | 即：202.112.14.128 |
| 广播地址： | 202.112.14. 1 0 0 | 1 1 1 1 1 | 即：202.112.14.159 |

## 6.3.7　虚拟局域网

交换技术的出现，有效地解决了共享式以太网所产生的冲突域，但并不能有效地克服广播域。

### 1. 虚拟局域网的基本概念

VLAN(Virtual Local Area Network)是指在交换局域网的基础上，采用网络管理软件构建的可跨越不同网段的端到端的逻辑网络。网络中的站点不管所处的物理位置如何，都可以根据需要灵活地加入到不同的逻辑网络中。

在 IEEE 802.1q 标准中，对虚拟局域网(VLAN)是这样定义的：虚拟局域网是由一些局域网网段构成的与物理位置无关的逻辑组，而这些网段具有某些共同的需求。每一个 VLAN 的帧都有一个明确的标识符，指明发送这个帧的工作站属于哪一个 VLAN。

VLAN 技术的出现，主要是为了解决交换机在进行局域网互联时无法限制广播的问题。这种技术可以把一个 LAN 划分成多个逻辑的 LAN——VLAN，每个 VLAN 是一个广播域，VLAN 内的主机间通信就像在一个 LAN 内一样，而不同 VLAN 间则不能直接互通。

### 2. VLAN 的优点

(1) 限制广播域。广播域被限制在一个 VLAN 内，节省了带宽，提高了网络处理能力。

(2) 增强局域网的安全性。不同 VLAN 内的报文在传输时是相互隔离的，即一个 VLAN 内的用户不能和其他 VLAN 内的用户直接通信，如果不同 VLAN 要进行通信，则需要通过路由器或第三层交换机等三层设备。网络管理员可以通过配置 VLAN 间的路由，来全面地管理企业内部不同管理单元间的互访。

(3) 灵活构建虚拟工作组。用 VLAN 可以将不同的用户划分到不同的工作组，同一工作组的用户也不必局限于某一固定的物理范围，网络构建和维护更方便灵活。

图 6.5(a)是没有划分 VLAN 的传统局域网，它有三个局域网，分别为 LAN 1、LAN2 和 LAN3，其中 LAN1 为行政办公楼，里面分布有教务处(PC1)、学生处(PC2)和财务处(PC3)；LAN2 为计算机学院，分布有教学科(PC4)、学生科(PC5)和财务科(PC6)；LAN3 为电子学院，分布有教学科(PC7)、学生科(PC8)和财务科(PC9)。它们之间的业务关系显而易见，但由于网络的物理结构隔断了它们之间的资源共享，即 PC1 要与 PC4 通信必须经过路由器，这给业务处理带来了很多不便。

采用了 VLAN 技术，如图 6.5(b)所示，根据业务关系将它们重新进行划分，组成三个 VLAN：VLAN1 为 PC1，PC4 和 PC7；VLAN 2 为 PC2，PC5 和 PC8；VLAN 3 为 PC3，PC6 和 PC9。VLAN 1 中的三台计算机就可以直接通信，VLAN 2 和 VLAN 3 中的计算机也是这样。

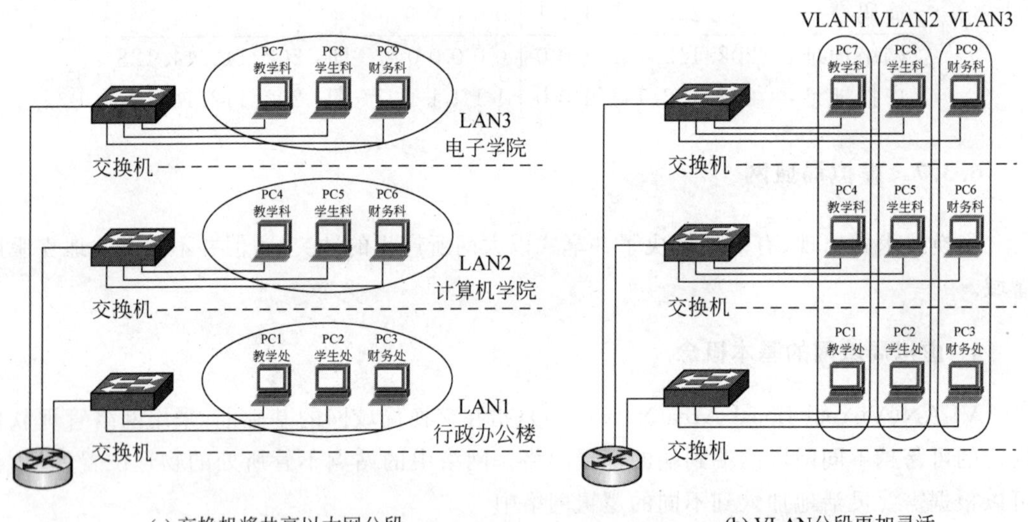


图 6.5 交换机分段与 VLAN 分段

当一个站点从一个逻辑工作组转移到另一个逻辑工作组时，只需要通过软件设定，而不需要改变它在网络中的物理位置；当一个站点从一个物理位置移动到另一个物理位置时，将该计算机接入另一台交换机，只要通过交换机软件进行设置，这台计算机还可以成为原工作组的一员。同一个逻辑工作组的站点可以分布在不同的物理网段上，但它们之间的通信就像在同一个物理网段上一样。

### 3. 虚拟局域网的划分

虚拟局域网在功能和操作上与传统局域网基本相同，其主要区别只在于组网方法的不同。不同虚拟局域网的组网方法主要表现在对虚拟局域网成员的定义方法上，通常有以下4种方法：

1）基于交换机端口号划分虚拟局域网

划分虚拟局域网最常用的方法就是根据局域网交换机的端口来定义虚拟局域网成员。虚拟局域网从逻辑上把交换机的端口划分为不同的虚拟子网，在使用端口定义虚拟局域网时，不允许不同的虚拟局域网包含相同的物理网段或交换端口。当用户从一个端口移动到另一个端口时，网络管理员必须对虚拟局域网成员进行重新配置。

优点是配置简单、灵活方便，缺点是安全性较差。

2）基于MAC地址划分虚拟局域网

根据结点的MAC地址也可以定义虚拟局域网。用MAC地址定义的虚拟局域网，允许结点移动到网络的其他物理网段。由于它的MAC地址不变，所以该结点将自动保持原来的虚拟局域网成员的地位。

其优点是安全性较高，缺点是在大规模网络中，初始化时把上千个用户配置到虚拟局域网是很麻烦的，用户想要更换VLAN只能更换网卡，不太方便。

3）基于IP地址划分虚拟局域网

可使用结点的IP地址定义虚拟局域网。这种方法有利于组成基于服务或应用的虚拟局域网。用户可以随意移动工作站而无须重新配置网络地址，这对于TCP/IP协议的用户是特别有利的。

由于检查IP地址比检查MAC地址要花费更多的时间，因此用IP地址定义虚拟局域网的速度比较慢。

4）基于IP组播划分虚拟局域网

IP组播实际也是一种VLAN的定义，这种划分的方法将VLAN扩大到了广域网，这种方法具备更大的灵活性，而且也很容易通过路由器进行扩展。然而这种方法效率不高，不适合局域网。

**4. 虚拟局域网之间的通信**

一个网络划分VLAN后，每个VLAN就是一个独立的逻辑网段，广播域仅限制在本VLAN内部，如果它们之间要进行通信，需要第三层网络层的路由功能支持，也就是路由器。

在这种情况下，出现了第三层交换技术，它将路由技术与交换技术合二为一。三层交换机在交换机内部实现了路由，提高了网络的整体性能。

### 6.3.8　思科三层交换机的配置方法

思科三层交换机的基本配置和思科二层交换机基本相同，包括管理方式、启动过程、带外管理方式所需的设备、连接方法、系统帮助以及一些基本配置命令等，以上提到的这些知识在子项目3中已经做了详细的讲解，因此在本子项目中不再赘述。

下面将对在本子项目中涉及的配置命令一一进行介绍。

**1. 创建 VLAN 并进入 VLAN 配置模式**

模式：全局配置模式（或以上模式）

命令：vlan <编号>

参数：编号是 VLAN 的编号，最大是从 1～4095，Vlan 1 是默认存在的，不能删除也无须创建，默认所有端口都是属于 VLAN 1 的。

结果：若本 VLAN 不存在，则先创建 VLAN，再进入 VLAN 配置模式；若存在，则直接进入 VLAN 配置模式 switch(config-vlan)#。

**2. 将端口划分到特定 VLAN 中**

模式：某接口配置模式

命令：switchport access vlan <编号>

结果：将该端口从 VLAN 1 中移除，放到指定的 VLAN 中。

**3. 显示 VLAN 状态**

模式：用户或特权模式

命令：show vlan

结果：显示 VLAN 状态。

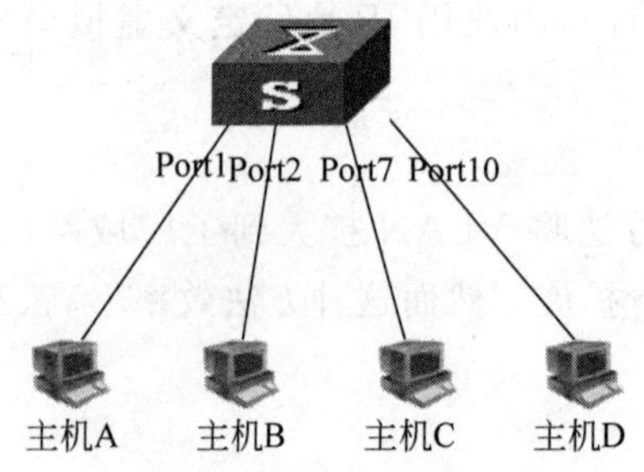


图 6.6　交换机 VLAN 划分

**【例 6-6】** VLAN 的划分配置举例。

1）配置需求

对交换机 S 进行配置，使主机 A 和主机 C 属于 VLAN 2，使主机 B 和主机 D 属于 VLAN 3。

2）组网图

本例中的网络结构如图 6.6 所示。

3）主机设置

各台主机需要设置 IP 地址，本例中要求 IP 地址设置在同一网段内，具体如下：

主机 A：IP 地址为 192.168.1.10，子网掩码：255.255.255.0。

主机 B：IP 地址为 192.168.1.20，子网掩码：255.255.255.0。

主机 C：IP 地址为 192.168.1.30，子网掩码：255.255.255.0。

主机 D：IP 地址为 192.168.1.40，子网掩码：255.255.255.0。

4）配置前测试

此时 4 台主机可以互通，主机 A 到主机 B、主机 C、主机 D 可以 ping 通。

5）配置交换机划分 VLAN

```
Switch>enable
Switch#configure terminal
Switch(config)#hostname s
S(config)#vlan 2
S(config-vlan)#vlan 3
```

```
S(config-vlan)# exit
S(config)# interface fastethernet 0/1
S(config-if)# switchport access vlan 2
S(config-if)# interface fastethernet 0/2
S(config-if)# switchport access vlan 3
S(config-if)# interface fastethernet 0/7
S(config-if)# switchport access vlan 2
S(config-if)# interface fastethernet 0/10
S(config-if)# switchport access vlan 3
```

6）配置后测试

此时相同 VLAN 中的主机可以互通，不同 VLAN 中的主机不能互通。

在主机 A 利用 ping 命令测试到主机 B 的连通性，结果应为不通。

#### 4. 进入交换机的 VLAN 接口

该命令用于进入交换机的某个 VLAN 的接口。

模式：全局配置模式

命令：interface vlan <编号>

参数：VLAN-ID 是 VLAN 的编号。

结果：进入 vlan 接口配置模式 switch(config-if)#。

#### 5. 为端口设置 IP 地址

模式：端口配置模式

命令：ip address <IP 地址> <子网掩码>

删除地址命令：no ip address

参数：IP 地址是要为该端口设置的地址，格式为点分十进制；子网掩码一般也采用点分十进制的格式。

#### 6. 关闭和重启端口

模式：端口配置模式

命令：shutdown/no shutdown

**【例 6-7】** 为交换机的 VLAN 1 的端口设置 IP 地址为 192.168.0.1，子网掩码为 255.255.255.0，启动该端口。

```
Switch# config terminal
Switch(config)# interface fastethernet 0/1
Switch(config-if)# ip address 192.168.0.1 255.255.255.0
Switch(config-if)# no shutdown
```

#### 7. 为三层交换机启用路由功能

有些三层交换机默认情况下禁用路由功能，需要通过命令启用。

模式：全局配置模式
命令：ip routing

## 6.4 子项目实施

### 6.4.1 硬件连接

**1. 任务指标**

利用三层交换机和直连网线将各个信息岛和服务器区的二层交换机连接起来。

**2. 实施过程**

整个网络实验室的网络拓扑结构如图 6.7 所示。

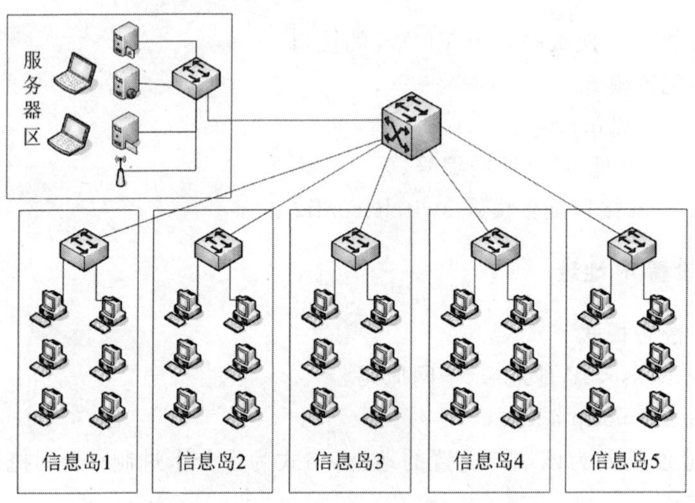


图 6.7　网络实验室网络拓扑结构图

1）各个信息岛的硬件连接

各个信息岛内的 6 台主机通过直连网线和一台二层交换机相连，这部分硬件连接已经在子项目 2 中完成。

2）服务区的硬件连接

服务区内的三台服务器和无线路由器通过直连网线和一台二层交换机相连，这部分硬件连接在子项目 4 和子项目 5 中完成。

3）各台二层交换机之间的连接

在本项目中，施工组需要利用交叉网线将本组负责的信息岛中的二层交换机和三层交换机连接起来，具体的端口分配如下：

信息岛 1 交换机的快速以太网口 24 连接三层交换机的快速以太网口 1；

信息岛 2 交换机的快速以太网口 24 连接三层交换机的快速以太网口 2；

信息岛 3 交换机的快速以太网口 24 连接三层交换机的快速以太网口 3；

信息岛 4 交换机的快速以太网口 24 连接三层交换机的快速以太网口 4；

信息岛 5 交换机的快速以太网口 24 连接三层交换机的快速以太网口 5；

服务器区交换机的快速以太网口 24 连接三层交换机的快速以太网口 6；

完成硬件连接后为三层交换机连接电源线，启动三层交换机。

### 6.4.2　子网划分和 IP 地址规划

#### 1. 任务指标

在子项目 2 中各个施工组已经根据要求为各台主机设置了 IP 地址，但并不了解为何如此设置，在本项目中我们就来进行具体的 IP 地址规划。

根据规划要求，网络实验室共分成 5 个信息岛和一个服务器区，网络实验室根据学校整体的 IP 地址规划要使用 192.168.8.0 网段内的 IP 地址，因此要将这个 C 类网络地址划分成 6 个子网。

#### 2. 实施过程

1）子网划分

将 192.168.8.0 划分成 6 个子网的具体过程如下：

第 1 步，$2^n-2\geqslant6$。

第 2 步，求出子网号位数为三位，即 $n=3$。

第 3 步，原有网络位为 24 位，子网位为 3 位，因此子网掩码为 27 个 1，5 个 0，即 255.255.255.224。

第 4 步，C 类地址，主机号部分有 8 位二进制数，取出 3 位后还剩 5 位，5 位二进制数能分给 30 台计算机做地址（去掉主机号的全 0 和全 1 两种情况）。

第 5 步，确定子网号，3 位二进制数有如下 8 种排列方法：000，001，010，011，100，101，110，111。去除全 0 和全 1 两种情况，还余 6 种排列，在其后加上主机号的 5 位全 0 表示子网号部分。

第 6 步，在子网号部分前加上原来的网络号，构成子网络号，具体的子网号如下：

| 子网编号 | 最后 1 字节 | 子网号部分 | 子网络号 |
|---|---|---|---|
| 子网 1 | 00100000 | 32 | 192.168.8.32 |
| 子网 2 | 01000000 | 64 | 192.168.8.64 |
| 子网 3 | 01100000 | 96 | 192.168.8.96 |
| 子网 4 | 10000000 | 128 | 192.168.8.128 |
| 子网 5 | 10100000 | 160 | 192.168.8.160 |
| 子网 6 | 11000000 | 192 | 192.168.8.192 |

第 7 步，求每个子网中可供分配的 IP 地址范围主要是求出每个子网的主机号位上能有多少种排列组合，去除全 0 和全 1 两种组合，其他每种组合都是一个可供分配的 IP 地址。

因此各个子网的可供分配的 IP 地址范围如下：

| 子网编号 | 可用 IP 地址范围 |
| --- | --- |
| 子网 1 | 192.168.8.33 ～ 192.168.8.62 |
| 子网 2 | 192.168.8.65 ～ 192.168.8.94 |
| 子网 3 | 192.168.8.97 ～ 192.168.8.126 |
| 子网 4 | 192.168.8.129 ～ 192.168.8.158 |
| 子网 5 | 192.168.8.161 ～ 192.168.8.190 |
| 子网 6 | 192.168.8.193 ～ 192.168.8.222 |

2）IP 地址规划

根据网络实验室设备的具体需求，将 IP 地址规划如下：

(1) 信息岛 1

信息岛 1 中的设备使用子网 1 中的可用 IP 地址。

主机 1：IP 地址 192.168.8.34，子网掩码 255.255.255.224，默认网关 192.168.8.33，首选 DNS 服务器地址为 192.168.8.194。

主机 2：IP 地址 192.168.8.35，子网掩码 255.255.255.224，默认网关 192.168.8.33，首选 DNS 服务器地址为 192.168.8.194。

主机 3：IP 地址 192.168.8.36，子网掩码 255.255.255.224，默认网关 192.168.8.33，首选 DNS 服务器地址为 192.168.8.194。

主机 4：IP 地址 192.168.8.37，子网掩码 255.255.255.224，默认网关 192.168.8.33，首选 DNS 服务器地址为 192.168.8.194。

主机 5：IP 地址 192.168.8.38，子网掩码 255.255.255.224，默认网关 192.168.8.33，首选 DNS 服务器地址为 192.168.8.194。

主机 6：IP 地址 192.168.8.39，子网掩码 255.255.255.224，默认网关 192.168.8.33，首选 DNS 服务器地址为 192.168.8.194。

(2) 信息岛 2

信息岛 2 中的设备使用子网 2 中的可用 IP 地址。

主机 1：IP 地址 192.168.8.66，子网掩码 255.255.255.224，默认网关 192.168.8.65，首选 DNS 服务器地址为 192.168.8.194。

主机 2：IP 地址 192.168.8.67，子网掩码 255.255.255.224，默认网关 192.168.8.65，首选 DNS 服务器地址为 192.168.8.194。

主机 3：IP 地址 192.168.8.68，子网掩码 255.255.255.224，默认网关 192.168.8.65，首选 DNS 服务器地址为 192.168.8.194。

主机 4：IP 地址 192.168.8.69，子网掩码 255.255.255.224，默认网关 192.168.8.65，首选 DNS 服务器地址为 192.168.8.194。

主机 5：IP 地址 192.168.8.70，子网掩码 255.255.255.224，默认网关 192.168.8.65，首选 DNS 服务器地址为 192.168.8.194。

主机 6：IP 地址 192.168.8.71，子网掩码 255.255.255.224，默认网关 192.168.8.65，首选 DNS 服务器地址为 192.168.8.194。

(3) 信息岛 3

信息岛 3 中的设备使用子网 3 中的可用 IP 地址。

主机 1：IP 地址 192.168.8.98，子网掩码 255.255.255.224，默认网关 192.168.8.97，首选 DNS 服务器地址为 192.168.8.194。

主机 2：IP 地址 192.168.8.99，子网掩码 255.255.255.224，默认网关 192.168.8.97，首选 DNS 服务器地址为 192.168.8.194。

主机 3：IP 地址 192.168.8.100，子网掩码 255.255.255.224，默认网关 192.168.8.97，首选 DNS 服务器地址为 192.168.8.194。

主机 4：IP 地址 192.168.8.101，子网掩码 255.255.255.224，默认网关 192.168.8.97，首选 DNS 服务器地址为 192.168.8.194。

主机 5：IP 地址 192.168.8.102，子网掩码 255.255.255.224，默认网关 192.168.8.97，首选 DNS 服务器地址为 192.168.8.194。

主机 6：IP 地址 192.168.8.103，子网掩码 255.255.255.224，默认网关 192.168.8.97，首选 DNS 服务器地址为 192.168.8.194。

(4) 信息岛 4

信息岛 4 中的设备使用子网 4 中的可用 IP 地址。

主机 1：IP 地址 192.168.8.130，子网掩码 255.255.255.224，默认网关 192.168.8.129，首选 DNS 服务器地址为 192.168.8.194。

主机 2：IP 地址 192.168.8.131，子网掩码 255.255.255.224，默认网关 192.168.8.129，首选 DNS 服务器地址为 192.168.8.194。

主机 3：IP 地址 192.168.8.132，子网掩码 255.255.255.224，默认网关 192.168.8.129，首选 DNS 服务器地址为 192.168.8.194。

主机 4：IP 地址 192.168.8.133，子网掩码 255.255.255.224，默认网关 192.168.8.129，首选 DNS 服务器地址为 192.168.8.194。

主机 5：IP 地址 192.168.8.134，子网掩码 255.255.255.224，默认网关 192.168.8.129，首选 DNS 服务器地址为 192.168.8.194。

主机 6：IP 地址 192.168.8.135，子网掩码 255.255.255.224，默认网关 192.168.8.129，首选 DNS 服务器地址为 192.168.8.194。

(5) 信息岛 5

信息岛 5 中的设备使用子网 5 中的可用 IP 地址。

主机 1：IP 地址 192.168.8.162，子网掩码 255.255.255.224，默认网关 192.168.8.161，首选 DNS 服务器地址为 192.168.8.194。

主机 2：IP 地址 192.168.8.163，子网掩码 255.255.255.224，默认网关 192.168.8.161，首选 DNS 服务器地址为 192.168.8.194。

主机 3：IP 地址 192.168.8.164，子网掩码 255.255.255.224，默认网关 192.168.8.161，首选 DNS 服务器地址为 192.168.8.194。

主机 4：IP 地址 192.168.8.165，子网掩码 255.255.255.224，默认网关 192.168.8.161，首选 DNS 服务器地址为 192.168.8.194。

主机 5：IP 地址 192.168.8.166，子网掩码 255.255.255.224，默认网关 192.168.8.161，首选 DNS 服务器地址为 192.168.8.194。

主机 6：IP 地址 192.168.8.167，子网掩码 255.255.255.224，默认网关 192.168.8.161，首

选 DNS 服务器地址为 192.168.8.194。

（6）服务器区

服务器区中的设备使用子网 6 中的可用 IP 地址。

DNS 服务器：IP 地址 192.168.8.194，子网掩码 255.255.255.224，默认网关 192.168.8.193，首选 DNS 服务器地址为 192.168.8.194。

Web、FTP 服务器：IP 地址 192.168.8.195，子网掩码 255.255.255.224，默认网关 192.168.8.193，首选 DNS 服务器地址为 192.168.8.194。

邮件服务器：IP 地址 192.168.8.196，子网掩码 255.255.255.224，默认网关 192.168.8.193，首选 DNS 服务器地址为 192.168.8.194。

无线路由器：IP 地址 192.168.8.197，子网掩码 255.255.255.224，默认网关 192.168.8.193，首选 DNS 服务器地址为 192.168.8.194。

（7）三层交换机

三层交换机各个端口的 IP 地址设置如下：

VLAN1 端口：IP 地址 192.168.8.33，子网掩码 255.255.255.224。

VLAN2 端口：IP 地址 192.168.8.65，子网掩码 255.255.255.224。

VLAN3 端口：IP 地址 192.168.8.97，子网掩码 255.255.255.224。

VLAN4 端口：IP 地址 192.168.8.129，子网掩码 255.255.255.224。

VLAN5 端口：IP 地址 192.168.8.161，子网掩码 255.255.255.224。

VLAN6 端口：IP 地址 192.168.8.193，子网掩码 255.255.255.224。

### 6.4.3 带外管理方式管理三层交换机

带外管理方式管理思科三层交换机同管理二层交换机一样，都需要使用一台计算机作为管理机，利用配置线将其和三层交换机的配置口连接起来，配置超级终端进入交换机的控制台界面，具体过程和子项目 3 中相同，因此这里不再详细说明。

### 6.4.4 配置三层交换机实现子网互联

#### 1. 任务指标

配置三层交换机实现各个子网互联，即实现不同信息岛内主机的相互通信。

#### 2. 任务实施

1）任务分析

在三层交换机上创建 6 个 VLAN，将 6 个使用的快速以太网端口划分到 6 个 VLAN 下，然后将 6 个 VLAN 的端口分别作为各个子网的出口，为其设置 IP 地址作为各个子网的默认网关。

2）配置命令

第 1 步：基本配置

```
Switch>enable
```

```
Switch # config terminal
Switch (config) # hostname RS
```

第 2 步：创建 VLAN

```
RS (config) # vlan 2
RS (config - vlan) # vlan 3
RS (config - vlan) # vlan 4
RS (config - vlan) # vlan 5
RS (config - vlan) # vlan 6
RS (config - vlan) # exit
```

第 3 步：将各个端口划分到各个 VLAN 中去

```
RS (config) # interface fastethernet 0/2
RS (config - if) # switchport access vlan 2
RS (config - if) #  interface fastethernet 0/3
RS (config - if) #  switchport access vlan 3
RS (config - if) #  interface fastethernet 0/4
RS (config - if) #  switchport access vlan 4
RS (config - if) #  interface fastethernet 0/5
RS (config - if) #  switchport access vlan 5
RS (config - if) #  interface fastethernet 0/6
RS (config - if) #  switchport access vlan 6
RS (config - if) # exit
```

第 4 步：为各个 VLAN 端口设置 IP 地址并启动该端口

```
RS (config) # interface vlan 1
RS (config - if) # ip address 192.168.8.33 255.255.255.224
RS (config - if) # no shutdown
RS(config - if) # exit
RS (config) # interface vlan 2
RS (config - if) # ip address 192.168.8.65 255.255.255.224
RS (config - if) # no shutdown
RS(config - if) # exit
RS (config) # interface vlan 3
RS (config - if) # ip address 192.168.8.97 255.255.255.224
RS (config - if) # no shutdown
RS(config - if) # exit
RS (config) # interface vlan 4
RS (config - if) # ip address 192.168.8.129 255.255.255.224
RS (config - if) # no shutdown
RS(config - if) # exit
RS (config) # interface vlan 5
RS (config - if) # ip address 192.168.8.161 255.255.255.224
RS (config - if) # no shutdown
RS(config - if) # exit
RS (config) # interface vlan 6
RS (config - if) # ip address 192.168.8.193 255.255.255.224
RS (config - if) # no shutdown
RS(config - if) # exit
```

**注意**:由于 VLAN1 不用创建,所以在第 2 步中无须创建 VLAN1;由于默认情况下所有端口都属于 VLAN1,因此在第 3 步中也无须将快速以太网口 1 划分到 VLAN1 下。

### 6.4.5 测试

各个信息岛中的主机之间可以互相通信,各个信息岛中的主机和服务器区中的服务器也可以互相通信。现在以信息岛 1 中的主机 1 和信息岛 2 中的主机 1 为例演示测试过程,具体测试结果如图 6.8 所示。

```
命令提示符
Microsoft Windows XP [版本 5.1.2600]
(C) 版权所有 1985-2001 Microsoft Corp.

C:\Documents and Settings\aaa>ping 192.168.8.66

Pinging 192.168.8.66 with 32 bytes of data:

Reply from 192.168.8.66: bytes=32 time=1ms TTL=128
Reply from 192.168.8.66: bytes=32 time<1ms TTL=128
Reply from 192.168.8.66: bytes=32 time<1ms TTL=128
Reply from 192.168.8.66: bytes=32 time<1ms TTL=128

Ping statistics for 192.168.8.66:
    Packets: Sent = 4, Received = 4, Lost = 0 (0% loss),
Approximate round trip times in milli-seconds:
    Minimum = 0ms, Maximum = 1ms, Average = 0ms
```

图 6.8 不同子网主机互通测试结果

## 6.5 扩展知识

### 6.5.1 利用思科路由器实现子网互联

利用路由器也可以实现子网互联,但由于路由器的局域网端口数目较少,因此一般很少使用路由器连接多个子网。

思科路由器和思科交换机的管理在很多方面存在相同之处,包括路由器的管理方式、路由器的启动过程、带外管理路由器所需的设备、连接方法、思科路由器的系统帮助以及一些基本配置命令等。

在利用思科路由器的实施项目要求中涉及的配置命令并不多,下面将一一进行介绍。

#### 1. 涉及的配置命令

1) 进入路由器的特定端口

思科路由器进入端口模式的命令和交换机基本相同,不过路由器支持的端口类型有所不同。

模式:全局配置模式

命令:interface <端口类型> <端口编号>

参数:路由器上常见的端口包括 ethernet(传统以太网端口)、fastethernet(快速以太网端口)、gigabitethernet(千兆以太网端口)、loopback(虚拟端口)以及 serial(串口)等。端口号一般采用插槽号/端口号,如一般的插槽号为 0,其上的端口 1 则记为 0/1。

结果:进入到某个特定端口的端口模式下,如果该端口是虚拟端口且不存在,则可以创建该端口。端口模式表示为 R(config-if)#。

2) 为端口设置 IP 地址

可以为路由器的每个端口设置 IP 地址，由于路由器用于连接异种网络，因此路由器各接口的 IP 地址必须为不同网段的地址。

模式：端口配置模式

命令：ip address <IP 地址> <子网掩码>

参数：IP 地址是要为该端口设置的地址，格式为点分十进制；子网掩码一般也采用点分十进制的格式。

3) 关闭和重启端口

在需要的时候，接口必须被关闭，比如在接口上更换电缆，然后再重新启动接口。关闭和重启路由器端口的命令和交换机的相同。

### 2. 利用路由器完成项目任务

1) 硬件连接

由于路由器的局域网端口较少，因此本例中只用路由器连接信息岛 1 和信息岛 2。其中信息岛 1 的交换机通过快速以太网口 24 连接到路由器的快速以太网口 0 上，信息岛 2 的交换机也通过快速以太网口 24 连接到路由器的快速以太网口 1 上。

2) 配置路由器

第 1 步：基本配置

```
router > enable
router # config terminal
router # config) # hostname RA
```

第 2 步：为以太网端口设置 IP 地址并启动该端口

```
RA (config) # interface fastethernet 0/0
RA (config - if) # ip address 192.168.8.33 255.255.255.224
RA (config - if) # no shutdown
RA(config - if) # exit
RA (config) # interface fastethernet 0/1
RS (config - if) # ip address 192.168.8.65 255.255.255.224
RA (config - if) # no shutdown
RA(config - if) # exit
```

3) 测试

信息岛 1 中的主机可以和信息岛 2 中的主机互相通信。

## 6.5.2 IP 数据报

### 1. IP 数据报的格式

在 TCP/IP 的标准中，数据格式常常以 32 比特(即 4 字节)为单位来描述。图 6.9 所示是 IP 数据报的完整格式。

一个 IP 数据报由首部和数据两部分组成。首部的前一部分是固定长度的，共 20 字节，

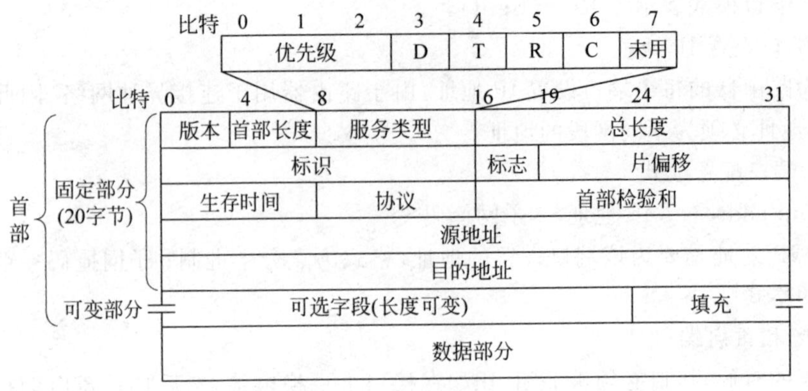


图 6.9 IP 数据报的格式

是所有 IP 数据报必须具有的。在首部的固定部分的后面是一些可选字段，其长度是可变的。下面介绍首部各字段的意义。

1）IP 数据报首部的固定部分中的各字段

(1) 版本，占 4 比特，指 IP 协议的版本。通信双方使用的 IP 协议的版本必须一致。目前广泛使用的 IP 协议版本号为 4(即 IPv4)。

(2) 首部长度，占 4 比特，可表示的最大数值是 15 个单位(1 个单位为 4 字节)，因此 IP 的首部长度的最大值是 60 字节。

(3) 服务类型，占 8 比特，用来获得更好的服务，如图 6.9 的上面部分所示。

在相当长一段时期内并没有人使用服务类型字段。直到最近，需要将实时多媒体信息在因特网上传送，服务类型字段才引起重视。

(4) 总长度，指首部和数据之和的长度，单位为字节。

(5) 标识(Identification)，占 16 比特，它是一个计数器，用来产生数据报的标识。当数据报由于长度超过网络上允许传送的最大数据包 MTU(Maximum Transmission Unit)而必须分片时，这个标识字段的值就被复制到所有的数据报片的标识字段中，使分片后的各数据报片最后能正确地重装成原来的数据报。

① 标志(Nag)，占 3 比特，目前只有前两个比特有意义。

② 标志字段中的最低位记为 MF(More Fragment)。MF=1 即表示后面“还有分片”的数据报，MF=0 表示这是若干数据报片中的最后一个。

③ 标志字段中间的一位记为 DF(Don’t Fragment)，意思是“不能分片”。只有当 DF=0 时才允许分片。

(6) 片偏移，片偏移指出该片在原数据报中的相对位置，偏移以 8 个字节为偏移单位。这就是说，每个分片的长度一定是 8 字节(64 比特)的整数倍。

(7) 生存时间，生存时间字段记为 TTL(Time To Live)，即数据报在网络中的寿命，其单位原为秒，但现已将 TTL 改为“数据报在网络中可经过的路由器数的最大值”。

(8) 协议，占 8 比特，协议字段指出此数据报携带的数据是使用何种协议的，以便使目的主机的 IP 层知道应将数据部分上交给哪一个处理过程。

(9) 首部检验和，这个字段只检验数据报的首部，不包括数据部分。这是因为数据报每经过一个结点，结点处理机都要重新计算一下首部检验和(一些字段，如生存时间、标志和片偏移等都可能发生变化)。

(10) 源地址，占 4 字节。

(11) 目的地址，占 4 字节。

2) IP 数据报首部的可变部分

IP 首部的可变部分是一个选项字段，用来支持排错、测量以及安全等措施。此字段的长度可变，从 1 个字节到 40 个字节不等，取决于所选择的项目。中间不需要有分隔符，最后用全 0 的填充字段补齐成为 4 字节的整数倍。

#### 2. IP 数据报传输与处理

我们已经学习了 IP 地址与硬件地址两种地址表示方法，重要的是要弄懂两者的区别。图 6.10 说明了这两种地址的区别。从层次的角度看，物理地址是数据链路层和物理层使用的地址，而 IP 地址是网络层使用的地址。

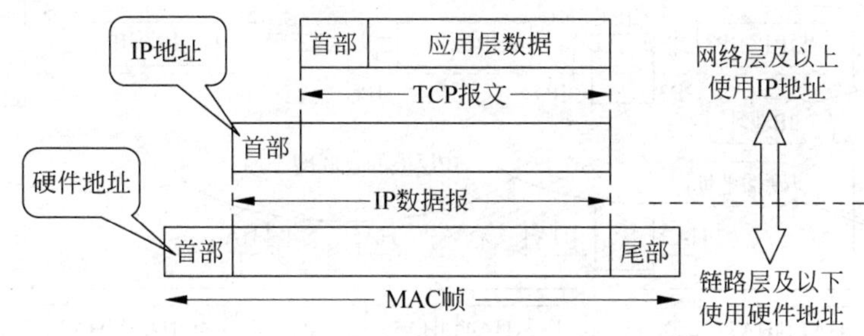


图 6.10　IP 地址与硬件地址的区别

在 IP 数据报的首部中没有地方可以用来指明“下一跳路由器的 IP 地址”。既然 IP 数据报中没有下一跳路由器的 IP 地址，那么待转发的数据报又怎能找到下一跳路由器呢？

当路由器收到一个待转发的数据报时，在网络层获得数据报的 IP 地址，从而由路由表得出下一跳路由器的 IP 地址，由网络接口软件负责将下一跳路由器的 IP 地址用 ARP 转换成硬件地址，并在链路层将此硬件地址放进 MAC 帧的首部，根据这个硬件地址找到下一跳路由器。可见，查找路由表、计算硬件地址、写入 MAC 帧的首部等过程，在各路由器中将不断地重复进行。

如图 6.11 所示是用两个路由器 R1 和 R2 将三个局域网互连起来。若主机 H1 要和主机 H2 通信。通信的路径是：H1→经过 R1 转发→再经过 R2 转发→H2。路由器 R1 因同时连接到两个局域网上，因此它有两个硬件地址，即 HA3 和 HA4。同理，路由器 R2 也有两个硬件地址 HA5 和 HA6。

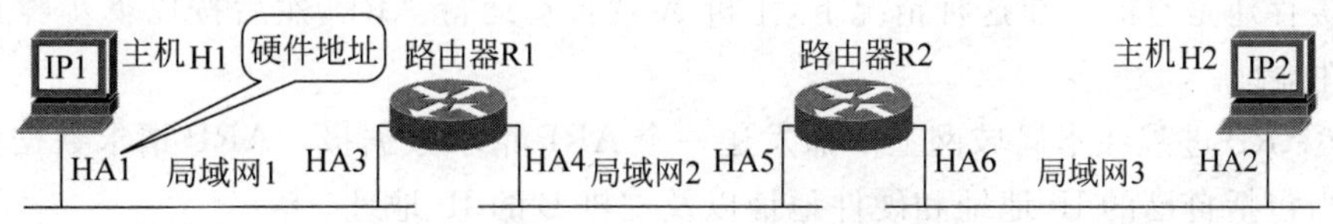


图 6.11　由 2 个路由器连接的网络配置

设两个主机的 IP 地址分别是 IP1 和 IP2，它们各自的硬件地址分别为 HA1 和 HA2。

(1) 在 IP 层抽象的互联网上只能看到 IP 数据报。虽然 IP 数据报要经过路由器 R1 和 R2 的两次转发，但在 IP 数据报的首部中的源地址和目的地址始终分别是 IP1 和 IP2。数据报经过的两个路由器的 IP 地址并不出现在 IP 数据报的首部中。

(2) 路由器只根据目的站的 IP 地址的网络号进行路由选择。

(3) 在数据链路层，MAC 帧在不同网络上传送时，其首部中的源地址和目的地址要发生变化。开始在 H1 到 R1 间传送时，MAC 帧首部中写的是从硬件地址 HA1 发送到硬件地址 HA3。路由器 R1 收到此 MAC 帧后，在网络层取出目的 IP，查路由表，在 R1 的数据链路层，改变 MAC 帧首部中的源地址和目的地址，将它们换成从硬件地址 HA4 发送到硬件地址 HA5。路由器 R2 收到此帧后，查找路由表，在数据链路层再一次改变 MAC 帧的首部，填入从 HA6 发送到 HA2，然后在 R2 到 H2 之间传送，其过程如图 6.12 所示。

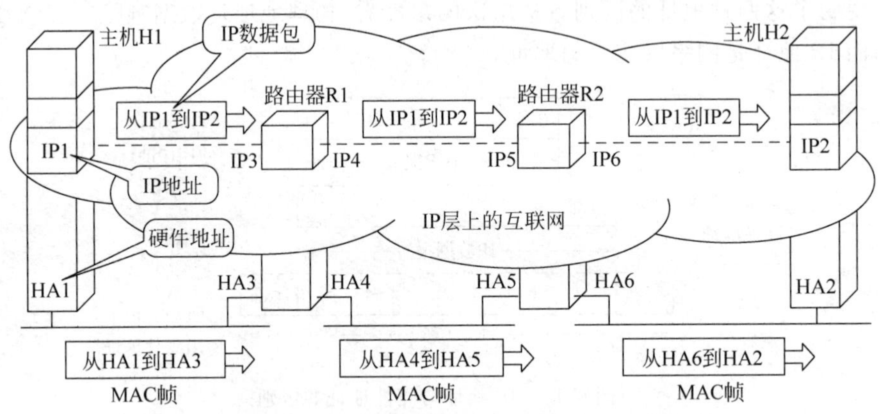


图 6.12　数据帧在不同的路由器中转发时 MAC 地址的变化

### 3. 地址解析协议 ARP

IP 地址只是主机在网络层中的地址，要将网络层中传送的数据报传到链路层转变成 MAC 帧后才能发送到实际的网络上。不管网络层使用的是什么协议，在实际网络的链路上传送数据帧时，必须使用硬件地址。

每一个主机都有一个 ARP 高速缓存(ARP cache)，里面有其所在的局域网上的各主机和路由器的 IP 地址到硬件地址的映射表。这个映射表能经常动态更新，这些问题由地址解析协议 ARP 来解决。当主机 A 欲向本局域网上的某个主机 B 发送 IP 数据报时，就先在其 ARP 高速缓存中查看有无主机 B 的 IP 地址。如有，就可查出其对应的硬件地址，再将此硬件地址写入 MAC 帧，然后通过局域网将该 MAC 帧发往此硬件地址。

若查不到主机 B 的 IP 地址的项目，可能是主机 B 才入网，也可能是主机 A 刚刚加电，其高速缓存还是空的。在这种情况下，主机 A 就自动运行 ARP，然后按以下步骤找出主机 B 的硬件地址。

(1) ARP 进程在本局域网上广播发送一个 ARP 请求数据报。ARP 请求数据报的主要内容应当包括自己的 IP 地址和硬件地址以及主机 B 的 IP 地址。

(2) 在本局域网所有主机上运行的 ARP 进程都会收到这个 ARP 请求数据报。

(3) 主机B向主机A发送ARP响应数据报,给出主机B的IP地址和硬件地址,并将主机A的IP地址到硬件地址的映射写入自己(主机B)的ARP高速缓存中。其余主机不理睬这个ARP请求数据报。

(4) 主机A收到主机B的ARP响应数据报后,就把主机B的IP地址到硬件地址的映射写入它的ARP高速缓存中。这样该主机下次再和具有同样目的地址的主机通信时,可直接从高速缓存中找到所需的硬件地址而不必再广播ARP请求数据报了。

ARP将保存在高速缓存中的每一个映射地址项目都设置生存时间,凡超过生存时间的项目就从高速缓存中删除。

**注意**:ARP解决同一个局域网上的主机或路由器的IP地址和硬件地址的映射。

如果目的主机和源主机不在同一个局域网上,如图6.12所示的主机H1和H2,主机H1得不到响应数据报,就将默认路由器R1端口的硬件地址HA3写入MAC帧,以便将其传送到路由器R1。

从IP地址到硬件地址的解析是自动进行的,主机的用户看不到这种地址解析过程。

### 6.5.3　下一代网际协议IPv6

#### 1. 解决IP地址耗尽的措施

近年来,随着移动互联网、语音和数据的集成以及嵌入式互联设备的快速发展,以互联网为核心的未来通信模式正在形成。

到目前为止,互联网取得了巨大的成功。但是,现在使用的IP9即IPv4是在20世纪70年代末设计的,无论从因特网规模还是从网络传输速率来看,IPv4出现了如下问题。

1) 空间不足成为Internet发展的最大障碍

目前的IPv4使用32位地址,虽然理论上32位可以提供210多万个网络号,37亿多个主机。但由于最初采用分类IP地址的分配方法,因此有大量的IP地址浪费了。随着Internet的迅猛发展,局域网和网络上的主机数急剧增长,使得实际可用的地址大为减少。尽管采取了子网、超网与CIDR技术,这些地址在不久的将来也将用完。而且越来越多的其他设备也会连接到互联网上,包括PDA(Personal Digital Assistant,掌上电脑)、汽车、手机、各种家用电器等,这些设备都要求分配一个IP地址。IPv4显然已经无法满足这些要求。

2) 过短的报头长度使某些选项形同虚设

IPv4的IHL(报头长)字段长为4比特,它所能表示的最大值为15。按4byte为单位,它所能允许的最大头长为60字节。扣除定长报头外,选项域只有40字节,这对于某些略长的选项显得不足。

3) 网络攻击使用户有不安全感

最初的计算机网络应用范围小,在安全性问题上未给予足够的重视。然而随着数以万计的用户开始通过网络办理各项事物,安全性也成为一个不容忽视的大问题。

4) IPv4的自身结构影响传输速度

目前的IPv4结构的不合理性影响着路由器的处理效率,进而影响传输速度。

在Internet网上,路由器中的路由表随Internet规模的不断增长而迅速膨胀,造成路由表十分庞大,占用大量资源。路由效率,特别是骨干网络的路由效率,急剧下降。

1998年12月由Internet工程任务工作组(Internet Engineering Task Force,IETF)发表了IPv6标准,即IPNG(IP Next Generation)。IP地址用128位二进制数表示。

### 2. IPv6的地址表示方法

IPv6地址被表示为以冒号(:)分隔的一连串十六进制数。每个IPv6地址被分为8组,每组16比特用4个十六进制数来表示,组和组之间用冒号隔开,比如:DA57:291A:0000:0000:0000:0000:81FF:FA10。

冒号十六进制记法中使用了两种方法来简化IP地址。

第一种方法是零压缩法,即一组连续的0可以通过一对冒号来代替,例如,上述地址采用零压缩法后,就可以写成:DA57:291A::81FF:FA10。

为了进一步压缩,对于4位十六进制数中出现的高位的0可以不列出,例如,0AFF::100D:000C:000A,进一步压缩后就可以写成:AFF::100D:C:A。

另一种优化冒号十六进制记法的方法是,将冒号十六进制记法与点分十进制法进行结合,一般使用点分十进制法作为冒号十六进制记法的后缀。下面是一个合法的地址组合:0:0:0:0:0:0:218.94.28.19,再使用零压缩法后,就可以写成:::218.94.28.19。

# 附录 A 思科设备模拟软件 Cisco Packet Tracer

子项目 3 和子项目 6 除了可以用真实的网络互联设备实施以外，还可以通过思科设备模拟软件来实现。Cisco Packet Tracer 是一款常用且功能强大的思科设备模拟软件，这里将简要介绍该软件的使用方法。

## A.1 Cisco Packet Tracer 的概述

Packet Tracer 是 Cisco 公司为思科网络技术学院开发的一款模拟软件，可以用来模拟 CCNA 的实验。在没有硬件设备的情况下可以用来模拟思科设备配置实验。

## A.2 Cisco Packet Tracer 的使用

### A2.1 Cisco Packet Tracer 5.2 的安装

Cisco Packet Tracer 5.2 的安装和普通的应用程序一样，按照安装程序的向导提示进行安装即可。安装过程如下：

(1) 双击 Cisco Packet Tracer 5.2 的安装程序，会弹出 Cisco Packet Tracer 5.2 的安装向导，在首页直接单击 Next 按钮。

(2) 在许可证协议界面选择 I accept the agreement 后单击 Next 按钮，如图 A.1 所示。

(3) 在选择安装位置界面中，单击 Browse 按钮选择要安装的文件夹，如图 A.2 所示，然后单击 Next 按钮。

(4) 在设置开始菜单项界面中保持默认值即可，如图 A.3 所示，然后单击 Next 按钮。

(5) 在下一个界面中根据需要选择是否安装桌面图标和快捷方式图标，然后单击 Next 按钮。

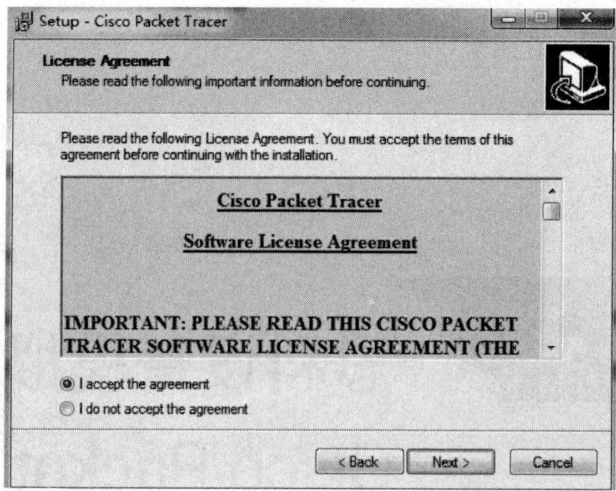


图 A.1　安装程序许可证协议界面

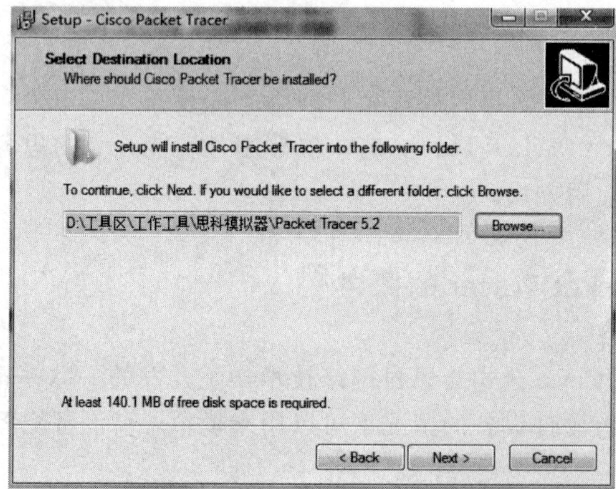


图 A.2　安装程序选择安装位置界面

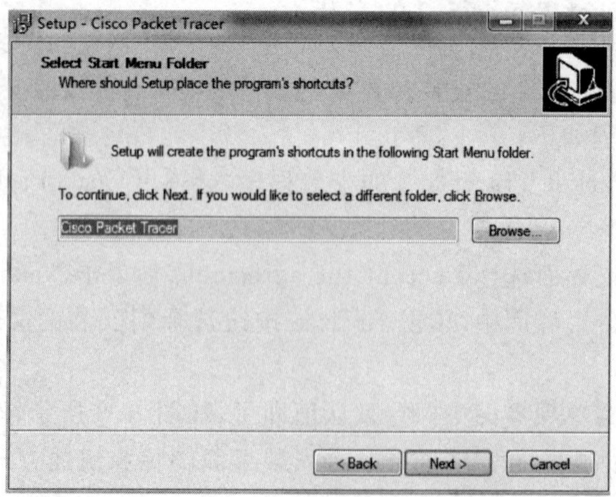


图 A.3　安装程序设置开始菜单项界面

(6) 在准备安装界面中查看安装内容是否正确，如图 A.4 所示，检查无误后单击 Next 按钮继续。

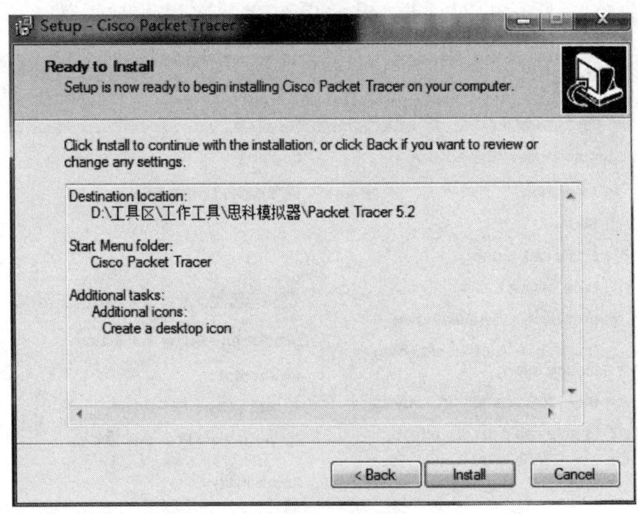


图 A.4　安装程序准备安装界面

(7) 安装成功后会弹出如图 A.5 所示的界面，单击 Finish 按钮退出。

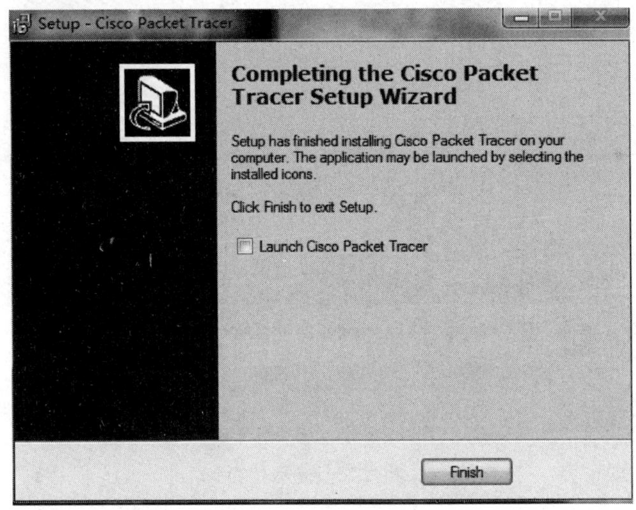


图 A.5　安装程序安装完成界面

(8) 单击桌面上的 Cisco Packet Tracer 图标，即可打开模拟器的主界面。

### A2.2　Cisco Packet Tracer 5.2 的汉化

Cisco Packet Tracer 5.2 安装好后是英文版，如果感觉使用英文版本不习惯，可以使用语言包来进行汉化，具体的汉化过程如下：

(1) 将 chinese 文件夹中的语言包 chinese.ptl 复制到文件安装目录下的 languages 目录下。

（2）启动 Cisco Packet Tracer 5.2，单击 Options 菜单项，选择 Preferences，打开如图 A.6 所示的界面，选择 Interface 选项卡，选中下面的 chinese.ptl，单击 Change Language 按钮后，会弹出如图 A.7 所示的对话框，提示更改在下次启动时生效。

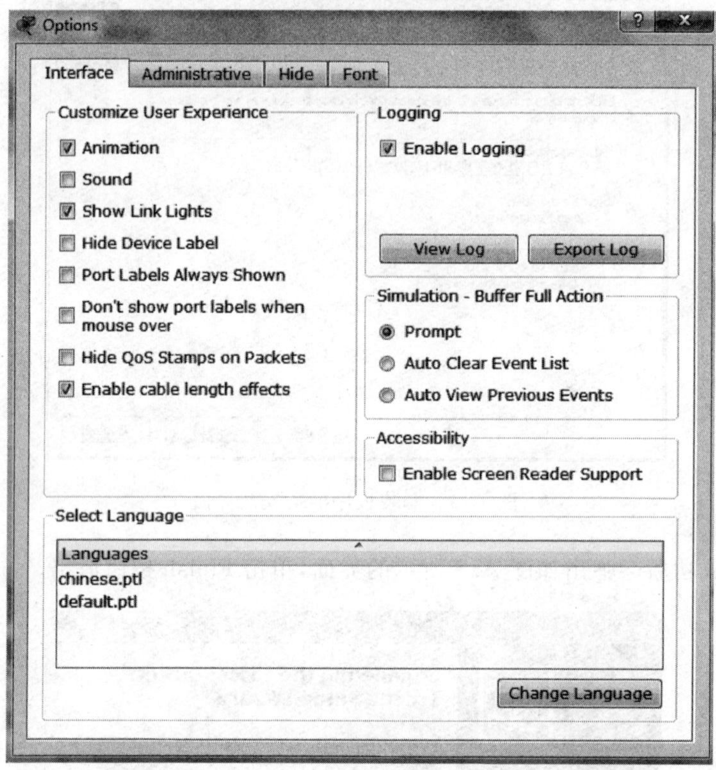


图 A.6　设置语言界面

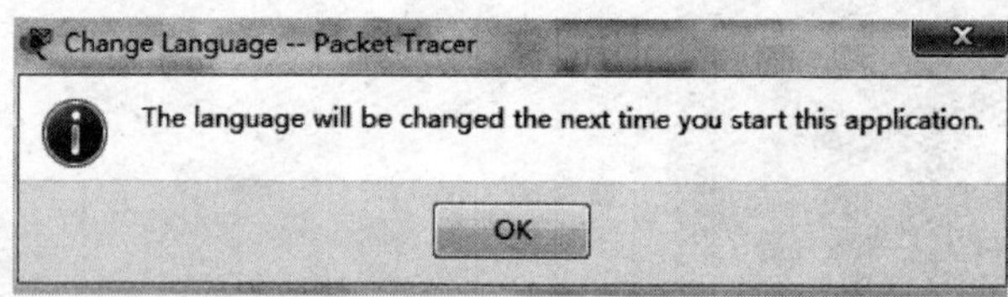


图 A.7　提示信息

（3）重新启动模拟器，模拟器变成了中文版本，汉化成功。

## A2.3　Cisco Packet Tracer 5.2 的基本界面

打开 Cisco Packet Tracer 5.2 后会看见该软件的基本界面，如图 A.8 所示。

### 1. 菜单栏

此栏中有文件、选项和帮助按钮，在此可以找到一些基本的命令如打开、保存、打印和选项设置，还可以访问活动向导。这里最常用的是保存功能，我们经常将做好的 PKT 文件保

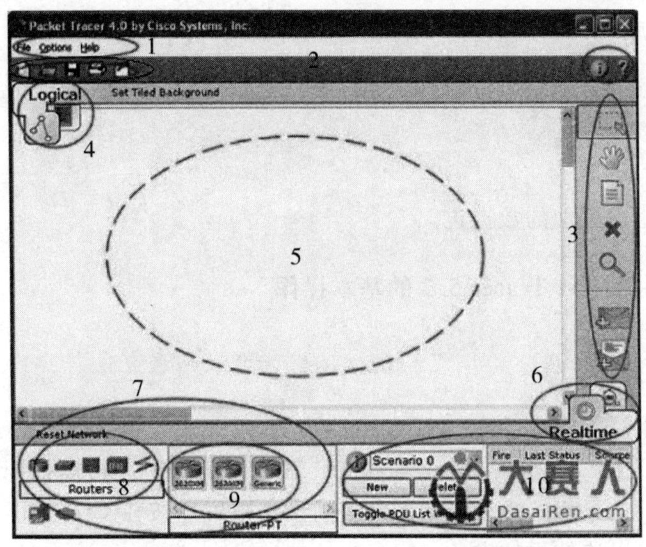

图 A.8 Cisco Packet Tracer 5.2 的基本界面

存起来供以后修改或查看。

### 2. 主工具栏

此栏提供了文件按钮中命令的快捷方式,还可以单击右边的网络信息按钮,为当前网络添加说明信息。

### 3. 常用工具栏

此栏提供了常用的工作区工具,包括选择、整体移动、备注、删除、查看、添加简单数据包和添加复杂数据包等。

### 4. 逻辑/物理工作区转换栏

可以通过此栏中的按钮完成逻辑工作区和物理工作区之间的转换。逻辑工作区显示设备之间的拓扑结构,而物理工作区显示设备存放的真实场景和机柜等信息。

### 5. 工作区

此区域中可以添加网络设备、创建网络拓扑、监视模拟过程、查看各种信息和统计数据。

### 6. 实时/模拟转换栏

可以通过此栏中的按钮完成实时模式和模拟模式之间的转换。

### 7. 设备类型库

此库包含不同类型的设备,如路由器、交换机、HUB、无线设备、连线、终端设备和网云等。

**8．特定设备库**

此库包含不同设备类型中不同型号的设备，它随着设备类型库的选择级联显示。

**9．用户数据包窗口**

此窗口管理用户添加的数据包。

## A2.4　Cisco Packet Tracer 5.2 的基本操作

**1．添加设备**

以在工作区中添加一个 2600 XM 路由器为例，首先在设备类型库中选择路由器，在特定设备库中单击 2600 XM 路由器，然后在工作区中单击一下就可以把 2600 XM 路由器添加到工作区中了。如果想一次性添加多台相同设备则可以按住 Ctrl 键再单击相应设备，然后在工作区中单击以连续添加设备。

**2．删除设备**

选中一个设备，单击键盘上的删除键，或是单击右侧常用工具栏中的"删除"按钮。也可以先单击"删除"按钮，然后单击要删除的设备。

**3．设备连接**

要根据需要选取合适的线型将设备连接起来，可以根据设备间的不同接口选择特定的线型来连接，当然，如果我们只是想快速地建立网络拓扑而不考虑线型选择时，我们可以选择自动连线，具体线型如图 A.9 所示。

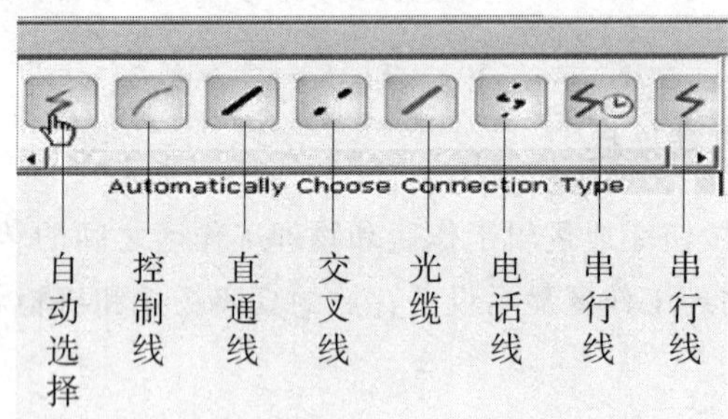


图 A.9　线缆类型

选中一条线缆，如交叉线，然后单击路由器，会弹出路由器上的所有空闲接口，选中 fastethernet0/0，然后再单击另一个路由器，选中 fastethernet0/0，则完成两台路由器之间的连接。

我们看到各线缆两端有不同颜色的圆点，不同颜色将有助于我们进行连通性的故障排除。它们代表的含义如表 A.1 所示。

表 A.1 线缆状态

| 链路圆点的状态 | 含 义 |
| --- | --- |
| 绿色 | 物理连接准备就绪，还没有 Line Protocol status 的指示 |
| 闪烁的绿色 | 连接激活 |
| 红色 | 物理连接不通，没有信号 |
| 黄色 | 交换机端口处于“阻塞”状态 |

### 4. 为设备添加模块

单击某个设备，如路由器 2620XM，即可进入到该设备的详细信息界面。单击“物理选项卡”，这里显示的是设备的物理设备视图，同时显示背面和正面视图，可以看到当前设备的接口、电源按钮、扩展槽等，单击“电源按钮”可以开关电源，某些操作如添加模块只有在断电情况下才能执行。

该选项卡右侧的模块是当前该设备可以选择的扩展模块，按照需求选择一个模块后拖至扩展槽，如果不合适会出现错误提示。添加成功后启动电源即可。

### 5. 命令行选项卡

设备在通电情况下才能进入到命令行选项卡，在这里可以输入配置命令完成对设备的配置。

### 6. 桌面选项卡

桌面选项卡是进入到计算机的详细信息界面才有的选项卡，在这里可以使用计算机的一些配置工具，如 IP 地址设置、拨号、超级终端、IE 浏览器、命令提示符等。

**注意**：由于 Cisco Packet Tracer 的使用技巧有很多，这里无法一一介绍，需要读者在使用过程中慢慢摸索。

# 附录 B 虚拟机软件 Microsoft Virtual PC

子项目 5 除了可以用真实的服务器和服务器版操作系统实施以外,还可以通过虚拟机软件来实现。Microsoft Virtual PC 是一款常用且功能强大的虚拟机软件,这里将简要介绍该软件的使用方法。

## B.1 Microsoft Virtual PC 的概述

Microsoft Virtual PC 是一个虚拟机软件,可以在 Mac OS 和 Microsoft Windows 操作系统上模拟 x86 电脑,并在其中安装运行操作系统。其原来由 Connectix 公司开发,并由原来只在 Mac OS 运行改为跨平台运行。现在本软件已被微软公司收购,并改名为 Microsoft Virtual PC,运用于微软公司的训练课程中,如 MCSE 的训练课程,做模拟用途。

微软公司于 2005 年底推出用于 Windows 的 Microsoft Virtual PC 2004 版,并于 2006 年 7 月 12 日宣布 Virtual PC 成为免费软件。不约而同地,其主要竞争对手 VMWare 亦于同年宣布 VMWare Server 1.0 成为免费软件。微软宣布目前最新版本的 Microsoft Virtual PC 2007 支持 Windows Vista。Microsoft Visual PC 2007 刚结束 RC 测试,正式版本已经发布,并分为 32 位元及 64 位元版本。使用者可于微软官方网站自行下载。

## B.2 Microsoft Virtual PC 的使用

### B2.1 Microsoft Virtual PC 2007 的安装

(1) 双击 Microsoft Virtual PC 2007 的安装文件,会出现如图 B.1 所示的欢迎安装界面。本界面直接单击 Next 按钮。

(2) 在如图 B.2 所示的许可证协议界面中选择接受安装条款,然后单击 Next 按钮。

(3) 在用户信息界面输入使用者的用户名和公司,可保持默认值,如图 B.3 所示,然后单击 Next 按钮。

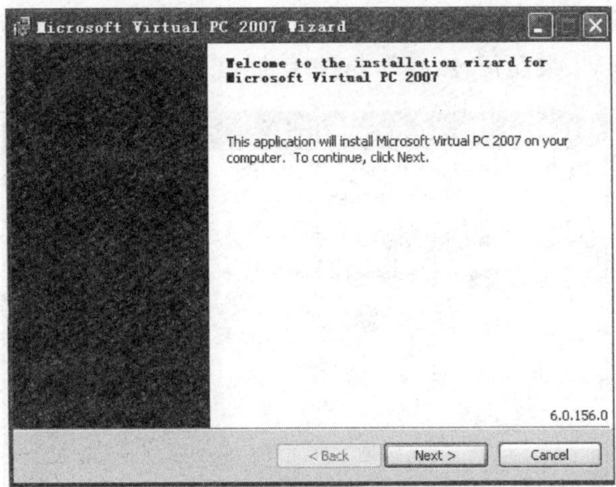


图 B.1　欢迎安装界面

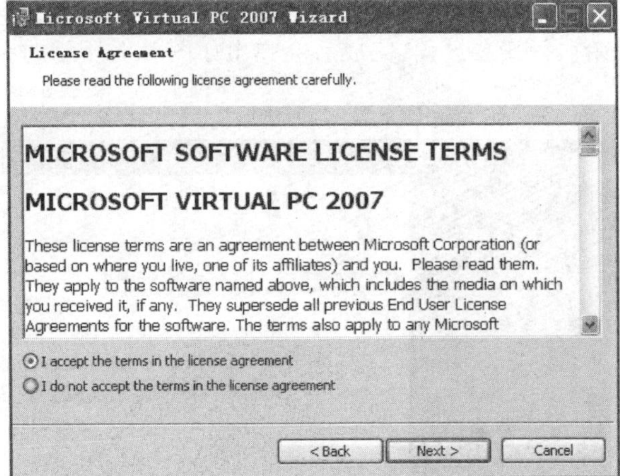


图 B.2　许可证协议界面

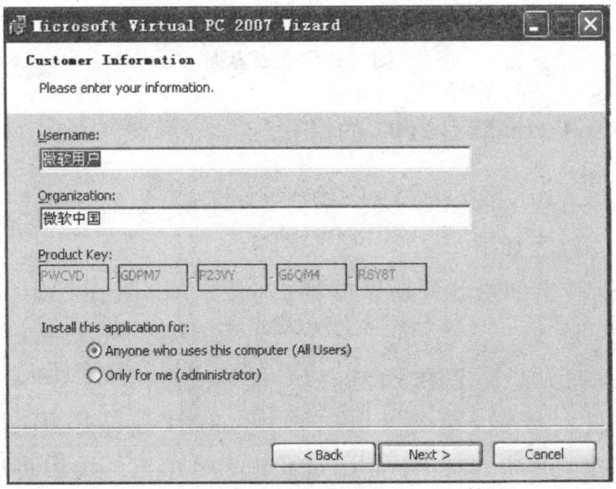

图 B.3　用户信息界面

(4) 在如图 B.4 所示的选择安装路径界面中可以单击 Change 按钮根据需要更改安装路径,本例中保持默认安装路径,然后单击 Next 按钮。

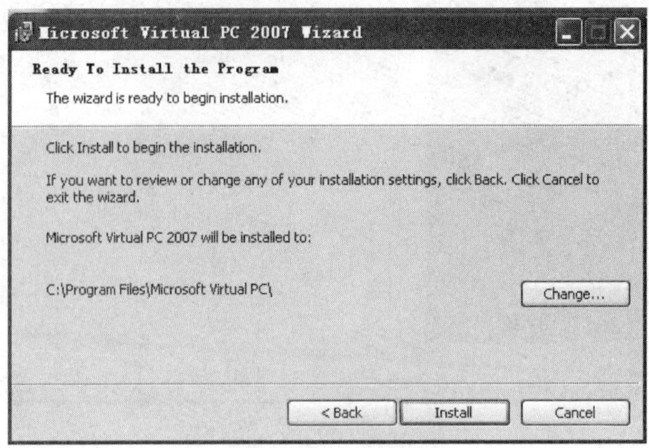


图 B.4　安装路径界面

(5) 安装向导开始执行安装过程,完成后会弹出如图 B.5 所示的完成界面,单击 Finish 按钮结束。

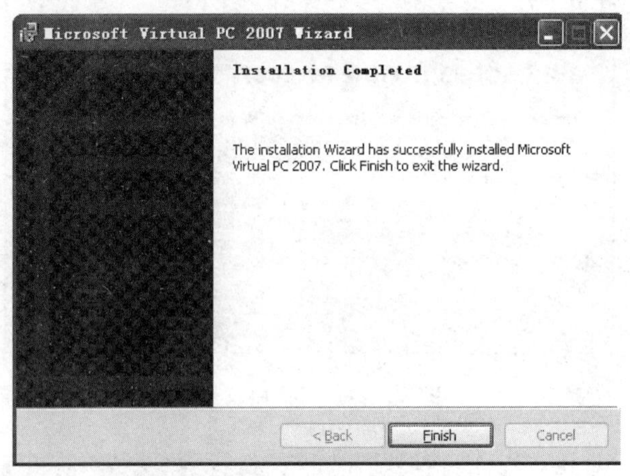


图 B.5　完成界面

### B2.2　Microsoft Virtual PC 2007 的汉化

安装后的 Microsoft Virtual PC 2007 是英文版本的,为了方便使用,可以安装汉化包使其成为中文版本,具体过程如下:

(1) 双击汉化包,弹出如图 B.6 所示的界面,选择 Microsoft Virtual PC 的安装文件夹后单击“安装”按钮即可。

(2) 安装完以后,打开桌面上的 Virtual PC 图标或是在单击“开始”→“程序”→ Virtual PC,可以打开其控制台界面,单击 File→ Options,打开如图 B.7 所示的界面,选中 Language,然后在下拉菜单中选择 Simplified Chinese,单击 OK 后再次启动就是简体中文版了,如图 B.8 所示。

图 B.6 安装汉化包界面

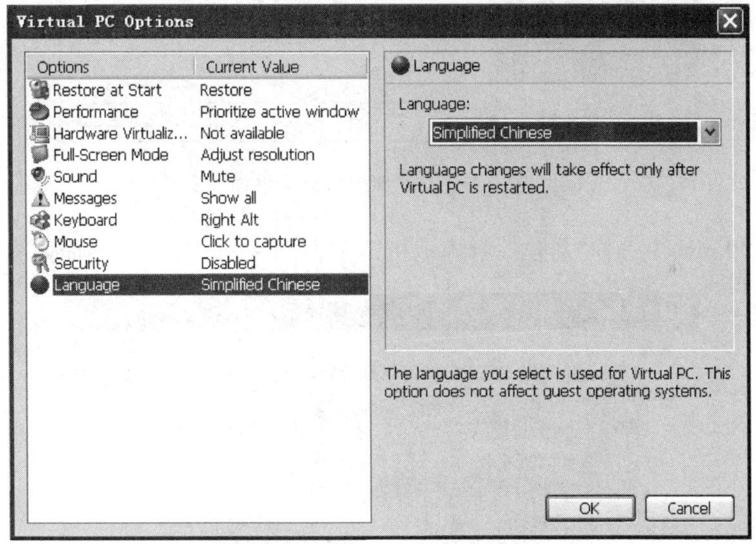


图 B.7 选择语言界面

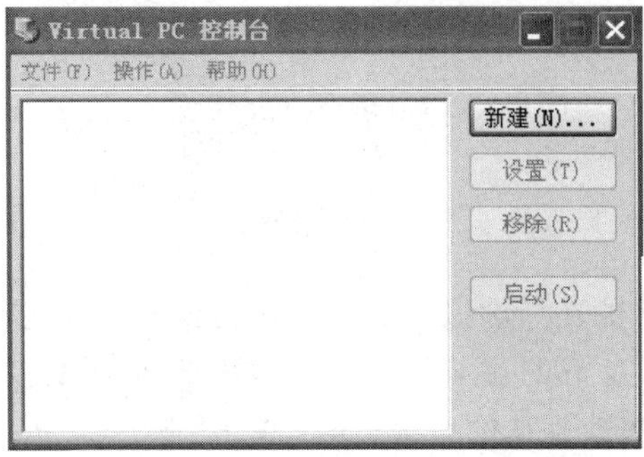


图 B.8 中文版 Virtual PC 控制台界面

### B2.3 在 Microsoft Virtual PC 2007 中新建虚拟机

安装好 Microsoft Virtual PC 2007 后里面是没有任何操作系统的，我们需要新建虚拟机并安装上需要的操作系统，现在以安装 Windows Server 2003 虚拟机为例进行介绍。

(1) 在 Virtual PC 的控制台界面中单击“新建”按钮，会出现如图 B.9 所示的“新建虚拟机向导”界面。在本界面中可以直接单击“下一步”按钮。

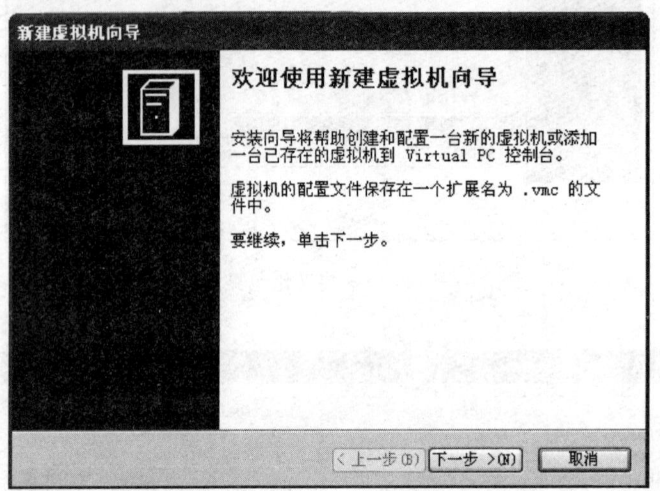


图 B.9 新建虚拟机向导界面

(2) 在选项界面中选择“新建一台虚拟机”，单击“下一步”按钮。界面如图 B.10 所示。

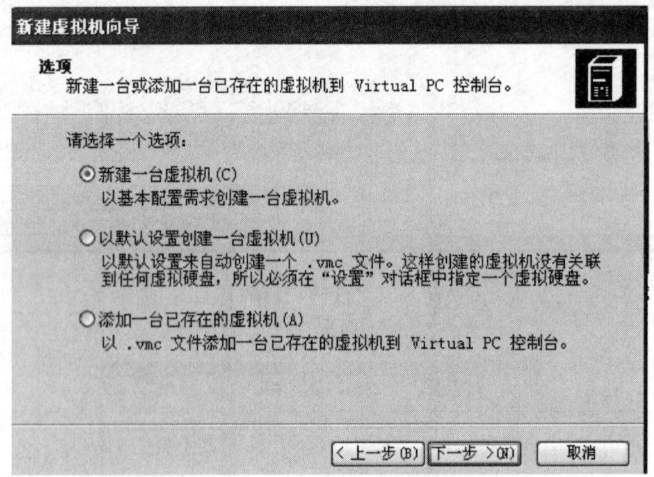


图 B.10 选项界面

(3) 在如图 B.11 所示的选择虚拟机安装位置的界面中，可以单击“浏览”按钮来选择安装位置，本例中选择了 D 盘下的虚拟机文件夹(事先建好的空文件夹)，虚拟机命名为 Windows 2003，注意不要更改默认的后缀.vmc，单击“下一步”按钮继续。

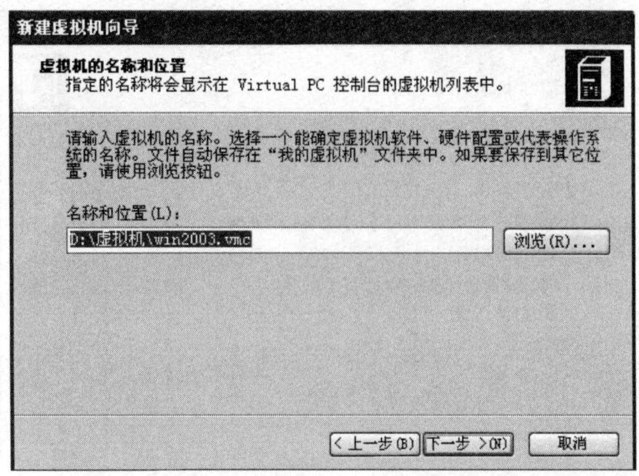


图 B.11　选择虚拟机安装的位置界面

(4) 在选择要安装的操作系统界面中，选择 Windows Server 2003，如图 B.12 所示，单击“下一步”按钮继续。

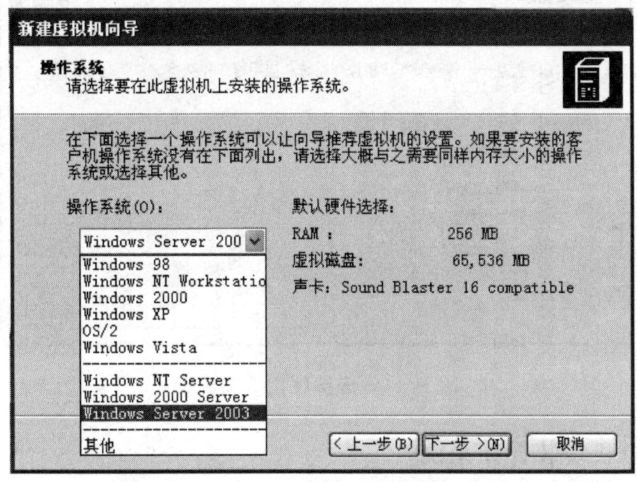


图 B.12　选择要安装的操作系统界面

(5) 在如图 B.13 所示的配置虚拟机的内存界面中有两个选项，一个是推荐的 256MB，另一个是更改分配内存的大小，一般来说，内存越大，虚拟机运行的也就越快，本例中由于计算机的内存是 3G，所以可以分配的大一些，选择第二项，调整到 800MB 左右。注意：这里选择使用推荐内存大小也可以。单击“下一步”按钮继续。

(6) 在虚拟硬盘选项界面中选择“新建虚拟硬盘”，然后单击“下一步”按钮，如图 B.14 所示。

(7) 在虚拟硬盘的位置界面，保持默认的硬盘位置即可，直接单击“下一步”按钮。

(8) 最后在完成新建虚拟机向导界面中单击“完成”按钮即可。

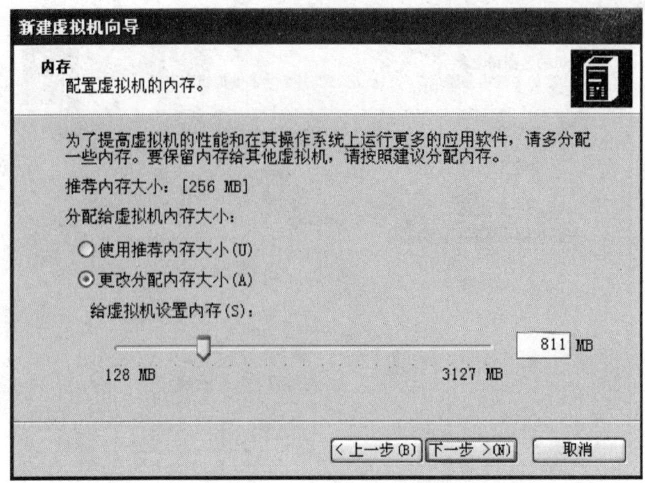


图 B.13　配置虚拟机的内存界面

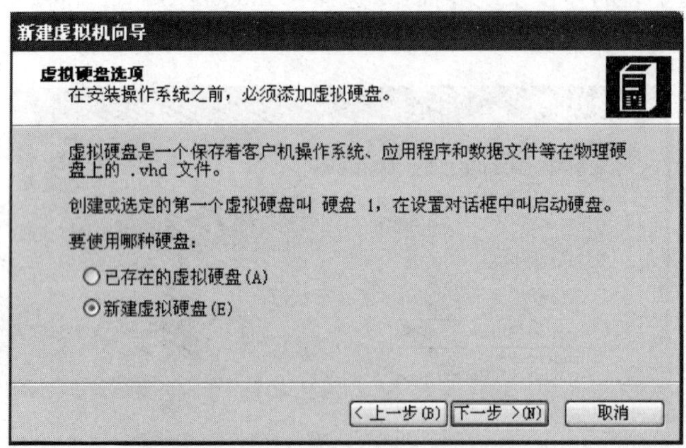


图 B.14　虚拟硬盘选项界面

## B2.4　为虚拟机安装操作系统

新建好的虚拟机是没有安装操作系统的，因此需要启动它并为其安装操作系统，安装时需要系统盘或是 ISO 格式的系统盘镜像文件，因此需要事先准备好系统盘或是 ISO 格式的系统盘镜像文件。具体安装过程如下：

(1) 新建一个虚拟机后在控制台界面中可以看到未运行的虚拟机，如图 B.15 所示，选中 Windows 2003 后单击“启动”按钮。

(2) 出现类似于安装系统的界面，如图 B.16 所示，选择 CD 菜单项，选择“载入 ISO 镜像”，选择事先准备好的 ISO 系统盘镜像文件即可开始安装过程。

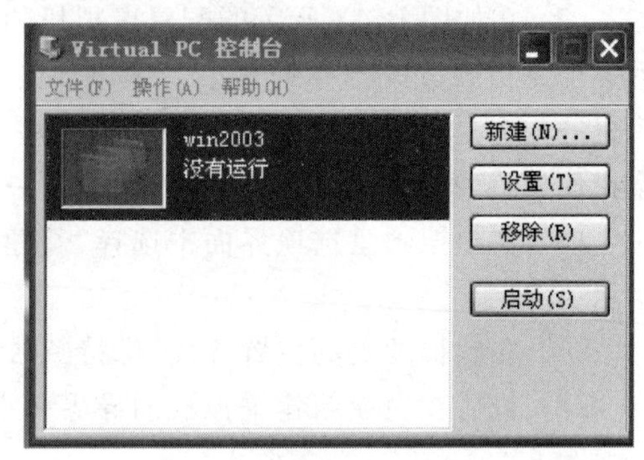


图 B.15　控制台界面

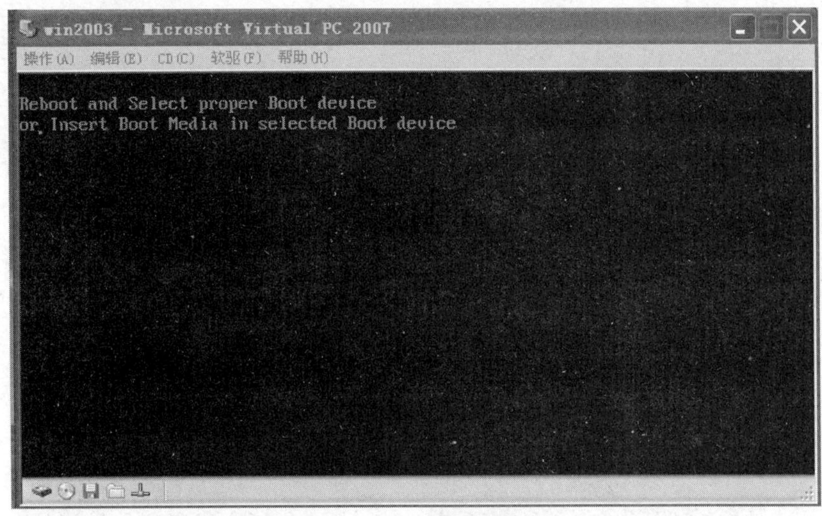


图 B.16 提示安装系统界面

(3) 开始安装 Windows Server 2003 的过程，具体过程和在真实服务器上安装 Windows Server 2003 的过程一样，这里不再详细描述。安装过程时间比较长，请耐心等待。

(4) 安装完成后会自动重启虚拟机，然后进入到如图 B.17 所示的界面，进入 Windows Server 2003 要用到 Ctrl+Alt+Delete 的组合键，此时不能单击键盘，而要单击“操作”菜单，选择 Ctrl+Alt+Delete 就进入了如图 B.18 所示的登录界面。

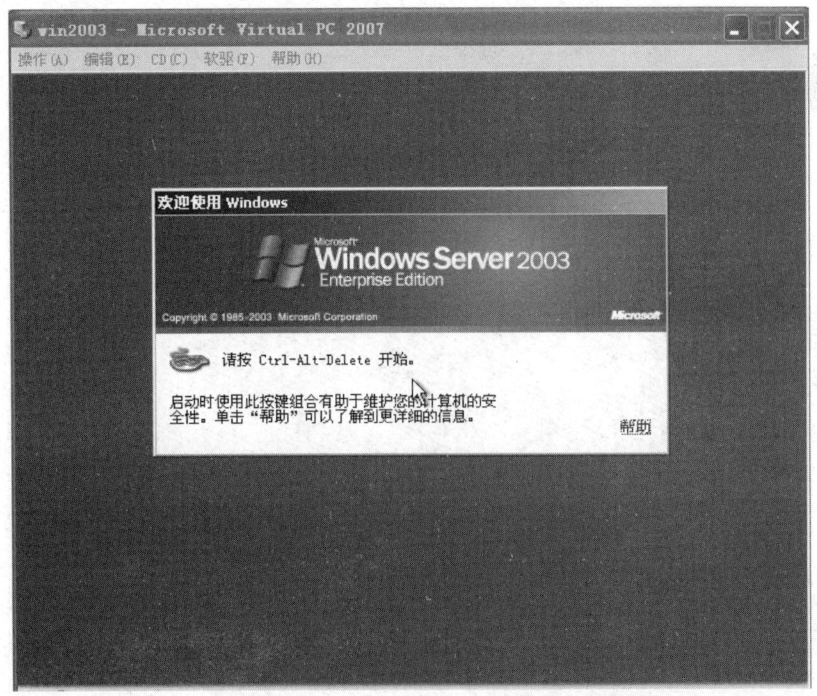


图 B.17 提示输入 Ctrl+Alt+Delete 界面

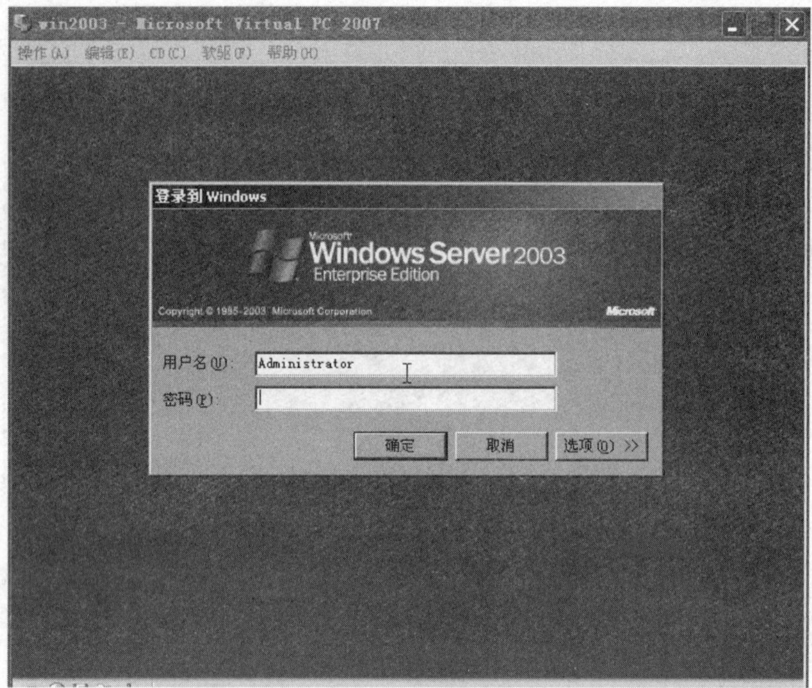


图 B.18　登录界面

（5）在登录界面中输入正确的用户名和密码后即可进入到 Windows Server 2003 的桌面，如图 B.19 所示。

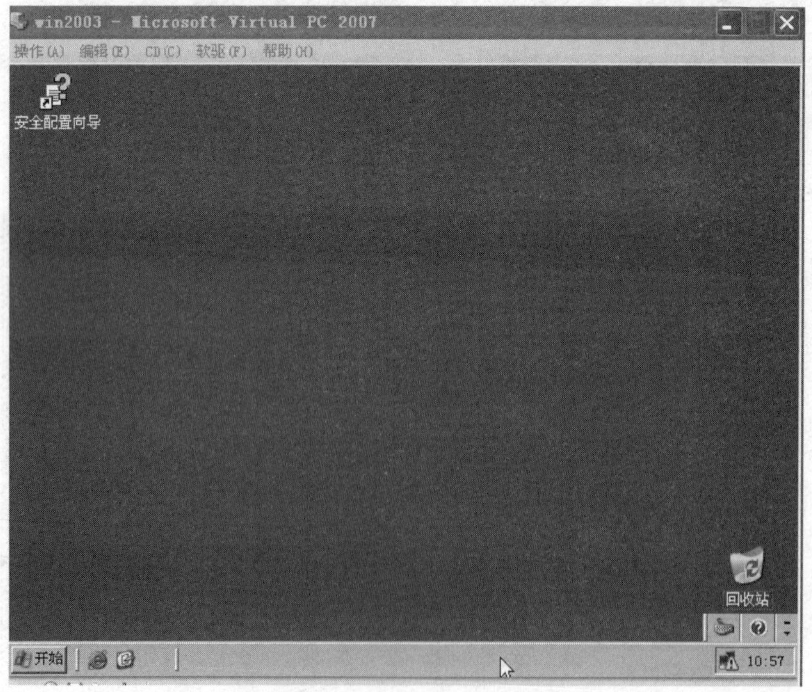


图 B.19　Windows Server 2003 桌面

## B2.5 为虚拟机安装插件

安装完以后虚拟机中的操作系统和真实的操作系统是不共享鼠标的，来回切换时需要按住 Alt 键，为了使用方便，可以为虚拟机安装一个插件，这个插件是安装 Virtual PC 时自带的，具体安装过程如下：

(1) 在任意一个虚拟机界面中单击 CD 菜单项，选择"载入 ISO 镜像"，选择 Virtual PC 的安装目录下的 Virtual Machine Additions 文件夹中的 VMAdditions.iso 镜像，如图 B.20 所示。

图 B.20 选择插件的 ISO 镜像

(2) 之后会出现如图 B.21 所示的安装程序向导，直接单击"下一步"按钮。

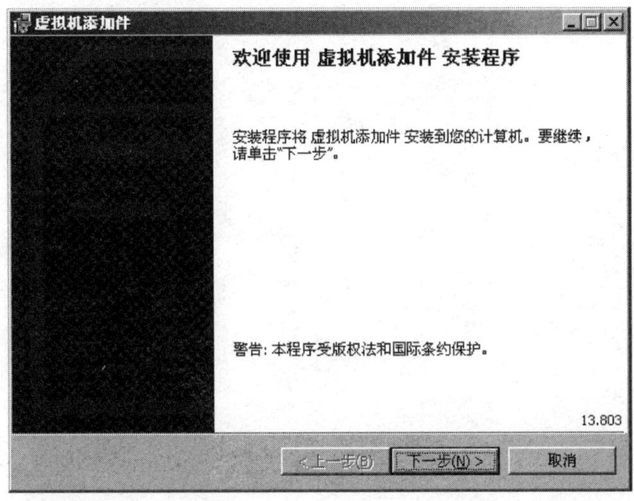


图 B.21 安装插件向导

(3) 向导会自动执行安装过程，安装完成以后重新启动虚拟机和本机就可以共享鼠标了。

**注意**：由于 Microsoft Virtual PC 2007 的使用技巧有很多，这里无法一一介绍，需要读者在使用过程中慢慢摸索。

# 参 考 文 献


[1] 谢希仁.计算机网络(第4版).大连：大连理工大学出版社,2003

[2] 董大钧.计算机网络基础.大连：大连理工大学出版社,2010

[3] 斯托林斯.计算机网络——互联网协议与技术(英文版).北京：电子工业出版社,2006

[4] 安淑芝等.计算机网络(第2版).大连：中国铁道出版社,2005

[5] 吴功宜,吴英.计算机网络应用技术教程(第2版).北京：清华大学出版社,2007

[6] 武奇才.计算机网络与通信.北京：清华大学出版社,2009

[7] 施晓秋.计算机网络实训.北京：高等教育出版社,2008

[8] Steve McQuerry(作者),邓郑祥(译者). CCNA学习指南：Cisco网络设备互连(ICND1).北京：人民邮电出版社,2008

# 图书资源支持

感谢您一直以来对清华版图书的支持和爱护。为了配合本书的使用，本书提供配套的资源，有需求的读者请扫描下方的“书圈”微信公众号二维码，在图书专区下载，也可以拨打电话或发送电子邮件咨询。

如果您在使用本书的过程中遇到了什么问题，或者有相关图书出版计划，也请您发邮件告诉我们，以便我们更好地为您服务。


**我们的联系方式：**

地　　址：北京市海淀区双清路学研大厦 A 座 701

邮　　编：100084

电　　话：010-83470236　010-83470237

资源下载：http://www.tup.com.cn

客服邮箱：2301891038@qq.com

QQ：2301891038（请写明您的单位和姓名）


资源下载、样书申请

书圈

扫一扫，获取最新目录

课 程 直 播

**用微信扫一扫右边的二维码，即可关注清华大学出版社公众号“书圈”。**